“工学结合、校企合作”高等职业教育改革创新教材

焊接质量检验

主　编　李丽茹
副主编　李　莉
参　编　魏同锋　王　军　庞成学
主　审　高海良

机械工业出版社

本书是紧密围绕高等职业教育培养高素质技能型人才的培养目标，为适应焊接技术及自动化专业教学改革的要求而编写的。本书突出职业教育的特点，以工作过程为导向，采用项目化形式组织内容，融入职业技能鉴定理论和技能知识要求，注重理论和实践一体，以实现教、学、做一体化教学，同时注重学习能力培养与可持续发展。本书主要内容包括：焊接缺陷和焊接生产检验过程、目视检测、射线检测、超声检测、磁粉检测、渗透检测、致密试验与压力试验。

本书可作为高职高专、各类成人教育焊接技术及自动化专业教材或培训用书，亦可供从事无损检测技术工作的工程技术人员参考。

图书在版编目（CIP）数据

焊接质量检验/李丽茹主编．—北京：机械工业出版社，2014.5（2026.1重印）

“工学结合、校企合作”高等职业教育改革创新教材

ISBN 978-7-111-46635-2

Ⅰ.①焊…　Ⅱ.①李…　Ⅲ.①焊接-质量检验-高等职业教育-教材　Ⅳ.①TG441.7

中国版本图书馆CIP数据核字（2014）第091755号

机械工业出版社（北京市百万庄大街22号　邮政编码100037）
策划编辑：齐志刚　责任编辑：齐志刚　周璐婷
版式设计：霍永明　责任校对：樊钟英
封面设计：张　静　责任印制：单爱军
中煤（北京）印务有限公司印刷
2026年1月第1版第11次印刷
184mm×260mm · 11.5印张 · 279千字
标准书号：ISBN 978-7-111-46635-2
定价：36.00元

电话服务　　网络服务
客服电话：010-88361066　　机　工　官　网：www.cmpbook.com
010-88379833　　机　工　官　博：weibo.com/cmp1952
010-68326294　　金　书　网：www.golden-book.com
封底无防伪标均为盗版　　机工教育服务网：www.cmpedu.com

前　　言

本书重印修改时以党的二十大报告中"办好人民满意的教育""全面贯彻党的教育方针，落实立德树人根本任务，培养德智体美劳全面发展的社会主义建设者和接班人"的精神为指引，依据高等职业教育培养素质高、专业技术全面的高素质技能人才的培养目标，充分融"知识学习、技能提升、素质培育"于一体，严格落实立德树人的根本任务。

本书紧密结合职业教育的办学特点和教学目标，强调实践性、应用性和创新性。在编写过程中注重教学内容的实用性，基础知识以应用为目的，以够用为度，在教材中以企业中的典型焊接产品的质量检验为任务，并尽量满足实施教、学、做一体化教学模式的要求。在习题的处理上加入了学生考取职业资格证书的习题，为学生考取职业资格证书打下良好的基础。

本书共分为七个项目，由李丽茹任主编，李莉任副主编，具体编写人员及分工如下：李丽茹编写了项目三、项目五，李莉编写了项目四，王军编写了项目二，魏同锋编写了项目六，庞成学编写了项目一、项目七。全书由渤海船舶重工有限责任公司高级工程师高海良任主审。

本书编写过程中，除了参考了国内外的相关专著、教材、手册和文献外，还参考了其他行业的培训教材，并将编者在多年检测工作中积累的经验和在教学中的一些体会编入其中，使理论与实践有机地结合为一体。

在本书编写过程中，作者参阅了最新的标准，参考了国内外出版的一些专著、教材、手册、标准，并摘录和选用了一些参考资料上的内容及图片，在此对相关的作者表示衷心的感谢。

由于编者水平有限，书中的错误和疏漏在所难免，欢迎广大读者批评指正。

编　者

目　录

项目一 焊接缺陷和焊接生产检验过程

焊接产品的生产过程中的每个环节的质量检验，对产品的质量保证都具有重要的作用。因此，焊接质量检验贯穿焊接生产的全过程。通过在焊接产品生产的不同阶段的焊接检验的控制，为焊接产品的质量提供可靠的保证。

任务一 焊接缺陷

➢【学习目标】

1）了解焊接缺陷的分类。

2）掌握常见的焊接缺陷的特征。

一、焊接缺陷的分类

焊接缺陷是指焊接过程中在焊接接头发生的金属不连续、不致密或连接不良的现象。焊接缺陷的种类很多，这里主要介绍熔化焊产生的焊接缺陷。

按焊接缺陷在焊缝中位置的不同，焊接缺陷可分为外部缺陷和内部缺陷两大类。外部缺陷位于焊缝区的外表面，肉眼或用低倍放大镜即可观察到。如焊接尺寸不符合要求、咬边、焊瘤、弧坑、烧穿、下塌、外部气孔、表面裂纹等。内部缺陷位于焊接接头的内部，如焊接裂纹、未焊透、未熔合、夹渣、夹杂物、气孔等。根据 GB/T 6417.1—2005《金属熔化焊接头缺欠分类及说明》，可将熔化焊焊接缺陷分为裂纹、孔穴、固体夹杂、未熔合和未焊透、形状缺陷以及其他缺陷六类。

二、常见的熔化焊的焊接缺陷的特征

1. 焊接裂纹

焊接裂纹是焊接生产中常见的、危害最大的一类焊接缺陷。焊接裂纹对产品的制造质量与使用性能都有很大的影响。在焊接生产中，由于母材和结构形式不同可能出现各种各样的裂纹，在研究各种焊接裂纹的形成及影响因素中，通常按其产生的条件分为以下几类：

（1）焊接热裂纹　焊接热裂纹是在焊接过程中，焊缝和热影响区金属冷却到固相线附近的高温区产生的焊接裂纹。根据产生热裂纹的机理、温度区间和形态的不同，热裂纹又可分为结晶裂纹、多边化裂纹和液化裂纹等。

（2）焊接冷裂纹　焊接冷裂纹是在焊接接头冷却到较低温度（对钢来说，在 *Ms* 点温度以下）时产生的焊接裂纹。由于被焊材料和结构形式的不同，冷裂纹可分为延迟裂纹、淬

硬脆化裂纹和低塑性脆化裂纹等。

（3）消除应力裂纹　含有碳化物形成元素的金属材料焊后在消除应力热处理时，或在该温度范围长期工作时的焊接结构，再次加热时，由于高温及残余应力的共同作用而产生的晶间裂纹，称为消除应力裂纹，又叫再热裂纹。

（4）层状撕裂　在焊接构件中，沿钢板轧层形成的阶梯状的一种裂纹，称为层状撕裂。

（5）应力腐蚀开裂　金属材料在一定温度下受腐蚀介质和拉伸应力共同作用而产生的裂纹称为应力腐蚀开裂。

各种裂纹的分类及基本特征见表 1-1，裂纹的外观形貌如图 1-1 所示。

表 1-1　各种裂纹的分类及基本特征

裂纹分类		基本特征	母材	产生的位置	裂纹走向
热裂纹	结晶裂纹	在结晶后期，由于低熔点共晶形成的液态薄膜削弱了晶粒间的连接，在拉伸应力作用下发生开裂	杂质较多的碳钢、低中合金钢、奥氏体钢、镍基合金及铝	焊缝上，少量在热影响区	沿奥氏体晶界
热裂纹	多边化裂纹	已凝固的结晶前沿，在高温和应力的作用下，晶格缺陷发生移动和聚集，形成二次边界。它在高温处于低塑性状态	纯金属及单相奥氏体合金	焊缝上，少量在热影响区	沿奥氏体晶界
热裂纹	液化裂纹	在焊接热循环最高温度的作用下，在热影响区和多层焊的层间发生重熔，在应力作用下产生的裂纹	含 S、P、C 较多的镍铬高强钢、奥氏体钢、镍基合金	热影响区及多层焊的层间	沿晶界开裂
消除应力裂纹		焊接结构消除应力处理过程中，在热影响区的粗晶区存在不同程度的应力集中时，由于应力松弛所产生附加变形大于该部位的蠕变塑性，则发生再热裂纹	含有沉淀强化元素的高强钢、珠光体钢、奥氏体钢、镍基合金等	热影响区的粗晶区	沿晶界开裂
冷裂纹	延迟裂纹	在淬硬组织、氢和拘束应力的共同作用下而产生的具有延迟特征的裂纹	中、高碳钢，低、中合金钢，钛合金等	热影响区，少量在焊缝	沿晶或穿晶开裂
冷裂纹	淬硬脆化裂纹	主要是由淬硬组织，在焊接应力作用下产生的裂纹	含碳的 Ni-Cr-Mo 钢，马氏体不锈钢，工具钢	热影响区，少量在焊缝	沿晶或穿晶开裂
冷裂纹	低塑性脆化裂纹	在较低温度下，由于母材的收缩应变，超过了材料本身的塑性储备而产生的裂纹	铸铁、堆焊硬质合金	热影响区及焊缝	沿晶或穿晶开裂
层状撕裂		主要是由于钢板内部存在有分层的夹杂物（沿轧制方向），在焊接时产生的垂直于轧制方向的应力，致使在热影响区或稍远的地方，产生“台阶式”层状开裂	含有杂质的低合金高强度钢厚板结构	热影响区附近	沿晶或穿晶开裂
应力腐蚀开裂		某些焊接结构如容器和管道等，在腐蚀介质和应力的共同作用下产生的延迟开裂	碳钢、低合金钢、不锈钢、铝合金等	焊缝和热影响区	沿晶或穿晶开裂

2. 气孔

气孔是由于焊接过程中熔池内的气泡在凝固时未能及时逸出而残留下来所形成的空穴。气孔不仅出现在焊缝表面，也会出现在焊缝内部，有时以弥散状分布在整个焊缝的断面上。有时气孔是单个存在的，有时成堆聚集在局部区域。气孔的特征与分布见表1-2。

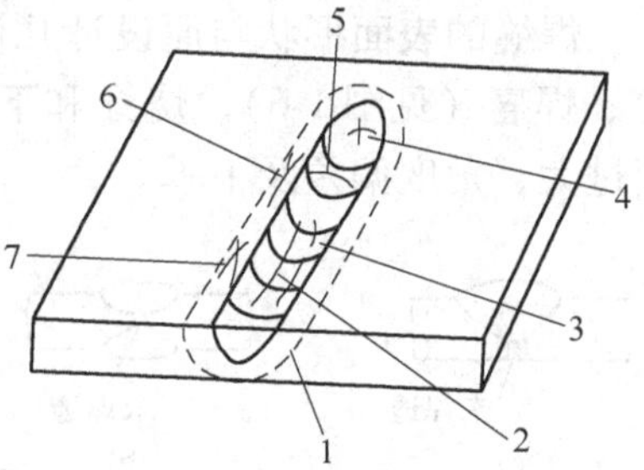

图1-1　各种裂纹的外观形貌

1—热影响区　2—纵向裂纹　3—间断裂纹　4—弧坑裂纹　5—横向裂纹　6—枝状裂纹　7—放射状裂纹

3. 固体夹杂

在焊缝金属中残留的固体夹杂物称为固体夹杂。固体夹杂主要来自于残留在焊缝中的夹渣，焊缝金属中的焊剂或熔剂，凝固过程中在焊缝金属中残留的金属氧化物，残留在焊缝金属中的来自于外部的金属颗粒等。

表1-2　气孔的特征与分布

名称	特征	分布
气孔	1）氢气孔的断面形多为螺纹形，从焊缝表面上看呈圆喇叭形，其四周有光滑的内壁 2）氮气孔与蜂窝相似，常成堆出现 3）CO气孔的表面光滑，像条虫状 4）在含氢量较高的焊缝金属中出现的鱼眼缺陷，实际上是圆形或椭圆形氢气孔，在其周围分布有脆性裂纹，形成围绕气孔的白色环脆断区，形貌如鱼眼	1）氢气孔出现在焊缝表面上 2）氮气孔多出现在焊缝的表面 3）CO气孔多产生于焊缝内部，沿其结晶方向分布 4）横焊时，气孔常出现在坡口上部边缘，仰焊时常分布在焊缝底部或焊层中，有时候也出现在焊道的接头部位及弧坑处

（1）夹渣　焊后残留在焊缝中的焊渣称为夹渣。其形状比较复杂，一般呈线状、长条状、颗粒状等。主要发生在坡口边缘和焊道之间的非圆滑过渡的部位，在焊道形状突变或在深沟的部位容易产生夹渣，如图1-2所示。

（2）夹钨　在进行钨极氩弧焊时，若钨极不慎与熔池接触，钨的颗粒就会进入焊缝金属中而造成夹钨。

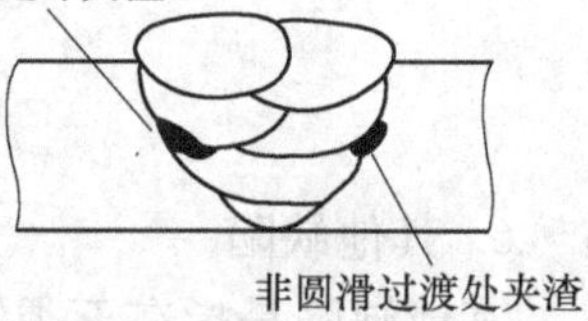

图1-2　夹渣

4. 未熔合和未焊透

在焊缝金属和母材之间或焊道金属与焊道金属之间未完全结合的部分称为未熔合。常出现在坡口的侧壁、多层焊的层间及焊缝的根部（见图1-3）。往往在未熔合区末端产生微裂纹。

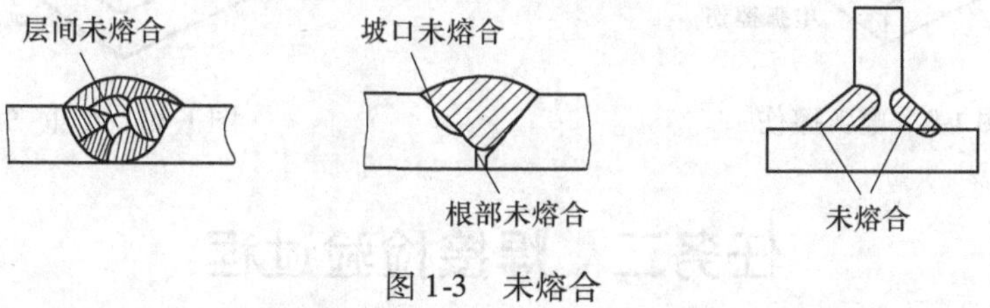

图1-3　未熔合

焊接时，母材金属之间应该熔合而未焊上的部分称为未焊透。多出现在单面焊的坡口根部及双面焊的坡口钝边处（见图1-4）。未焊透造成较大的应力集中，往往从其末端产生裂纹。

5. 形状缺陷

焊缝的表面形状与原设计几何形状的偏差称为形状缺陷。形状缺陷包括咬边（见图1-5)、焊瘤（见图1-6)、烧穿和下塌（见图1-7）错边与角变形（见图1-8)、焊缝超高、凸度过大、角度偏差及下垂。

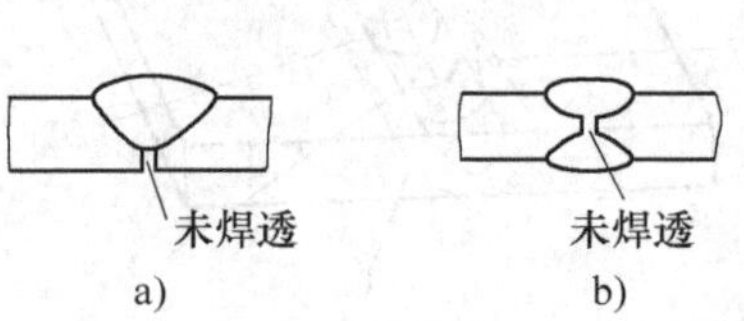

图1-4　未焊透

a）单面焊未焊透　b）双面焊未焊透　c）角焊缝未焊透

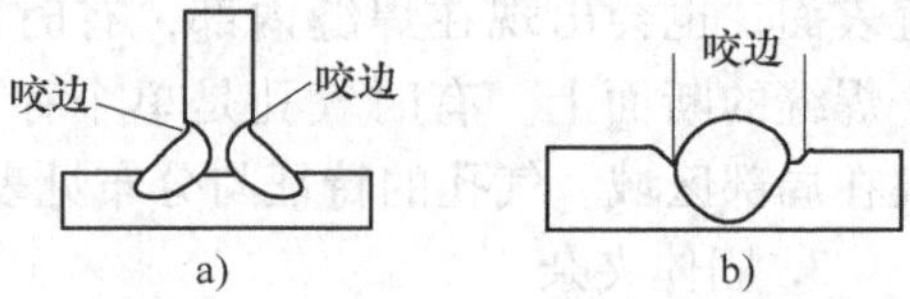

图1-5　咬边

a）角焊缝咬边　b）对接焊缝咬边

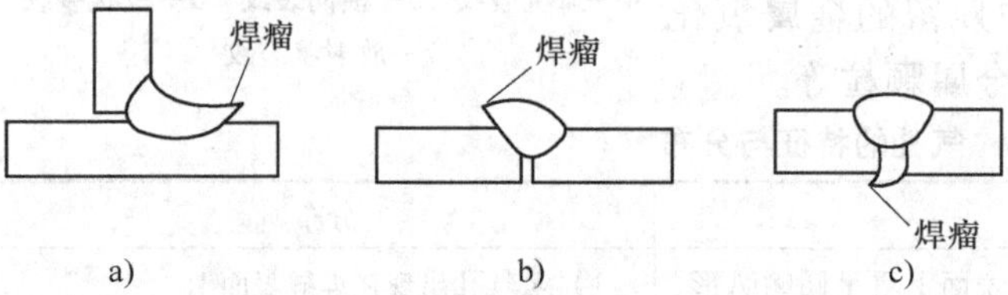

图1-6　焊瘤

a）角焊缝焊瘤　b）对接焊缝焊瘤　c）根部焊瘤

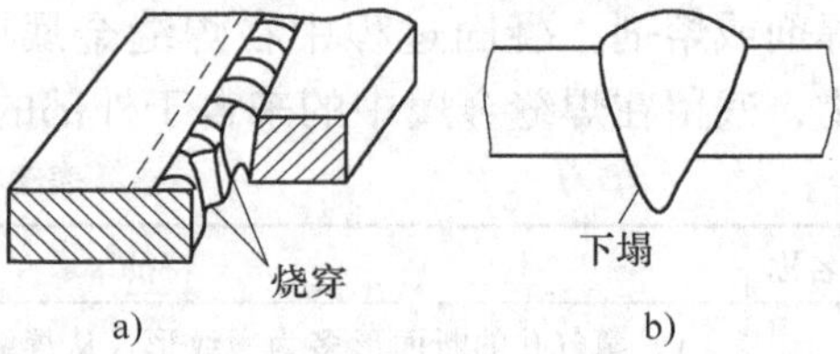

图1-7　烧穿和下塌

a）烧穿　b）下塌

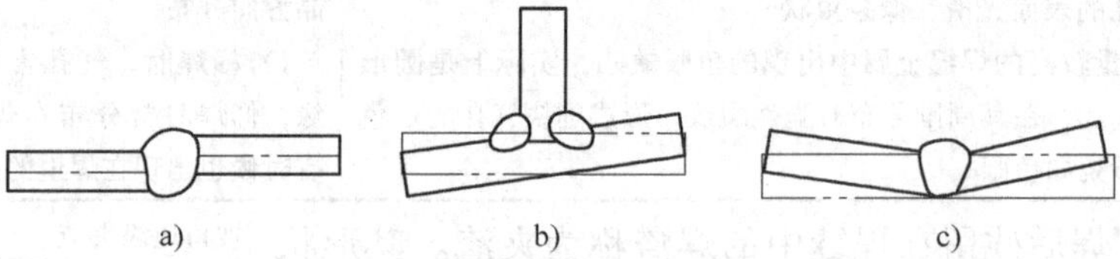

图1-8　错边和角变形

a）错边　b）角焊缝的角变形　c）对接焊的角变形

6. 其他缺陷

其他缺陷是指在五类缺陷以外的所有缺陷，主要包括电弧擦伤（见图1-9)、飞溅（见图1-10)、表面撕裂、磨痕与凿痕、打磨过量等。

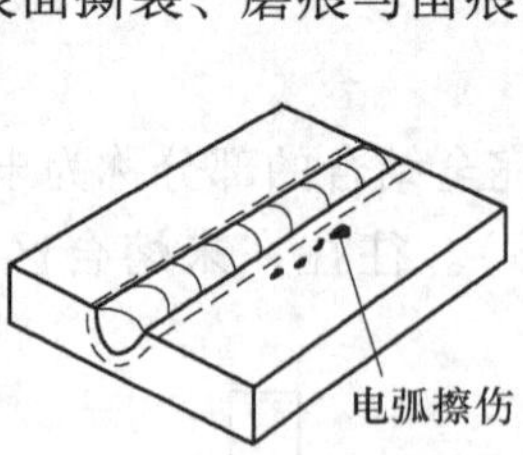

图1-9　电弧擦伤

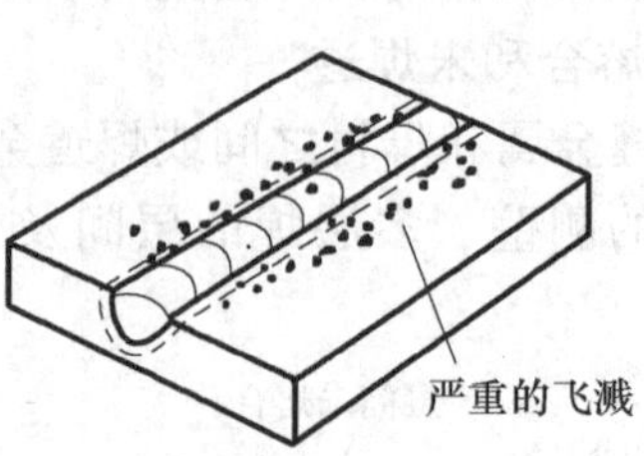

图1-10　严重飞溅

任务二　焊接检验过程

【学习目标】

1）了解焊接质量检验的基本过程。

2）掌握各检测阶段的检验内容。

焊接生产的整个过程包括焊接前准备、装配、焊接和焊后热处理等工序过程。在焊接结构生产的整个过程中的每一个环节的质量控制都非常重要，所以，焊接施工的质量控制应该是一项全过程的质量管理。主要包括：焊接前的质量控制、焊接过程中的质量控制、焊后质量检测等三个环节。

一、焊前的质量控制

焊前做好各项准备工作，主要包括材料的准备、人员的准备、技术的准备等，最大限度地避免或减少焊接缺陷的产生，保证焊接质量。

1. 金属材料的质量检验

金属材料是制造焊接结构的基础材料，用于焊接结构的金属材料称为基本金属或母材，是焊接的对象。为保证金属材料使用的正确性，投料时应检查下列项目。

（1）检查投料单据　投料单据是材料发放出库的凭证，投料前应检查材料投料生产号是否与所焊产品生产号一致。材料牌号、规格是否符合图样规定。

（2）检查实物标记　金属材料的实物标记应清楚、齐全，有入厂检验编号，金属材料的牌号、规格应与投料单据相符。

（3）检查实物表面质量　金属材料表面不应有裂纹、分层及超过标准规定的凹坑、划伤等缺陷。

（4）检查投料划线、标记移植　检查人员应检查划线的正确性和标记移植的齐全性，并及时作好检验记录。

2. 焊接材料的质量检验

焊接时所消耗的焊条、焊丝、焊剂、保护气体等统称为焊接材料。正确选择焊接材料是保证焊接质量的基本条件。

（1）核对焊接材料选用是否正确　根据焊接工艺文件，核对焊接材料选用是否符合图样或技术条件的规定。

（2）核对焊接材料实物标记　检查包装标记或焊接材料本身的标记，焊接材料的牌号和规格应符合选用要求，检查焊条尾部标记或涂色标记，以及焊丝盘挂牌或写字涂色标记等。合金钢焊丝可采用光谱分析检验。

（3）焊接材料表面质量检验　焊条、焊丝表面应无油污、无铁锈，焊条药皮无开裂、脱落和霉变。

（4）检查焊接材料的工艺性处理　焊接材料在使用前，焊条要进行烘干处理、焊丝除锈或酸洗处理、保护气体的预热和干燥处理等。一般情况下，碱性焊条的烘干温度为350～400℃，保温2h；酸性焊条的烘干温度为80～150℃，保温1h；不锈钢焊条的烘干温度为200～250℃，保温1h；熔炼焊剂的烘干温度为350～400℃，保温2h。

3. 焊接坡口质量检验

根据设计和工艺需要，在焊件的待焊部位加工成一定几何形状和尺寸，经装配后形成的沟槽称为坡口。

（1）坡口的选择基本原则　在保证焊接质量的前提下，为减少填充金属和提高焊接效率，坡口截面尺寸越小越好。坡口的形状和尺寸首先应满足焊接工艺要求，使焊条、焊丝或焊炬能直接伸到坡口底部，并在坡口内可以作相应的摆动。坡口尺寸的标注方法如图1-11

所示。

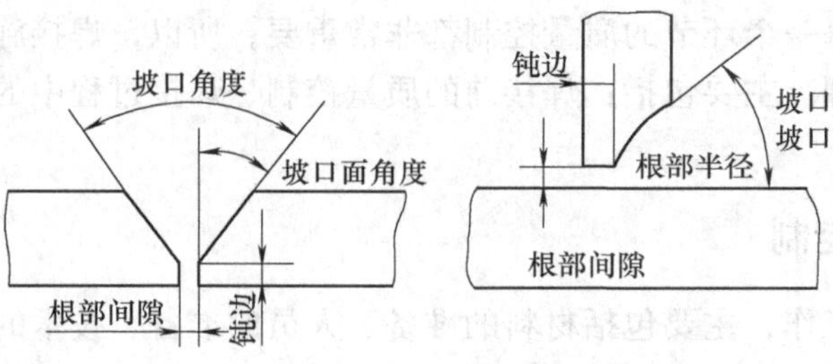

图 1-11　坡口尺寸标注方法

（2）坡口加工质量的检验　坡口质量主要检查坡口形状、尺寸及表面粗糙度是否符合要求。如图 1-12 所示，用焊接检验尺和样板测量坡口面角度、钝边尺寸及根部半径。

（3）检查坡口表面及周围的清理情况　坡口及其附近不应有飞边、焊渣、油污、铁锈等杂质。

（4）坡口面的探伤　对于屈服强度大于 392MPa 或 Cr-Mo 低合金钢材料，用火焰加工坡口时，如果不采用预热切割工艺，应对坡口面进行探伤检验，如发现裂纹，应及时处理。

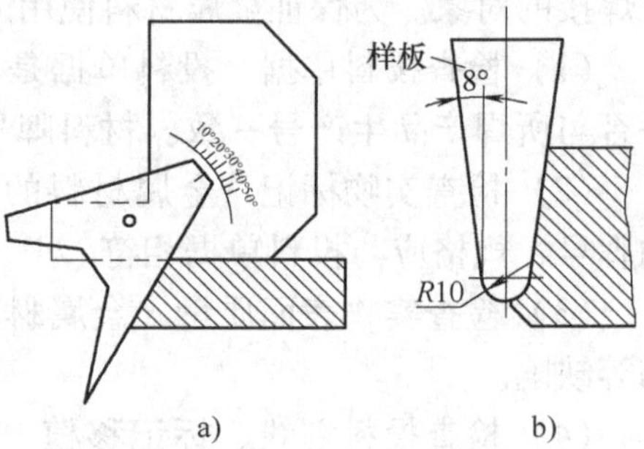

a)　　b)

图 1-12　测量坡口加工的形状和尺寸

a）测量坡口角度　b）用样板测量坡口形状

4. 焊件装配质量的检验

装配质量的好坏直接影响焊接质量的好坏，如装配间隙、对接错边量和装配工艺等。

（1）装配结构的检验　零部件的相对位置和它们的空间角度应符合图样及有关标准的规定，检验焊接结构装配尺寸时要考虑焊接变形的影响，保证焊后的焊接质量。

焊缝的分布及其位置应符合图样和工艺拼图的规定，如压力容器环缝装配后，应检查相邻筒节的纵缝错开量一般应大于 3 倍筒节壁厚，且不小于 100mm，以减小焊接应力与变形。

坡口组装后的形状、间隙、错边量和方位都应符合坡口设计的要求。测量方法如图 1-13 和图 1-14 所示。

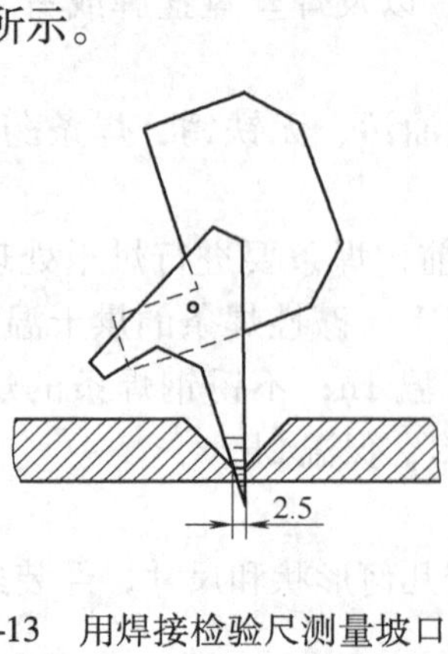

图 1-13　用焊接检验尺测量坡口间隙

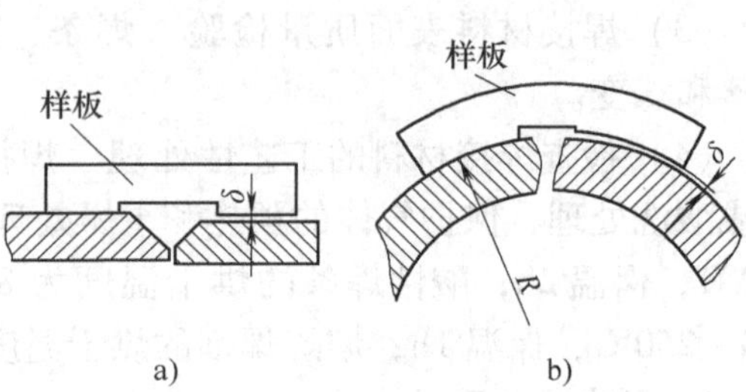

a)　　b)

图 1-14　用样板测量坡口错边量

a）平板对接错边量的测量　b）用圆弧样板测量错边量

（2）装配工艺的检验　装配工艺检验主要检验定位焊预热和装配顺序。

1）检验定位焊预热。对于低合金高强钢和铬钼耐热钢，为了避免定位焊时产生表面裂纹，应在定位焊部位进行预热。

2）检验装配顺序。装配顺序应考虑焊接结构生产的可焊到性、可检验性，应在完成内部焊缝的焊接和检验工作后，再继续组装。

3）定位焊质量的检验。定位焊缝是正式焊缝的一部分，焊接质量的好坏，将直接影响正式焊缝的焊接质量。其质量和检验方式应与正式焊缝相同。如发现超标的缺陷应及时消除；定位焊缝所用的焊接材料应与正式焊缝一致。

5. 焊工资格的认证

焊工的技术水平是决定焊接质量的重要因素，特别是手工焊接的方法，如操作技能差，容易使焊缝中产生焊接缺陷，影响焊接接头的质量。对重要的焊接结构，必须由经过专业考试并取得合格证的焊工施焊。

焊工资格检验主要检验的内容包括以下三个方面。

1）焊工合格证。焊工合格证是证明焊工操作技术水平的有效凭证，只有取得相应等级合格证的焊工，才有资格上岗焊接。

2）检验焊工合格的有效期。焊工合格证具有有效期限，例如按国家质量监督检验检疫总局《锅炉压力容器压力管道焊工考试与管理规则》规定：焊工合格证（合格项目）有效期为三年，在合格项目有效期满前三个月，继续担任焊接工作的焊工，应向所属焊工考委会做出申请，由该考委会安排焊工考试或免试等事宜。中断受监察设备焊接工作六个月以下的，再从事受监察设备焊接工作时，也必须重新考试。年龄超过50岁的焊工，其焊工合格项目有效期满后，如继续从事监察设备的焊接工作须重新考试，一般不得免考。

3）检验考试项目。检验焊接方法和焊接位置与焊接产品的一致性；检验考试钢材和焊接材料与产品的一致性；检验试样形式、规格与焊接产品的一致性。考试项目与焊接产品不符者，不能上岗进行焊接操作。

6. 焊接环境的检验

焊接环境对焊接质量有较大的影响，特别是在露天的条件下进行焊接操作时，焊接环境对焊接质量的影响更加严重。GB 150—2011《压力容器》标准对焊接环境作出具体规定。当施焊环境出现以下任一情况，且无有效防护措施时，禁止施焊。

1）雨雪天气。

2）相对湿度大于90%。

3）焊条电弧焊时风速大于10m/s。

4）气体保护焊风速大于10m/s。

5）当焊接温度低于0℃时，应在施焊范围内预热到15℃左右。

二、焊接过程中质量检验

焊接过程中质量检验包括焊接时的环境条件、焊接参数的执行情况、焊接预热、焊接后热等。

1. 焊接规范执行情况检验

焊接规范是指焊接过程中的工艺参数，主要包括焊接电流、焊接电压、焊接速度、焊条或焊丝直径、焊接层数、焊接顺序、焊接电源种类及极性等。

焊接过程中要严格按照焊接工艺规格中的焊接规范进行焊接操作，不同的焊接方法有不同的内容和要求，焊接操作工及检验人员应在焊接过程中检查焊接规范执行的情况，要认真地填写施焊记录。当焊接方法发生变化时，应办理焊接材料、焊接坡口及焊接工艺等变更手续，严守工艺记录。

2. 焊前预热、焊后后热的检查

检验预热主要是检验预热方法、预热部位、预热范围和预热温度等。根据焊接工艺规程的规定，检验预热温度。一般情况下，允许预热温度略高于规定的温度，特别是在施焊环境温度较低时的情况下，允许超出更多些。

后热主要检查加热时间、加热温度、加热持续时间、加热宽度范围、保温措施等。

预热、后热温度可用测温笔或测温计测量。温度测点应根据焊缝的形状和大小选择。当焊缝部位的结构比较简单、工件较薄、焊接工作量较小时，测点可距焊缝远些。当焊缝部位的结构比较复杂、工件较厚、焊接工作量较大时，测点可距焊缝近些。通常预热、后热温度的测点应距焊缝边缘100~300℃。

三、焊后质量控制的检验

焊接结构焊后的质量控制检验主要包括焊接结构的几何尺寸检验，焊缝外观质量及尺寸检验，焊缝的表面、近表面及内部缺陷的检验，焊缝的承载能力及致密性检验。

焊接结构的几何尺寸检验主要是判断焊接结构几何尺寸是否合格。焊接结构上的几何尺寸有两类：一类是在图样上直接给出公差要求，对这类尺寸的检验可直接按图样要求进行检查；另一类是图样上不标公差的尺寸（自由公差），对这类尺寸的检验则应根据不同行业和产品的有关标准或国标规定进行检验。

焊缝表面、近表面及内部缺陷的检验一般采用无损探伤的方法进行检验。

综合训练

一、判断题

1. 按焊接缺陷在焊缝中的位置不同，可分为外部缺陷和内部缺陷两大类。(　　)

2. 未焊透和未熔合属于外部缺陷。(　　)

3. 焊接热裂纹是在焊接过程中，焊缝和热影响区金属冷却到室温时产生的焊接裂纹。(　　)

4. 焊后残留在焊缝中的焊渣称为夹渣，主要发生在坡口边缘和焊道之间的非圆滑过渡的部位。(　　)

5. 咬边、焊瘤、烧穿和下塌、错边与角变形都属于形状缺陷。(　　)

6. 一般情况下，碱性焊条的烘干温度为350~400℃，保温1h。(　　)

7. 在保证焊接质量的前提下，为减少填充金属和提高焊接效率，坡口截面尺寸越大越好。

8. 正式焊缝所用的焊接材料可以与正式焊缝一致。(　　)

9. 检验预热温度。一般情况下，允许预热温度略高于规定的温度。(　　)

10. 后热主要检查加热时间、加热温度、加热持续时间、加热宽度范围、保温措施等。

(　　)

11. 当施焊环境的相对湿度大于80%时，禁止施焊。(　　)

12. 只要焊工的操作水平达到相应的等级要求，没有焊工合格证也可以上岗进行焊接操作。(　　)

二、填空题

1. 焊接缺陷是指焊接过程中在焊接接头发生的＿＿＿＿＿＿、＿＿＿＿＿＿和＿＿＿＿＿＿的现象。

2. 由于被焊材料和结构形式的不同，冷裂纹可分为＿＿＿＿、＿＿＿和＿＿＿＿。

3. 在焊缝金属和母材之间或焊道金属与焊道金属之间＿＿＿＿＿＿称为未熔合。常出现在＿＿＿＿＿＿、＿＿＿＿＿＿及＿＿＿＿＿＿。

4. 焊接时，母材金属之间应该熔合而未焊上的部分称为＿＿＿＿。多出现在单面焊的坡口根部及＿＿＿＿＿＿处。

5. 焊接生产的整个过程包括＿＿＿＿＿＿、＿＿＿＿＿＿、＿＿＿＿＿＿和＿＿＿＿＿＿等工序过程。

6. 焊条、焊丝表面应＿＿＿＿＿＿、＿＿＿＿＿＿，焊条药皮＿＿＿＿＿＿、脱落和霉变。

7. 焊接过程中质量检验包括＿＿＿＿＿＿、＿＿＿＿＿＿、＿＿＿＿＿＿和＿＿＿＿＿＿等。

8. 检验预热主要是检验＿＿＿＿＿＿、＿＿＿＿＿＿、＿＿＿＿＿＿和＿＿＿＿＿＿等。

9. 焊接结构上的几何尺寸有两类：一类是＿＿＿＿＿＿，对这类尺寸的检验可直接按图样要求进行检查；另一类是＿＿＿＿＿＿，对这类尺寸的检验则应根据不同行业和产品的有关标准或国标规定进行检验。

10. 装配顺序应考虑焊接结构生产的＿＿＿＿＿＿、＿＿＿＿＿＿，应在完成＿＿＿＿＿＿和检验工作后，再继续组装。

三、问答题

1. 焊接接头的常见缺陷类型有哪些？各类缺陷有哪些特征？
2. 焊接材料质量检验的检验内容主要有哪些？
3. 焊接检验过程中如何检查焊接预热和焊接后热？
4. 装配工艺检验主要检验内容有哪些？
5. 为保证焊接质量，对焊接环境的检验规定有哪些？
6. 焊工资格检验主要检验的内容包括哪几个方面？
7. 装配工艺的检验内容有哪些？

项目二 目视检测

目视检测是在进行其他无损检测之前所进行的一种表面质量无损检测方法。从广义上说只要依靠人们视觉所进行的检测都称为目视检测。现代的目视检测通常指用于检测工件的几何尺寸、结构完整性、形状缺陷等的表面质量检测。

任务一　目视检测的光学基础

➢【学习目标】

1）了解光的传播特性。

2）掌握光通量、发光强度、照度、亮度的定义。

3）了解目视检测人员的视力要求。

一、光学中的基本物理量

目视检测要在具有一定的光源的环境中进行观察才能进行检测和评价，可见光是由发光体辐射的波长在400～600nm之间的电磁波，描述光的物理量主要有光通量、发光强度、照度及亮度等。

1. 光通量

光源发出的辐射能向周围的所有方向进行辐射，在单位时间内通过某一面积的辐射能，叫做通过这个面积的辐射能通量。由于各色光的频率不同，眼睛对各色光的敏感度也有所不同，即使各色光的辐射能通量相等，在视觉上也并不能产生相同的明亮程度。按照产生明亮程度来估计辐射能通量的物理量称为光通量，其国际单位是流明（lm）。

2. 发光强度

光源发光的强弱，用发光强度来描述，发光强度简称光度。点光源向各个方向发出光能（见图2-1），在某一方向上划出一个微小的立体角 $d\omega$，则在此立体角的范围内光源发出的光通量 $d\Phi$ 与 $d\omega$ 的比值称为点光源的发光强度。

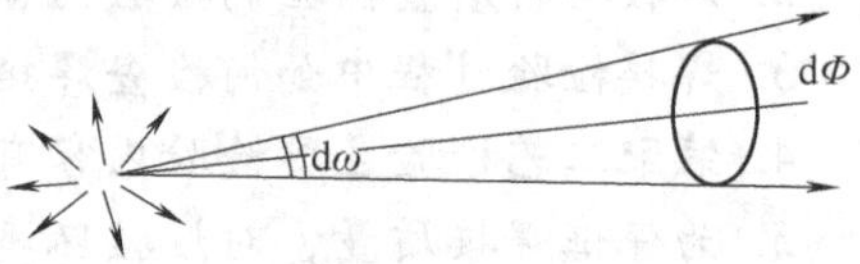

图2-1　点光源发光强度定义示意图

$$I = d\Phi / d\omega$$

式中　I——发光强度（cd）；

Φ——光通量（lm）；

ω——立体角。

3. 照度

物体单位面积上所得到的光通量称为物体表面上的光照度，简称照度，如图 2-2 所示。在均匀照明情况下，可用公式表示为

$$E = \Phi / S$$

式中 E——照度（lx）；

Φ——光通量（lm）；

S——面积（m^2）。

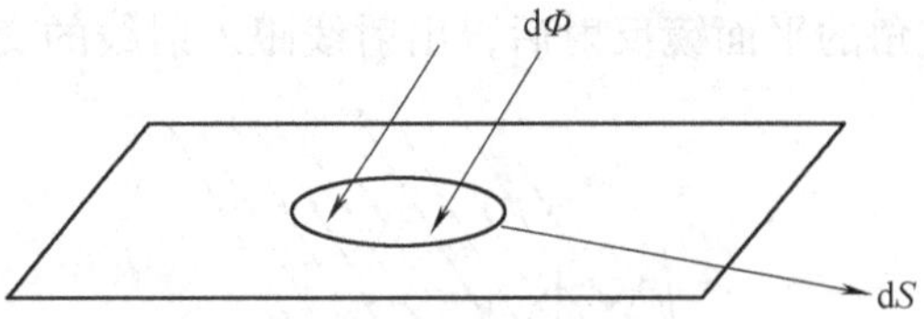

图 2-2 照度定义示意图

4. 亮度

一个有限面积的光源，尽管在某一方向的发光强度与另一点光源在相同方向的发光强度相同，但会明显地感觉到点光源会更亮一些，亮度是光源单位面积上的发光强度。一般光源的亮度在不同辐射方向上有不同的值，也有一些光源，其亮度不随方向而改变，这种亮度为常数的光源称为朗伯光源。

二、光的传播特性

光在各向同性的均匀介质中是沿着直线方向传播的，当光线倾斜入射到两种介质界面上时，光的传播方向会发生变化，即产生反射和折射。

1. 光的反射与折射

当光线倾斜入射到两种介质界面时，光就分成两部分，一部分在原来的介质里改变传播方向，一部分进入另一种介质，从界面开始改变传播方向。前一种现象称为光的反射，后一种现象称为光的折射，如图 2-3 所示。

当光线发生反射与折射时，入射光线 SO 和介质分界面的法线 NO 间的夹角 $\angle SON = i$ 称为入射角；反射光线 OS' 和法线 NO 之间的夹角 $\angle NOS' = i'$ 称为反射角；折射光线 OS'' 和法线之间的夹角 $\angle NOS'' = i''$ 称为折射角；反射光线与折射光线会遵守反射定律与折射定律。反射光线位于反射面内，且反射角等于入射角；折射光线位于折射面内，入射角的正弦和折射角的正弦之比，对于一定的两种介质来说是一个和入射角无关的常数。

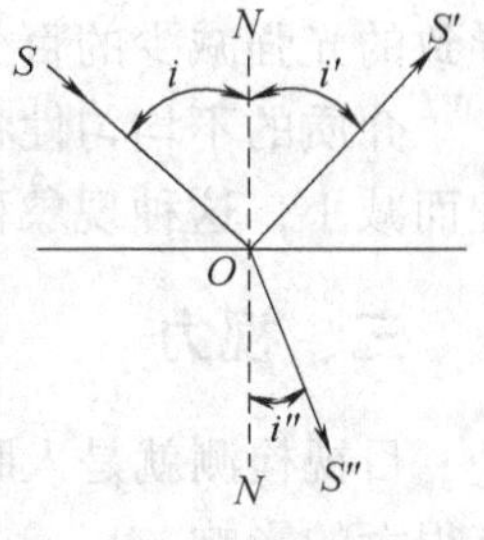

图 2-3 光的反射与折射

由于反射面的性质不同，有两种反射现象，如果物体的表面粗糙，各点的法线不平行，即使入射光线是平行的，反射时并不能沿单一方向，这种现象叫做漫反射（见图 2-4）；如果平行的光线照射到光滑物体表面，反射后仍然是平行光线，叫做单向反射或正反射（见图 2-5）。当物体表面发生漫反射时，能看到不发光的物体，而且能从不同的方向看到它；当物体表面发生单向反射时，只能在一定方向上看到由单向反射所成的像或反射出来的光。

利用光的反射定律，可以控制光的传播方向，平面镜在控制光路方向有极广泛的作用。如图 2-6 所示，光线垂直照射到平面镜上时，可使光逆着原来的入射方向反射；当光的入射角等于 45°时，反射角也等于 45°。利用这一性质，可使水平方向的入射光线经平面镜反射后变为垂直方向的反射，或者垂直方向的入射变为水平方向的反射。图 2-6c 中两平面镜相互平行，可使入射光与反射光平行且方向相同，可以使光线避开障碍物而继续传播。图 2-6d

中，平面镜相互垂直时，反射光与入射光平行而方向相反。图 2-6e 中，光线经过两次成 θ 交角的平面镜反射后，出射线跟入射线的交角是 2θ，这是工程光学仪器常用的装置。

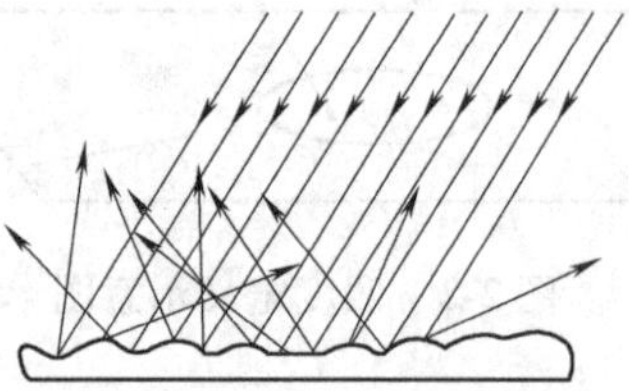

图 2-4　光的漫反射

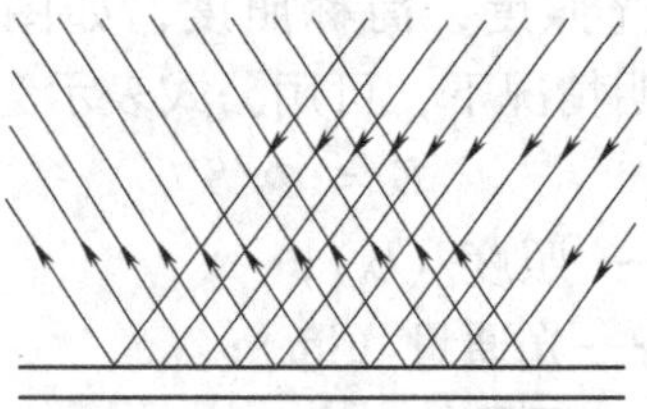

图 2-5　光的单向反射

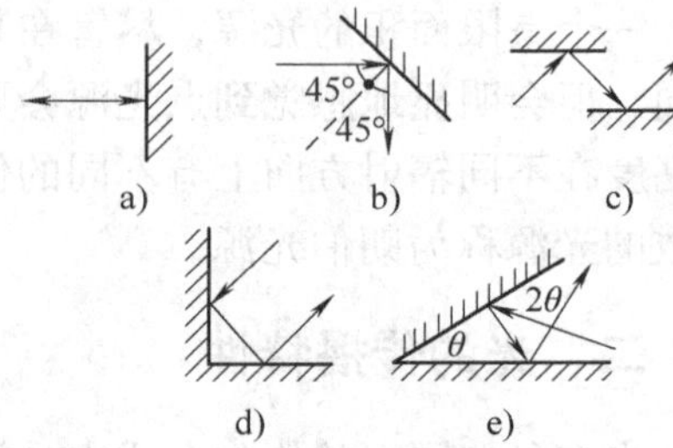

图 2-6　不同角度组成平面镜系统的光路

传光快的介质叫做光疏介质，传光慢的介质叫做光密介质，当光线斜射到两介质分界面产生折射时，如果光是从光疏介质进入光密介质的，折射光线向法线方向折射，折射角小于入射角。如果光从光密介质进入光疏介质时，要向离开法线方向折射，折射角大于入射角。如果这时增大入射角度，光的折射角也会增大，当折射角增大到 90°时，不可能再增大，这时光线不能进入光疏介质，这时所对应的入射角叫做光密介质对光疏介质的临界角。所形成的这种现象称为全反射。

2. 光的吸收和散射

当光在介质中传播时，光的强度会随着传播距离的增加而减少，这种现象称介质对光的吸收。光被介质吸收后光量减少的强弱用吸收系数表示，吸收系数是指光线经单位长度后所导致的光强减少的百分比。吸收系数与光强无关，不同介质有不同的吸收系数。

介质的不均匀性将导致光的定向放射光强散射到其他方向，从而造成定向光强随传播过程而减小，这种现象称为光的散射。

三、视力

目视检测就是人眼或人眼配合光学仪器对工件进行表面检测，因此，人眼的视力对检测有很大的影响。

1. 人眼看清物体的条件

（1）视场　眼睛固定注视一点或借助光学仪器注视一点时所能看到的空间范围，称为视场。眼睛能看见的空间范围比视场大。但是，并不是视场内的物体都能看得很清楚，只有落在眼睛的视网膜上的物体的像，人的眼睛才能看清，这是看清物体的第一条件。

（2）照度　瞳孔可以自动调节进入人眼中的光通量，光强的时候瞳孔缩小，光弱的时候瞳孔放大。瞳孔的调节范围一般在 2 ~ 8mm 之间，调节的范围就光通量可能通过的面积来说，相差不过 16 倍，而光的亮度变化可以在 10 万倍左右。所以看清物体应具有一定的照度。

（3）视角　人们用眼睛观察物体时，一般用两点间对人眼的张角（视角）来表示人眼的分辨率。实验证明，在良好的照度条件下，人眼能分辨的最小视角为 1′。要使观察不太费力，其视角就在 2′ ~ 4′。

2. 目视检测人员的视力检查

目视检测人员的视力检查主要指近视力、远视力和色盲的检查。

（1）近视力检查和远视力检查　正常人的视力都差不多，但当出现远视、近视或散光等非正常情况时，视力会明显下降。我国近视、远视检查使用E形视标，如图2-7所示。测试时一般采用白底黑标，照度范围为200～700lx，远视力检查距离为5m，视力表与被检眼视线垂直，1.0行视标与被检眼等高。这样，视标道宽或开口宽度Δ约为1.46mm，视角正好对应1′，即视力1.0。一般正常视觉应能看清这一行。近视力检查距离为2.5m，其他与远视力相同。

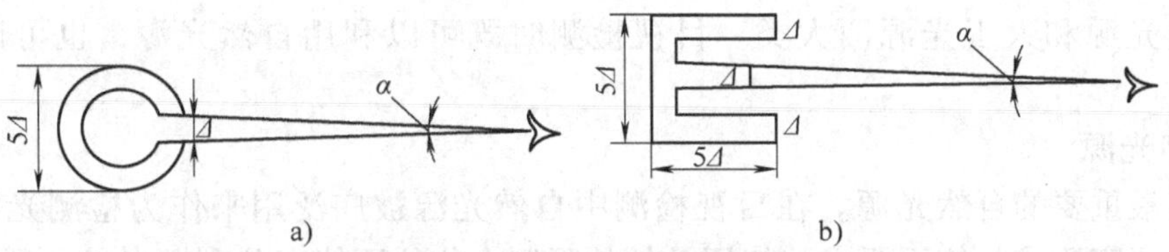

图2-7　视力表上用的E形视标

a）兰道环　b）E形视标

（2）色盲检查　色觉是人眼视觉的主要组成部分。色彩的感受与反应是一个充满无穷奥秘的复杂系统，辨色过程中任何环节出了毛病，人眼辨别颜色的能力就会发生障碍，称之为色觉障碍即色弱。通常色盲是不能辨别某些颜色或全部颜色，色弱则是指辨别颜色能力降低。

1）全色盲。不能识别颜色的色觉异常称为全色盲。全色盲对事物没有色彩感，看周围只是个明暗的世界，在人群中全色盲者非常少见。

2）红绿色盲。不能识别红绿色的色觉异常叫红绿色盲，具有红绿色盲的人只能识别蓝色和黄色，对接近蓝色的蓝绿色或接近黄色的黄绿色，以及橙色，只有蓝和黄的感觉。而对接近绿的蓝绿色，黄绿色或接近红的橙色，这时只感觉到明暗而毫无彩色。

3）蓝黄色盲。与红绿色盲相反，这种色盲患者对红绿产生色觉，而对蓝黄色不能产生色觉，这种色盲异常叫做蓝黄色盲。

4）色弱。色弱主要是辨别功能低下，比色盲的表现程度轻，也分红色弱和绿色弱。在照明亮度很高的情况下，颜色视觉正常者与色弱没有多大差别。当看远方的颜色，或识别低色彩的颜色，观察时间又短时，则会产生差别了。色弱表现出的异常是分辨不清。

色盲检查通常用数字辨色卡、集合图案辨色卡或动物图案辨色卡进行检查。

（3）夜盲和昼盲　夜盲是指在暗环境下或夜晚视力很差或完全看不见东西。造成夜盲的根本原因是视网膜杆状细胞严重受损。昼盲是指在明亮的环境下视力下降，造成昼盲的根本原因是视网膜视锥细胞严重受损。

任务二　焊接件的目视检测

【学习目标】

1）掌握焊接检验尺的各种功能，并能熟练地使用焊接检验尺进行检测。

2）熟悉目视检测的工艺过程，能独立地完成焊接件的目视检测。

➢【任务描述】

有一材料为低碳钢的 ϕ660mm × 30mm 的管道焊缝，要求对其外表面进行目视检测，检测比例为 100%，另有一批 T 形焊接接头的试板，要求检测其角焊缝的成形，验收标准为 ASMEⅢ—NB 分卷。

➢【设备与器材】

一、目视检测的光源及照度计

凡是能发射电磁辐射且有一段辐射光在可见光范围之内的物质体称为可见光源。可见光源分为自然光源和人工光源两大类。目视检测时既可以利用自然光源，也可以利用人工光源。

1. 自然光源

日光是最重要的自然光源。在目视检测中自然光源被广泛用来作为检测光源，但受地点、时间、照度要求、使用要求与使用条件的限制，往往不能充分利用自然光源。

2. 人工光源

人工光源是目视检测时常利用的光源，在自然光源无法到达的地方，要依靠人工光源来帮助完成检测过程。常用的人工光源可分为温度辐射光源、气体放电光源、固体发光光源、激光光源等几类。

(1) 温度辐射光源　温度辐射光源是利用物体温度升高而发光的光源，例如钨丝白炽灯及卤钨灯。白炽灯发出的光是连续光谱，故其显色性较好。碘钨灯和溴钨灯是最常用的卤钨灯，与白炽灯相比，卤钨灯寿命长，发光效率高，在整个寿命期中可始终保持接近 100% 的光通量，灯丝亮度高，玻璃小而坚固，因而可使灯具和光学系统小型化，使成本降低。

(2) 气体放电光源　使电流通过气体（包括某些金属蒸气）而发光的光源称为气体放电光源，如钠灯、汞灯、氙灯等。它们是光谱仪器中常用的光源，统称为光谱灯，发出不连续的线光谱。

(3) 半导体灯　半导体灯又称 P-N 发光灯或发光二极管，它电压低、耗电少、点燃频率高、寿命长、体积小，但光效率低。目前这类光源主要用于指标灯或显示器。

(4) 激光光源　激光光源是一种新型光源，具有单色性好、方向性好、相干性好及辐射密度高等特点。在国防、生产和科研中被广泛应用。

3. 照度计

照度计是用于测量被检工件表面的可见光照度的仪器，常见的有 ST—85 型自动量程照度计和 ST—80C 型照度计，量程是 0 ~ 199900lx，分辨力为 0. 1lx，如图 2-8 所示。

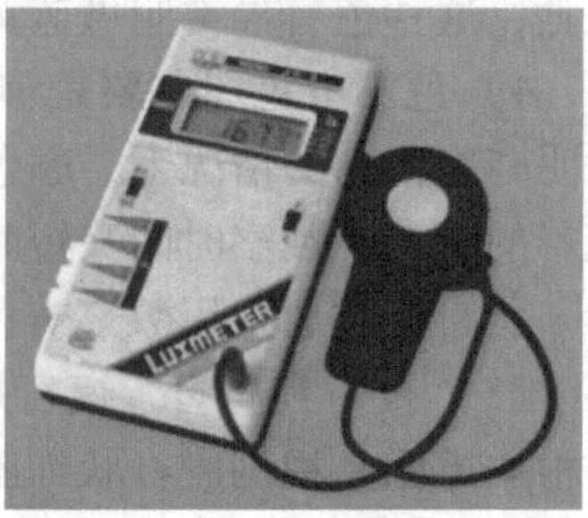

图 2-8　ST—85 型照度计

二、反光镜、放大镜、显微镜和望远镜

1. 反光镜

反光镜包括平面反光镜、凹面反光镜和凸反光镜三种。目视检测中常用的反光镜是平面

反光镜。平面反光镜主要应用在控制光路方向上。其结构主要由玻璃加镀层组成。通常采用透光性能良好的光学玻璃并在背面镀银制成。为了避免镜面破裂造成破坏，在容器内部及洁净场合要慎用。

2. 放大镜

放大镜是观察小于0.2mm的物体的一种最简单的光学仪器。放大镜是将物体经过透镜放大后进行观察的一种光学仪器，通过放大镜看到的物体尺寸与将该物体放在250mm处只用肉眼所看到的尺寸之比称为放大率或称为放大倍数。

目视检测所使用的放大镜，放大倍数一般在6倍以下。为了使用方便通常选用有手柄、带照明、透镜直径一般为80~150mm的放大镜。

3. 显微镜

显微镜是两个相隔一定距离的光学放大系统——物镜和目镜，用镜筒连接起来的组合体。目的物放在靠近物镜前主焦点平面处，使物镜给出放大的实像。放大倍数主要通过物镜来保证，物镜的放大倍数可达100倍，目镜的放大倍数不超过20倍。目视检测是一种宏观检测，通常情况下很少使用放大倍数很高的显微镜。

4. 望远镜

望远镜是一种用于观察远距离物体的目视光学仪器，能使远方很小的物体的张角按一定的倍率放大，使之在像空间具有较大的张角，使本来无法用肉眼看清或分辨的物体变得清楚可见或明晰可辨，是目视检测中常用的工具之一。

三、图像记录设备

目视检测常用的记录方式有书面记录、注释、照相及视频摄像等。照相机和摄像机是实现记录的常用检测设备。

1. 照相机

目视检测时可使用照相机将图像记录下来，现在常用数码相机进行拍摄。

2. 摄像机

摄像机可将图像进行记录再放，可直接在其取景器或连接电视机进行图像观察。

四、目视检测的测量工具

目视检测的测量工具是目视检测时用于测量检查结果的器具，最常用的测量工具是焊接检验尺，如图2-9所示。焊接检验尺主要由主尺、高度尺、咬边深度尺和多用尺四部分组成。主要用于焊缝外观质量的检测。表2-1为60型焊接检验尺的用途、测量范围、技术参数。

表2-1 焊接检验尺的用途、测量范围、技术参数

测量项目		范围	示值公差	测量项目	范围	示值公差
高度	平面高度	0~15mm	0.2mm	宽度	0~60mm	0.3mm
	角焊缝高度	0~15mm	0.2mm	焊件坡口角度	≤160°	30′
	角焊缝厚度	0~15mm	0.2mm	焊缝咬边深度	0~5mm	0.1mm
				间隙尺寸	0.5~6mm	0.1mm

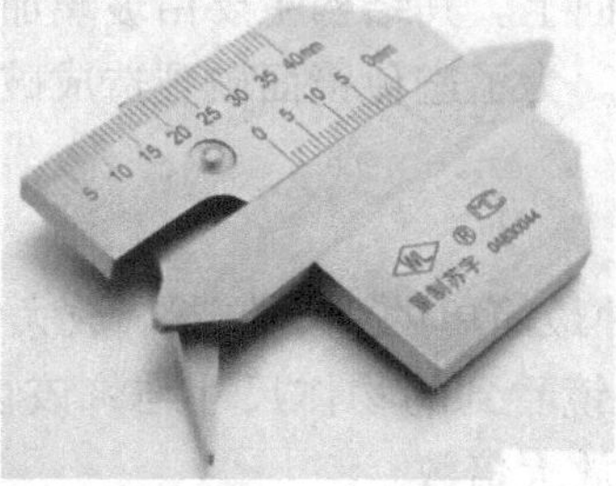

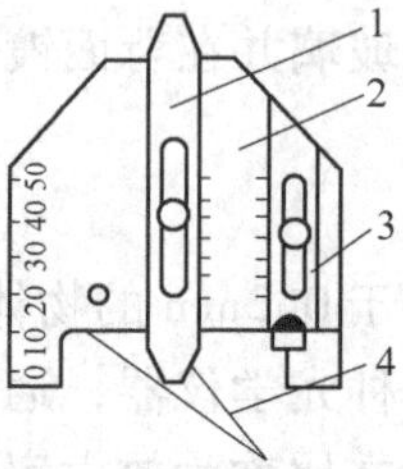

图 2-9　焊接检验尺

1—高度尺　2—主尺　3—咬边深度尺　4—多用尺

➢【任务实施】

一、准备工作

1. 准备设备与器材

在实施目视检测前，准备检测所用的基本设备和工具：放大倍数为 3 ~6 倍的望远镜、带照明的放大倍数为 3 ~6 倍的放大镜、光源、反射率为 18% 的中性灰卡、照度计、焊缝检验尺、其他设备等。

2. 焊件表面清理

清理被检测焊件的表面的油漆、油污、焊接飞溅物等妨碍表面检测的异物，检测区域通常包括 100% 可接近的暴露表面，包括整个焊缝表面和邻近的 25mm 宽的基体金属表面。

二、选择检测方法

当被检物到眼睛的距离小于 600mm，视线与被检表面的夹角大于 30°时，则进行直接目视检测。直接用裸眼进行，或用放大倍数为 6 倍的放大镜进行。日光或人工光源应保证检测人员能分辨反射率 18% 的中性灰度卡上 0. 8mm 宽的黑线，或能分辨位于被检表面上的宽为 0. 8mm 的黑线。

无法直接观察的区域，可用间接方法进行目视检测，并借助辅助工具，如反光镜、内窥镜、光导纤维、照相机、腹膜或其他合适的工具进行，但辅助工具的分辨能力至少应和直接目视检测相当。

三、焊接缺陷的目视检测的操作

1. 环境照度测量

用照度计测量环境照度，要求环境的照度大于 160lx。

2. 灵敏度的检测

用 18% 的灰卡检查灵敏度，要求日光或人工光源应保证检测人员能分辨反射率 18% 的中性灰度卡上 0. 8mm 宽的黑线，或能分辨位于被检表面上的宽为 0. 8mm 的黑线。

3. 焊缝表面成形情况检查

焊缝通常所存在的缺陷有外观形状不合理、焊接过程中产生的缺陷等。检测焊缝外形不合理的缺陷时，常用焊接检验尺进行检测。

（1）对接焊缝余高的测量　测量焊缝余高时，对每一条焊缝，将量规的一个脚置于基体金属上，另一个脚与余高的顶接触，则在刻度尺上可读出余高高度的数值，如图 2-10 所示。

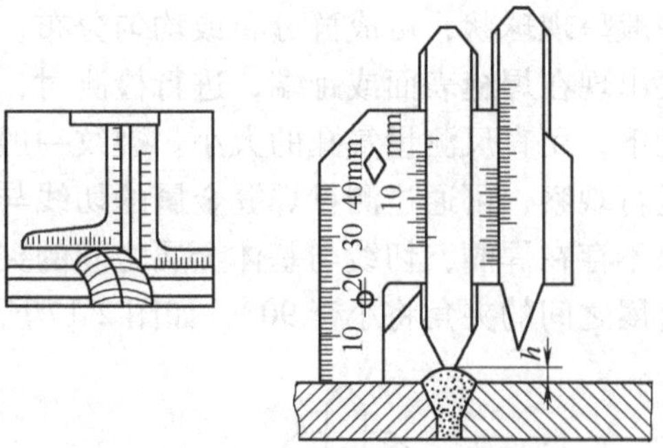

图 2-10　对接焊缝余高的两种测量方法

（2）宽度测量　测量焊缝宽度，先用主体测量角靠紧焊缝一边，然后旋转多用尺的测量角靠紧焊缝的另一边，读出焊缝宽度示值，如图 2-11 所示。

（3）错边量测量　测量错边量时，先用主尺靠紧焊缝一边，然后滑动高度尺使之与焊缝另一边接触，高度尺示值即为错边量，如图 2-12 所示。

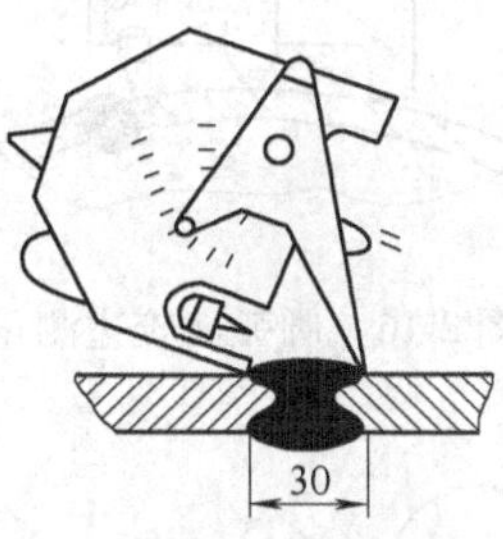

图 2-11　焊缝宽度测量

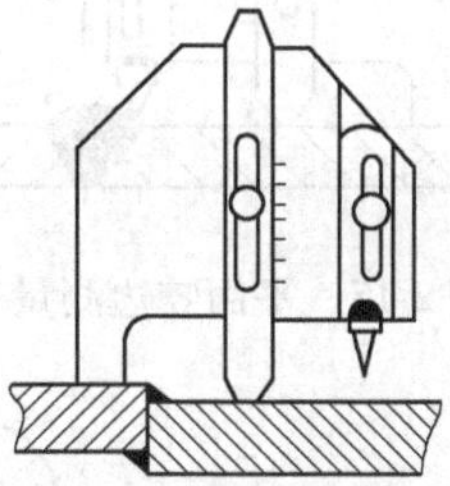

图 2-12　错边量测量

（4）焊脚高度测量　测量角焊缝的焊脚高度时，用尺的工作面靠紧焊件和焊缝，并滑动高度尺与焊件的另一边接触，高度尺示值即为焊脚高度，如图 2-13 所示。

（5）角焊缝厚度测量　角焊缝厚度测量时，把主尺的工作面与焊件靠紧，并滑动高度尺与焊缝接触，高度尺示值即为角焊缝厚度，如图 2-14 所示。

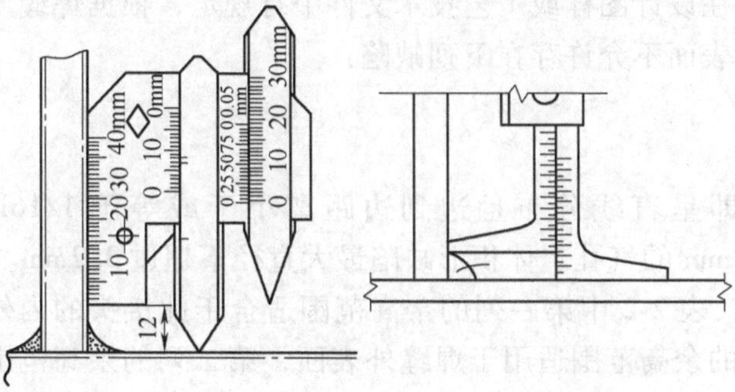

图 2-13　焊脚高度测量

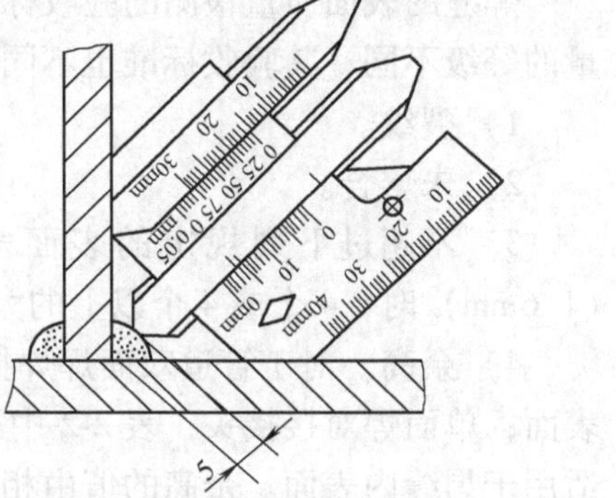

图 2-14　角焊缝厚度测量

（6）咬边深度测量　平面咬边深度测量时，先把高度对准零位并紧固螺钉，然后使用咬边深度尺测量咬边深度（见图 2-15）；圆弧面咬边深度测量时，先把咬边深度尺对准零位紧固螺钉，把三点测量面接触在工件上（不要放在焊缝处），锁紧高度尺。咬边深度尺松开，将尺放于测量处，活动咬边深度尺，其示值即为咬边深度（见图 2-16）。

4. 表面缺陷的目视检测

焊接过程造成的缺陷主要有表面气孔、表面裂纹、焊瘤、咬边、电弧击伤等。表面气孔一般呈现球状，可成群分布或均匀分布；表面裂纹可能是纵向的，或横向的，或星形的。主要出现在焊缝表面或趾端，进行检测时，可利用直尺直接测量气孔的直径，或在放大镜的辅助下，用直尺测量气孔的大小。裂纹一般利用低倍放大镜进行观察。焊瘤通常可直接用目视进行观察，可通过测量焊缝金属的切线与基体金属之间的夹角来判断是否存在焊瘤缺陷，如果不存在焊瘤，切线与基体金属之间的夹角将等于或大于 90°，如果存在焊瘤，切线与基体金属之间的夹角将小于 90°，如图 2-17 所示。

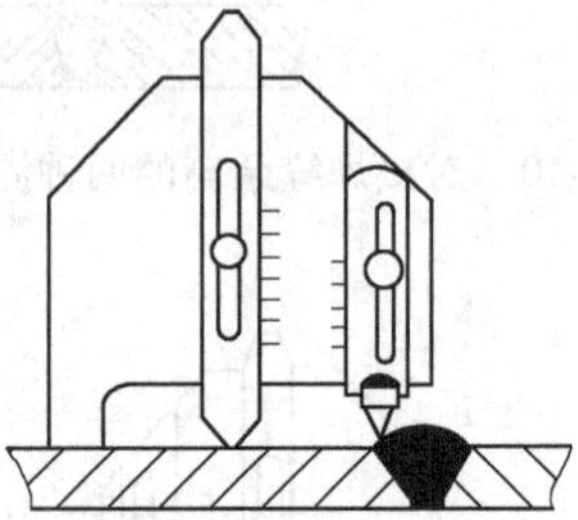

图 2-15　平面咬边测量图

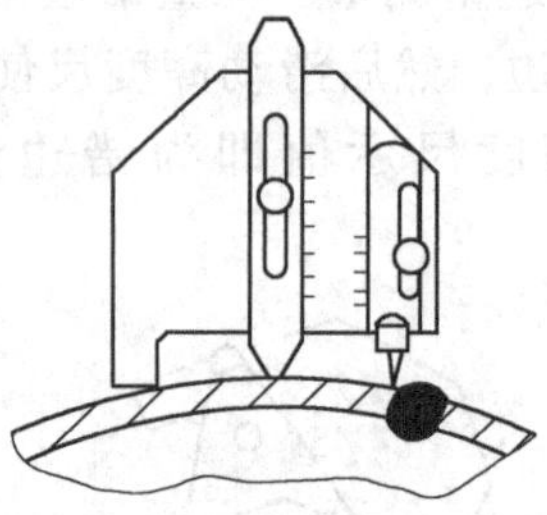

图 2-16　圆弧面咬边测量

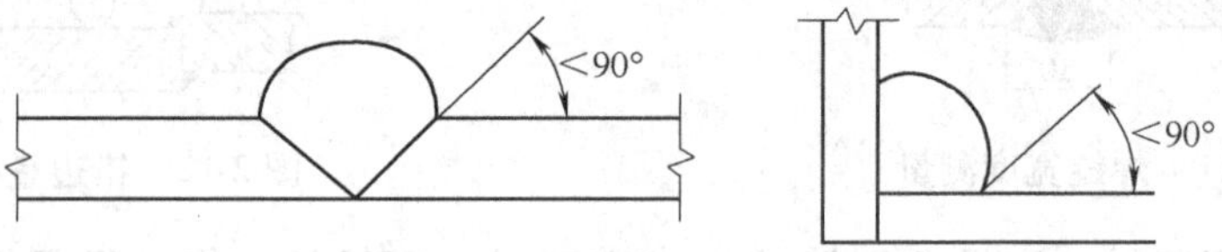

a)　　　b)

图 2-17　焊瘤的检测

四、焊缝表面质量的验收标准

焊缝的表面质量检测的验收标准一般在设计图样或工艺技术文件中有规定，根据焊缝质量的等级不同，其验收标准也不同。焊缝表面不允许存在下列缺陷：

1）裂纹。

2）未熔合。

3）不超过下列规定的表面气孔，即呈直线分布且边到边距离小于或等于 1/16in（1.6mm）时，4 个或 4 个以上的大于 0.8mm 的气孔。体积形缺陷最大直径不超过 3.2mm。

4）余高。对于管道双面焊焊接接头，表 2-2 中第一列的余高范围适合于此接头的内外表面；单面焊对接接头，表 2-2 中第一列的余高范围适用于焊缝外表面，第二列的余高范围适用于焊缝内表面。余高的值由相邻焊缝表面的最高点确定。

表 2-2　管道双面焊焊接接头余高范围　（单位：mm）

壁厚度	最大余高超过	
	焊缝外表面	焊缝内表面
≤3.2	2.4	2.4
3.2 ~ 4.8	3.2	2.4
4.8 ~ 12.6	4.0	3.2
12.6 ~ 25.6	4.8	4.0

5）咬边和根部凹陷。咬边深度不超过壁厚10%或超过0.8mm，根部凹陷超过所需的最小截面厚度。

6）错边量。组对部件焊接后的最大错边量应不超过表2-3中的范围。

表2-3 组对部件焊接后的最大错边量 （单位：mm）

壁厚度 t	纵向	环向
≤12.6	$t/4$	$t/4$
12.6～19	3.2	$t/4$
19～38.4	3.2	4.8
38.4～52	3.2	4.0

➢【任务评价】

焊接接头目视检测评分考核标准见表2-4。

表2-4 焊接接头目视检测评分标准

序号	考核内容	评分要素	配分	评分标准	扣分	得分
1	准备工作	检查焊接接头表面的清洁程度	5	未检查不得分		
		选用目视检测的设备与器材，并检查所用的设备与器材是否符合检测要求	5	设备和器材选用错误1项，扣1分，不检查设备与器材扣1分		
		检查检测的环境（光照度是否满足检测观察的要求）。用18%的灰卡检查灵敏度	5	未检测光照度扣2分，未检查灵敏度扣2分，检查方法错误扣1分		
2	焊接接头的目视检测	余高的测量、焊缝宽度的测量、错边量的测量、角焊缝厚度的测量、咬边深度的测量、角度的测量、间隙的测量	50	测量尺不会使用扣5分，测量结果每错1处扣5分		
3	焊缝表面质量的评定	熟悉焊缝表面质量评定的标准，能根据检测结果进行焊缝表面质量的评定	10	焊缝表面质量评定标准理解错误扣5分，评定结果错误扣5分		
4	填写检测报告	根据检测结果，填写检测报告	15	每填写错误1项扣1分		
5	团队合作能力	能与同学进行合作交流，并解决操作时遇到的问题	10	不能与同学进行合作交流解决操作时遇到的问题扣10分		
		合计	100			

综合训练

一、判断题

1. 在单位时间内通过某一面积的辐射能，叫做通过这个面积的辐射能通量。（ ）
2. 传光慢的介质叫做光疏介质，传光快的介质叫做光密介质。（ ）
3. 目视检测人员的视力检查主要指近视力、远视力的检查。（ ）

4. 焊接检验尺主要由主尺、高度尺、咬边深度尺和多用尺四部分组成。(　　)

5. 目视检测用照度计测量环境照度，要求环境的照度大于200lx。(　　)

6. 通过测量焊缝金属的切线与基体金属之间的夹角来判断是否存在咬边缺陷。(　　)

7. 切线与基体金属之间的夹角等于或大于90°，则说明存在焊瘤缺陷。(　　)

8. 用18%的灰卡检查灵敏度，要求日光或人工光源应保证检测人员能分辨反射率18%的中性灰度卡上0.8mm宽的黑线，或能分辨位于被检表面上的宽为0.8mm的黑线。(　　)

二、名词解释

①光通量；②发光强度；③照度；④亮度；⑤入射角；⑥折射角；⑦直接目视检测。

三、填空题

1. 当光线倾斜入射到两种介质界面时，光就分成两部分：一部分在原来的介质里改变传播方向；一部分进入另一种介质，从界面开始改变传播方向。前一种现象称为________，后一种现象称为__________。

2. 当光在介质中传播时，____________________，这种现象称主介质对光的吸收。光被介质吸收后光量减少的强弱用________表示。

3. 通常色盲是____________________，色弱则是______________________。

4. 工业用内窥镜检测的设备主要包括________、________、________等设备。其中最主要的是________。

5. 目视检测常用的记录方式有________、________、________及________等。________和________是实现记录的常用检测设备。

6. 焊接检验尺主要由________、________、__________和__________四部分组成。主要用于__________的检测。

7. 清除被检件表面污染物常用的方法有__________、____________和____________。

8. 焊缝通常所存在的缺陷有____________、________________等。检测焊缝外形不合理的缺陷时，常用__________进行检测。

9. 焊缝目视检测的检测区域通常包括____________表面，包括____________表面和邻近的____________表面。

四、问答题

1. 简述目视检测人员要进行哪几个项目的视力检查？

2. 简述人眼看清物体的条件是什么？

3. 目视检测的方法有哪几种？如何选择？

4. 叙述目视检测的记录的方法。

5. 如何通过目视检测判断焊缝表面是否有焊瘤存在？

项目三 射线检测

射线检测是利用X射线或γ射线可以穿透物质和在物质中衰减的性质来发现物质内部缺陷的一种无损检测的方法。射线检测依据被检工件成分、密度、厚度等的不同，对射线（即电磁辐射或粒子辐射）产生不同的吸收或散射的特性，对被检工件的质量、尺寸、特性等作出判断。可以检查金属和非金属材料及其制品的内部缺陷。目前广泛应用于机械、化工、兵器、造船、电子、航空、航天等工业领域，其中应用最广泛的是对焊件和铸件的检测。

任务一 射线检测物理基础

【学习目标】

1）掌握X、γ射线的概念、产生机理。

2）熟悉射线的衰减规律、射线照相法的原理与特点。

一、射线的种类及性质

在射线检测中应用的射线主要是X射线、γ射线，其区别只是波长和产生方法不同。X射线和γ射线都是波长很短的电磁波，X射线的波长为0.001~0.1nm，γ射线的波长为0.0003~0.1nm。X射线和γ射线具有以下性质：

1）在真空中以光速直线传播。

2）本身不带电，不受电场和磁场的影响。

3）在媒质界面上只能发生漫反射，而不能像可见光那样产生镜面反射。X射线和γ射线的折射系数非常接近于1，所以折射的方向改变不明显。

4）可以发生干涉和衍射现象，但只能在非常小的缝隙中发生。例如，晶体组成的光栅中才能发生这种现象。

5）不可见，能够穿透可见光不能穿透的物质。

6）在穿透物质过程中，会与物质发生复杂的物理和化学作用，例如电离作用、荧光作用、热作用以及光化学作用。

7）具有辐射生物效应，能够杀伤生物细胞，破坏生物组织。

二、X射线和γ射线的产生

1. X射线的产生

X射线是在X射线管中产生的，如图3-1所示两极之间加有很高的直流电压（管电压），当阴极加热到白炽状态时释放出大量电子，这些电子在高压电场中被加速，从阴极飞向阳极（管电流），最终以很大速度撞击在金属靶上，失去所具有的动能，这些动能绝大部分转换为热能，仅有极少一部分转换为X射线向四周辐射。

管电压是X射线管承载的最大峰值电压，其单位为kV。管电压是X射线管的重要技术指标，管电压越高，发射X射线的波长越短，具有的能量越大，穿透能力就越强。X射线能量取决于管电压，管电压是可调的，所以X射线的能量是可控的。

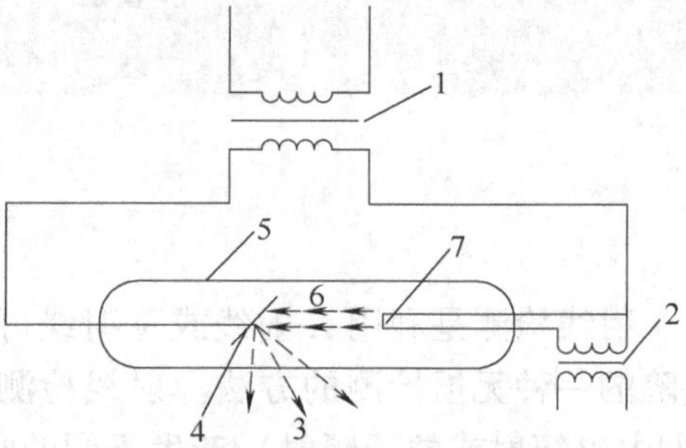

图3-1　X射线产生装置示意图

1—高压变压器　2—灯丝变压器　3—X射线　4—阳极　5—X射线管　6—电子　7—阴极

2. γ射线的产生

γ射线是放射性同位素的原子核在自然裂变（衰变）时放射出来的电磁波。放射性的衰变速度有的很快，有的很慢，但是对于特定的放射性特质，其衰变速度是恒定的。因此，对于固定的γ射线源，其能量不能改变，衰变的几率也不能控制。放射性同位素有天然的，也有人造的。射线检测中采用的γ射线主要来自钴60（Co60）、铯137（Cs137）、铱192（Ir192）、铥170（Tm170）等放射性同位素源。

三、射线在物质中的衰减规律

在X射线或γ射线与物质的相互作用中，入射光量子的能量一部分转移到能量或方向改变了的光量子那里，一部分转移到与之相互作用的电子或产生的电子那里，转移到电子的能量主要损失在物体之中。前面的过程称为散射，后面的过程称为吸收。也就是说，入射到物体的射线，一部分能量被吸收，一部分能量被散射。这样，导致从物体透射的射线强度低于入射射线强度，这称为射线强度发生了衰减。如图3-2所示，射线衰减的基本规律为

$$I = I_0 e^{-\mu T} \tag{3-1}$$

式中　I——透射射线强度；

I_0——入射射线强度；

T——透过物质的厚度（cm）；

μ——线衰减系数（cm^{-1}）。

由式（3-1）可见，随着厚度的增加，透射射线强度将迅速减弱。当然，衰减的程度也相关于射线本身的能量，这体现在公式中的线衰减系数。

线衰减系数表示的是入射光量子在物体中穿行单位距离时（如1cm），平均发生各种相互作用的可能性。在实际应用中，常引入半价层厚度（半厚度）描述吸收体对一定能量射线的衰减。半价层是指使射线的强度减弱为入射射线强度值的1/2的物体厚度，也常记为$T_{1/2}$，容易得到

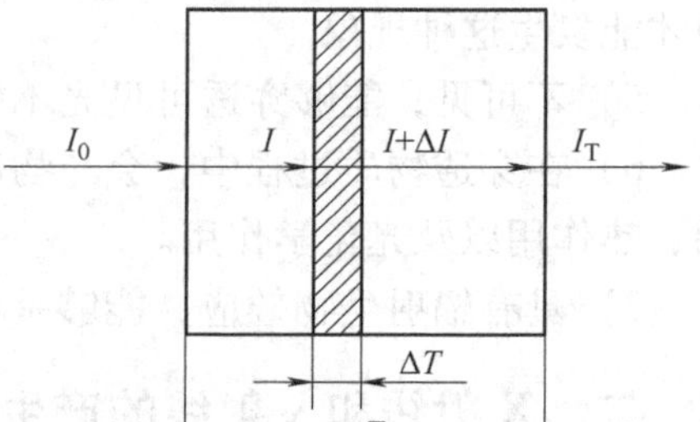

图3-2　射线衰减的基本规律

$$T_{1/2} = 0.693/\mu \qquad (3\text{-}2)$$

可见，同一吸收体对不同能量的射线，其半价层厚度值不同；不同吸收体对同一能量射线，其半价层厚度值也不同。利用这个关系对 I、μ、T 常可作简单计算。

四、射线检测的原理与特点

1. 射线检测的原理

射线穿透物体过程中与物质相互作用而强度减弱，其衰减程度取决于物质的衰减系数和射线穿透物质的厚度。工件中存在缺陷时，缺陷使工件厚度产生变化，且构成缺陷的物质的衰减系数不同于工件，所以透过工件缺陷部位和完好部位的射线强度就产生了差异。若将胶片放在工件后面使胶片感光，透过缺陷部位和完好部位的射线强度不同，因而使胶片的感光程度不同，胶片经处理后，缺陷部位和完好部位就产生了黑度不同的影像，依据黑度的变化就可以对工件中的缺陷进行判断。这就是射线照相法的基本原理。

2. 射线检测的特点

1）射线照相法在锅炉、压力容器的制造检验和在用检验中得到广泛的应用，它的检测对象是各种熔化焊焊接对接接头。它也适用于检测铸钢件，特殊情况下也可用于检测角焊缝或其他一些特殊结构件。它不适用于钢板、钢管、锻件的检测，也较少用于钎焊等焊接接头的检测。

2）射线照相法用底片作为记录介质，可以直接得到缺陷的图像，且可以长期保存。通过观察底片能够比较准确地判断出缺陷的性质、数量、尺寸和位置。射线照相法易检出那些形成局部厚度差的体积型缺陷，如气孔和夹渣之类缺陷有很高的检出率，而裂纹类面积型缺陷的检出率则受透照角度的影响。它不能检出垂直照射方向的薄层缺陷，例如钢板的分层。

3）射线照相法所能检出的缺陷高度尺寸与透照厚度有关，可以达到透照厚度的1%，甚至更小。所能检出的最小长度和宽度尺寸分别为毫米数量级和亚毫米数量级，甚至更小。

4）射线照相法适用于几乎所有材料，在钢、钛、铜、铝等金属材料的焊缝或铸件上使用均能得到良好的效果，该方法对试件的形状、表面粗糙度有较严格要求，但材料晶粒度对其不产生影响。

5）射线照相法检测成本较高，检测速度较慢。射线对人体有伤害，需要采取防护措施。

任务二　焊接接头的射线透照

➢【学习目标】

1）了解曝光曲线的类型，能正确地使用曝光曲线。

2）根据检测任务，能正确地选择透照参数。

3）熟悉常见的透照方式，能进行一次透照长度的计算。

4）能独立完成焊缝的射线透照操作。

5）能正确地填写射线检测报告。

➢【任务描述】

现有一台储罐，规格为 Di1200mm × 1600mm × 10mm，材料为 16MnR，筒节长为1600mm，母材厚度为10mm，两端为封头，右侧封头中心有一 Di450mm × 8mm 高径法兰人孔，短节长 280mm，罐体上有 ϕ273mm × 8mm 高径法兰接管，左侧封头上有 ϕ89mm × 8mm 高径法兰接管，如图 3-3 所示。

本任务要求按 JB/T 4730—2005 标准 AB 级对环焊缝 B1 和 B4 进行射线检测。

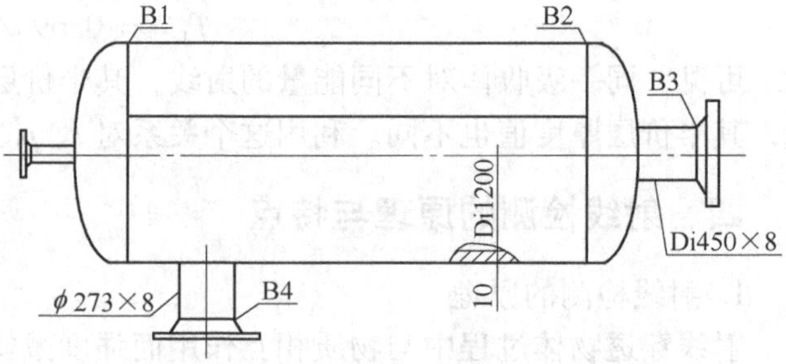

图 3-3　储罐及焊缝布置图

➢【设备与器材】

一、X 射线机

1. X 射线机的分类

工业 X 射线机按照其外形结构、用途、工作频率等可分为以下几种：

（1）携带式 X 射线机　这是一种体积小、重量轻、便于携带、适用于高空野外作业的 X 射线机，如图 3-4 所示。

（2）移动式 X 射线机　这是一种体积和重量都比较大，安装在移动小车上，用于固定或半固定场使用的 X 射线机，如图 3-5 所示。

图 3-4　携带式 X 射线机

图 3-5　移动式 X 射线机

（3）定向 X 射线机　这是一种普及型、使用最多的 X 射线机，其机头产生的 X 射线辐射方向为 40°左右的圆锥角，一般用于定向拍片，如图 3-6 所示。

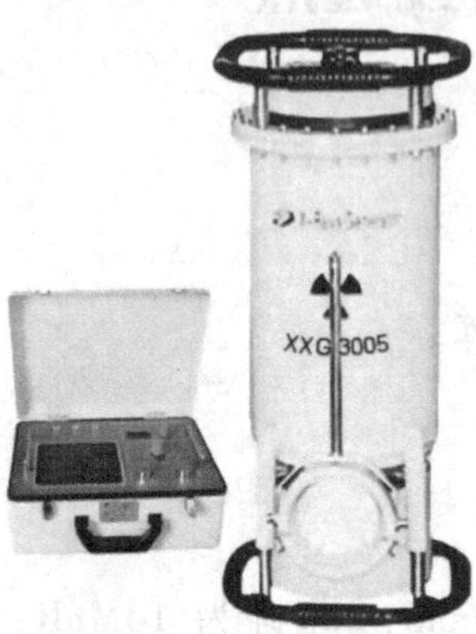

图 3-6　定向 X 射线机

图 3-7　周向 X 射线机

（4）周向X射线机　这种X射线机产生的X射线束向360°方向辐射，主要用于大口径管道和容器环焊缝拍片，如图3-7所示。

（5）管道爬行器　这是为了解决很长的管道焊缝拍片而设计生产的一种装在爬行装置上的X射线机。该机在管道内爬行时，用蓄电平提供电力和传输控制信号，利用焊缝外放置的一个指令源确定位置，使X射线机在管道内爬行到预定位置进行曝光，辐射角大多为360°方向。

2. X射线机的结构

工业射线照相探伤中使用的低能X射线机，简单地说是由四部分组成：射线发生器（X射线管）、高压发生器、冷却系统、控制系统。

（1）X射线管　X射线管的管壳封出一个高真空腔体，并在腔内封装阳极和阴极。管内的真空度应达到1.33×（10^{-3}~10^{-5}）Pa。管壳必须具有足够高的机械强度和电绝缘强度。工业射线检测常用的X射线管的管壳主要采用玻璃与金属或陶瓷与金属制作。采用玻璃与金属制作管壳的X射线管称为玻璃X射线管，如图3-8所示。

（2）高压发生器　高压发生器由高压变压器、高压整流管、灯丝变压器和高压整流电路组成，它们共同装在一个机壳中，里面充满了耐高压的绝缘介质。高压发生器提供X射线管的加速电压（阳极与阴极之间的电位差）和X射线管的灯丝电压。高压发生器中注满高压绝缘介质，目前主要是高抗电强度的变压器油。

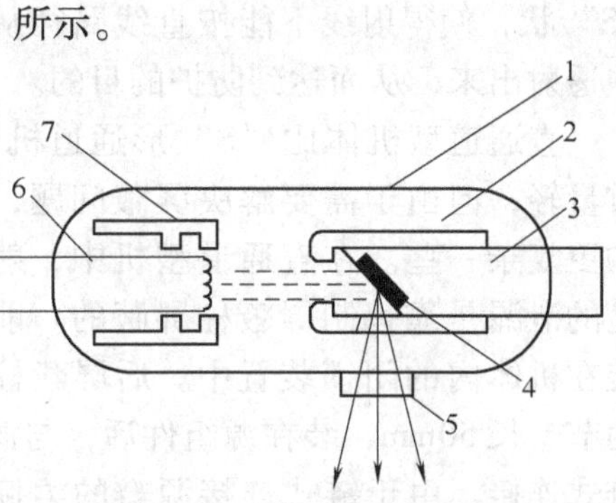

图3-8　X射线管结构示意图

1—玻璃外壳　2—阳极罩　3—阳极体
4—阳极靶　5—窗口　6—灯丝
7—阴极罩

（3）冷却系统　对常用的低压X射线机，X射线管只能将1%左右的电子能量转换为X射线，绝大部分的能量在阳极靶上转换为热量，加热阳极靶和阳极体。因此，为了使X射线管能正常工作，X射线机必须有良好的冷却系统，否则，阳极靶将被高热损坏。

（4）控制系统　控制系统是指X射线管外部工作条件的总控制部分，主要包括管电压的调节、管电流的调节以及各种操作指示。X射线机的操作指示部分包括控制箱上的电源开关、高压通断开关、电压和电流调节旋钮、电流和电压指示表头、计时器、各种指示等。

X射线机的保护系统主要有每一个独立电路的短路过电流保护、X射线管阳极冷却的保护、X射线管的过载保护（过电流或过电压）、零位保护、接地保护和其他保护。

二、γ射线机

1. γ射线机的类型

按使用方式可分为便携式、移动式（能以适当专用设备移动）、固定式（固定安装或只能在特定工作区作有限移动）及管道爬行器。

工业γ射线检测主要使用便携式Ir192γ射线探伤机、Se75γ射线探伤机和移动式Co60γ射线探伤机；Tm170γ射线探伤机及Yb169γ射线探伤机在轻金属及薄壁工件的检测具有优势；管道爬行器则专用于管道的对接焊缝检测。

2. γ 射线检测设备的结构

γ 射线检测设备大体可分为五个部分：源组件、探伤机机体、驱动机构、输源管和附件。

（1）源组件　源组件由放射源物质、包壳和源辫子组成。放射源物质装入源包壳内，包壳采用内外两层，里层是铝包壳，外层是不锈钢包壳，并通过等离子弧焊封口。源包壳与源辫子连接多采用冲压方式，可以承受很大的拉力。

（2）γ 射线探伤机的机体　γ 射线探伤机的机体主要部分是屏蔽容器，其内部通道设计有“S”形通道和直通道型两种。

所谓“S”形通道设计，即屏蔽材料内通道形状为“S”形，其机体结构如图 3-9 所示。这种装置是基于辐射、以源为始点以直线向外传播的原理设计的。因为屏蔽体是“S”状，使得射线不能按直线路径从屏蔽体中透射出来，从而达到防护的目的。

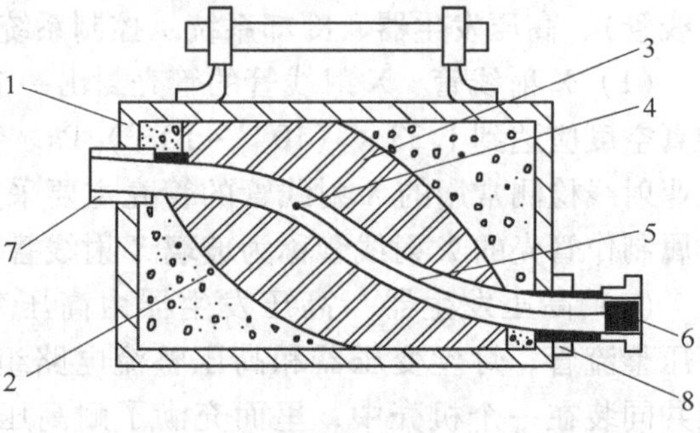

图 3-9　“S”形通道 γ 射线机源容器的基本结构示意图

1—外壳　2—聚氨酯填料　3—贫化铀屏蔽层　4—γ 源（源组件）　5—源托　6—安全接插器　7—快速连接器　8—密封盒

直通道型机体比“S”形通道机体积小，重量轻，但由于需要解决屏蔽问题，所以结构更复杂一些。在直通道型机中，射线沿通道的泄漏是靠钨制屏蔽柱屏蔽的。前屏蔽柱装在机体内的闭锁装置中。后屏蔽柱一般有两节，长 50mm，装在源组件后，与源顶辫成链式连接。由于链式连接源辫的柔韧性不如钢索，所以使用直通道型 γ 射线探伤机时，要求输源管弯曲半径要大，至少不得小于 500mm，而“S”形通道 γ 射线探伤机输源管弯曲半径则可更小一些。

屏蔽容器一般用贫化铀材料制作而成，比铅屏蔽体的体积、重量减小许多。

（3）驱动机构　驱动机构是一套用来将放射源从机体的屏蔽储藏位置驱动到曝光焦点位置，并能将放射源收回到机体内的装置。

γ 射线检测设备及驱动机构工作情况示意图如图 3-10 所示。

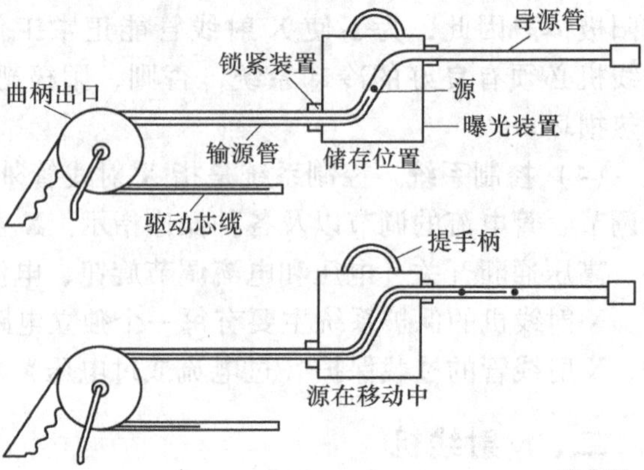

图 3-10　射线设备及驱动机构工作情况示意图

该装置一般可分为手动驱动和电动驱动两种。手动驱动器包括控制缆导管、连接机体结构与控制手柄。靠摇动手柄来驱动源在输源管中移动，为正确判断源的输送位置，手柄上一般还装有源指示器以确保源准确到达曝光焦点。

（4）输源管　输源管也称源导管，由一根或多根软管连接一个一头封闭的包塑不锈钢软管制成。其用途是保证源始终在管内移动，其长度根据不同需要可以任意选用，使用时开口的一端接到机体源出口，封闭的一端放在曝光焦点位置。曝光时要求将源输送到输源管的端头，以保证源与曝光焦点重合。

（5）附件 为了γ射线检测设备的使用安全和操作方便，一般都配套一些设备附件。常用的附件有：

1）各种专用准直器。用于缩小或限制射线照射场范围，减少散射线，降低操作者所受的照射剂量。

2）γ射线监测仪、个人剂量笔及音响报警器。用于确保操作人员的安全及确认放射源所在位置，防止放射事故的发生。

3）各种定向架。用于固定输源管的照相头。定位架有多种类型，都有一定的调节范围并能固定准直器，从而保证放射源位于曝光焦点中心。

4）专用曝光计算尺。可以根据胶片感光度、源种类、源龄、工件厚度、源活度及焦距，快速算出最佳黑度所需的曝光时间。

三、射线检测的器材

1. 射线检测胶片

（1）射线检测胶片的结构 射线检测胶片的结构如图3-11所示，射线检测胶片与普通胶片除了感光乳剂成分有所不同外，其他的主要不同是射线检测胶片一般是双面涂布感光乳剂层。这主要是为了能更多地吸收射线的能量。

片基为透明塑料，它是感光乳剂层的支持体，厚度为0.175mm～0.30mm。

结合层是一层胶质膜，它将感光乳剂层牢固地粘结在片基上。

保护层主要是一层极薄的明胶层，厚度为1～2μm，它涂在感光乳剂层上，避免感光乳剂层直接与外界接触，产生损坏。

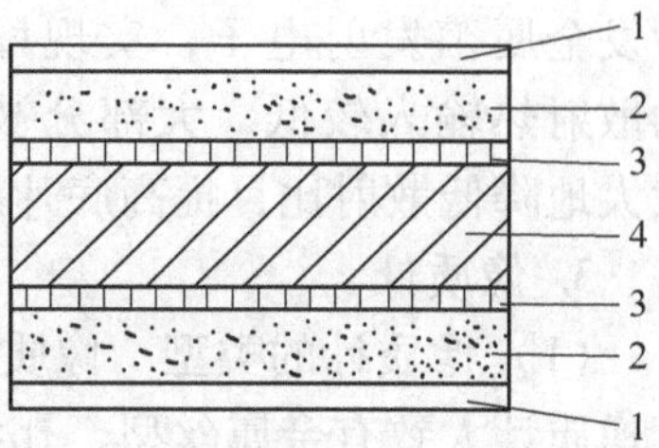

图3-11 射线胶片的结构

1—保护层 2—乳剂层

3—粘结剂 4—片基

（2）射线胶片的感光特性 胶片的感光特性是指胶片曝光后（经暗室处理）得到的底片黑度（光学密度）与曝光量的关系。主要的感光特性包括感光度（S）、梯度（G）、灰雾度（D_0）及宽容度（L）等，感光特性曲线集中反映了这些感光特性。

1）感光度（S）。感光度也称为感光速度，它表示胶片感光的快慢。通常定义，使底片产生一定黑度所需的曝光量的倒数为感光度。

2）梯度（G）。胶片特性曲线上任一点的切线的斜率称为梯度，通常所说的梯度指的是胶片特性曲线在规定黑度处的斜率。

3）灰雾度（D_0）。它表示胶片即使不经曝光在显影后也能得到的黑度。在胶片感光特性曲线上是曲线起点对应的黑度。

4）宽容度（L）。宽容度是与胶片有效黑度范围相对应的曝光范围，在特性曲线上，用与黑度为许用下限值和上限值相应的相对曝光量的倍数表示。

5）颗粒度。颗粒度是指射线底片上叠加在工件影像上的黑度随机涨落，即影像黑度的不均匀程度。

2. 增感屏

当射线入射到胶片时，由于射线的穿透能力很强，大部分穿过胶片，胶片仅吸收入射射线很少的能量。为了更多地吸收射线的能量，缩短曝光时间，在射线照相检验中，常使用前、后增感屏贴附在胶片两侧，与胶片一起进行射线照相，利用增感屏吸收一部分射线能量，达到缩短曝光时间的目的。

增感屏主要有金属增感屏、荧光增感屏和金属荧光增感屏三种类型。其中以金属增感屏所得底片像质最佳，金属荧光增感屏次之，荧光增感屏最差。但增感系数荧光增感屏最高，金属增感屏最低。

工业照相一般使用金属增感屏。金属增感屏是将厚度均匀、平整的金属箔粘接在一定的支持物（如纸片、胶片片基等）上构成的。金属箔目前主要是采用铅合金箔。金属增感屏主要与非增感型胶片一起使用。金属增感屏在射线照射下可以发射电子，这些电子被胶片吸收也产生照相作用，从而增加了射线的照相效应，产生增感作用。图 3-12 所示是增感过程示意图。金属增感屏的另一个重要作用是，它还具有滤波作用，能够吸收散射线。一次射线能量较高，能够穿透金属箔并激发金属箔发射电子，实现增感，但工件中产生的散射热输入较低，大部分被金属箔吸收，这将大大地降低散射比，提高底片的影像质量。

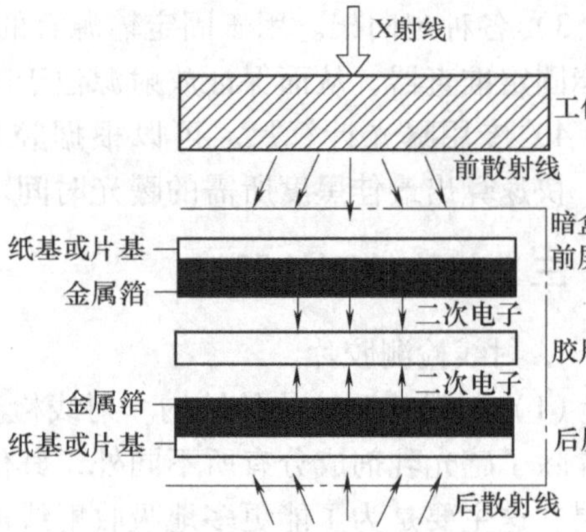

图 3-12　金属增感屏增感过程

3. 像质计

（1）像质计的类型　像质计是检查和定量评价射线底片影像质量的工具。工业射线照相像质计大致有金属丝型、孔型和槽型三种。其中金属丝型应用最广，我国国家标准就采用此种像质计。

金属丝型像质计的基本样式如图 3-13 所示。它采用与被透照工件材料相同或相近的材料制作的金属丝，按照直径大小的顺序、以规定的间距平行排列、封装在对射线吸收系数很低的透明材料中，或直接安装在一定的框架上，并配备一定的标志说明字母和数字。一般在排列的金属丝的两端还放置金属丝对应的号数，以识别该丝型像质计。丝型像质计主要应用在金属材料。

（2）像质计的摆放　像质计原则上应放于透照场内条件最差的位置上，一是工件靠射源一侧表面上，二是在透照场的边缘。焊缝透照时，丝型像质计应放于被检焊缝射源一侧，被检区的一端，使金属丝横跨焊缝并与焊缝垂直，细丝置于外侧。射源一侧无法放置像质计时，允许放于胶片一侧，但应通过对比实验，确定胶片侧像质计应达到的像质指数或相对灵敏度值。

4. 标记

在射线照相检验中，为了建立档案和缺陷识别及定位，需要采用标记。标记主要由识别标记和定位标记组成。标记一般由适当尺寸的铅（或其他适宜的重金属）制数字、拼音字母和符号等构成。

5. 铅板

铅板是射线照相检验中经常需要的器材，主要是用于控制散射线。

6. 其他小器件

其他小器件有卷尺、钢印、照明灯、电筒、各种尺寸的铅遮板、补偿泥、贴片磁钢、透明胶带、各式铅字、盛放铅字的字盘、划线尺、石笔、记号笔等。

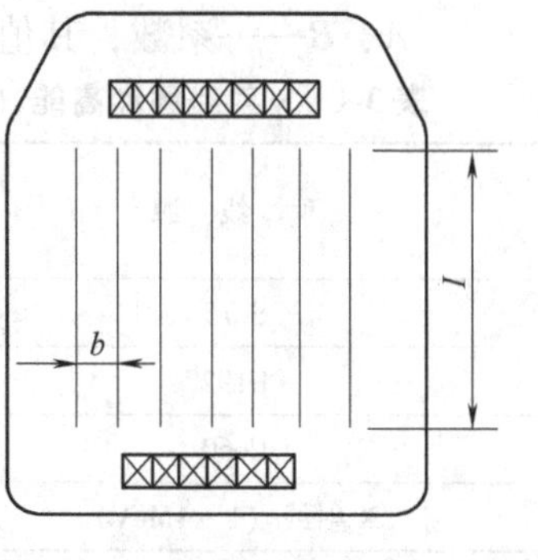

图 3-13 金属丝型像质计的结构

➤【相关知识】

一、射线透照参数的选择

1. 射线源和能量的选择

射线源和能量的选择首先要需考虑射线源的穿透能力，即保证能穿透被检工件。X 射线能量取决于射线机的管电压，管电压越高，X 射线穿透能力越强。射线能量过高会使射线照相灵敏度下降。因此选择 X 射线能量的原则是：在保证穿透力的前提下，尽量选择能量较低的 X 射线。因此，JB/T 4730. 2—2005 规定了一些材料的透照厚度，选择射线能量允许使用的最高管电压（见图 3-14）。

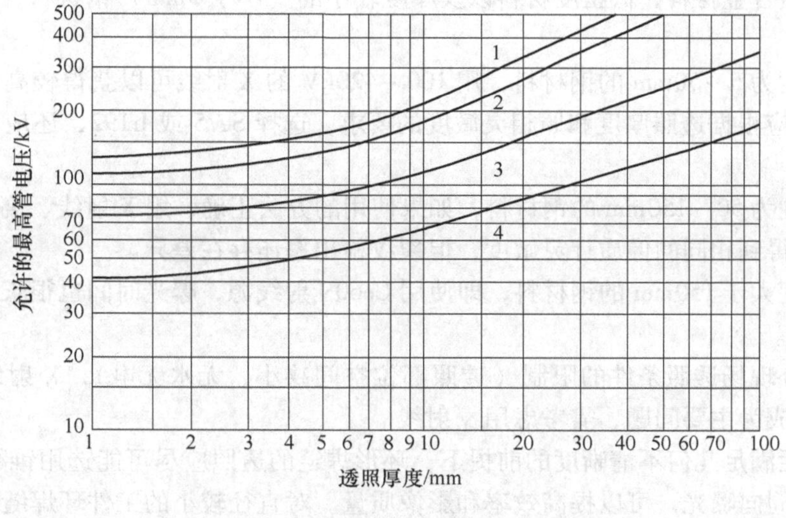

图 3-14 射线能量允许使用的最高管电压

1—铜及铜合金 2—钢 3—钛及钛合金 4—铝及铝合金

γ 射线的穿透力取决于放射线源种类，不同的射线源穿透能力不同。JB/T 4730. 2—2005 规定了 γ 射线源或高能（1MeV 以上）X 射线适用的透照厚度范围（见表 3-1）。

对于钢铁和铝合金，在下面确定的透照电压的经验关系式，适用于大多数采用中等颗粒的胶片，焦距为 700mm 左右、曝光量 20mA · min 左右的射线检测。

$$V = AT + B \tag{3-3}$$

式中 V——X 射线透照电压（kV）；

T——物体的透照厚度（mm）；

A、B——系数，其值见表 3-2。

表 3-1　γ 射线源和高能（1MeV 以上）X 射线设备的透照厚度范围（钢、不锈钢、镍合金等）

射线源	透照厚度/mm	
	A 级、AB 级	B 级
Se75	≥10～40	≥14～40
Ir192	≥20～100	≥20～90
Co60	≥40～200	≥60～150
X 射线（1～4MeV）	≥30～200	≥50～180
X 射线（>4～12MeV）	≥50	≥80
X 射线（>12MeV）	≥80	≥100

表 3-2　系数 A、B 之值

材料	A		B	
	$0.5 \leqslant T < 5$	$5 \leqslant T < 50$	$0.5 \leqslant T < 5$	$5 \leqslant T < 50$
钢	10	5	40	80
铝	5	15	20	40

综上所述，选择射线源时一般采取以下原则：

1）对轻质合金材料、低密度材料以及厚度较小的（小于 5mm）钢材料，常选用 100kV 以下 X 射线。

2）对厚度为 5～50mm 的钢材料，用 100～420kV 的 X 射线可以获得较高的灵敏度；选用 γ 射线源时应根据透照厚度和照相灵敏度的要求，选择 Se75 或 Ir192，还应考虑选配适当的胶片类别。

3）对厚度为 50～150mm 的钢材料，如果使用的方法正确，用 X 射线、高能 X 射线或 γ 射线几乎可以得到相同的像质计灵敏度，但裂纹检出率还存在差异。

4）对厚度大于 150mm 的钢材料，即使用 Co60γ 射线源，曝光时间也很长，宜选用兆伏级高能 X 射线。

5）受野外现场透照条件的限制（透照部位空间狭小、无水无电），X 射线机使用不方便和水电可能成为主要问题，需考虑用 γ 射线。

6）在焦距满足几何不清晰度的前提下，环形焊缝的透照应尽可能选用锥靶周向 X 射线机，用中心法周向曝光，可以提高效率和影像质量。对直径较小的工件环焊缝，可选用小焦点（0.5mm）的棒阳极 X 射线机或小焦点（0.5～1mm）的 γ 射线源作 360°周向曝光。

7）选用平靶周向 X 射线机中心法倾斜全周向曝光时，必须考虑射线束倾斜角对焊缝内纵向面状缺陷的检出影响。

2. 焦距的选择

如图 3-15 所示，由于 X 射线管焦点或 γ 射线源都有一定尺寸，所以透照工件时，工件中的缺陷在底片上的影像边缘会产生一定宽度的半影，此半影宽度就是几何不清晰度。几何不清晰度 U_g 值可用下式计算：

$$U_g = db_0/(F - b_0) \qquad (3\text{-}4)$$

式中　d—— 射线源尺寸（mm）；

F—— 焦距（射线源至胶片的距离）（mm）；

b_0—— 缺陷至胶片距离（mm）。

几何不清晰度 U_g 是选择焦距的大小主要考虑的因素。焦距 F 等于射线源至工件距离 f 和工件至胶片距离 b 之和。焦距 F 越大，则 U_g 值越小，底片上的影像就越清晰。为保证射线照相的清晰度，JB/T 4730. 2—2005 规定了 f 与 d 和 b 应满足表 3-3 的要求。

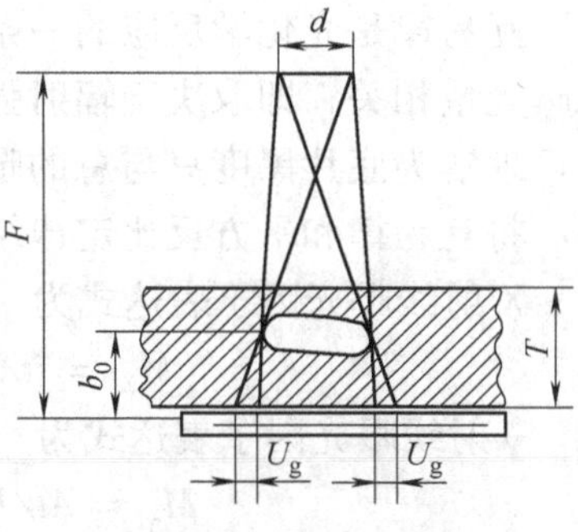

图 3-15 工件中缺陷的几何不清晰度

表 3-3 JB/T 4730. 2—2005 对 f 的要求

射线检测技术等级	透照距离 f	U_g 值
A 级	$f \geqslant 7.5db^{2/3}$	$U_g \leqslant (2/15)\ b^{1/3}$
AB 级	$f \geqslant 10db^{2/3}$	$U_g \leqslant (1/10)\ b^{1/3}$
B 级	$f \geqslant 15db^{2/3}$	$U_g \leqslant (1/15)\ b^{1/3}$

在实际工作中，焦距的最小值可通过 JB/T 4730. 2—2005 标准给出的诺模图查出。图 3-16 所示为 JB/T 4730. 2—2005 给出的 AB 级射线检测技术确定 f 的诺模图。诺模图的使用方法如下：在 d 线和 b 线上分别找到有效焦点尺寸 d 和工件至胶片距离 b 对应的点，用直线连接这两个点，直线与 f 相交的交点即为 f 的最小值，焦距最小值 $F_{min}=f+b$。

实际透照时往往并不采用最小焦距值，所用的焦距比最小焦距要大得多。这是因为射线透照场的大小与焦距相关。焦距越大，匀强透照场范围越大，选用较大的焦距 F 可以得到较大的有效透照长度，较大的焦距也可以进一步提高影像清晰度。

3. 曝光量

曝光量是指射线源发的射线强度与照射时间的乘积。X 射线的曝光量是指管电流 i 与照射时间 t 的乘积；γ 射线的曝光量是指放射线源活度 A 和照射时间 t 的乘积。

曝光量对黑度和灵敏度有重要影响。透照时，可以通过控制曝光量来控制底片的黑度。曝光量也影响底片灵敏度，从而影响底片上可记录的最小细节尺寸。

JB/T 4730. 2—2005 推荐的曝光量的值为：X 射线照相，当焦距为 700mm 时，A 级和 AB 级射线检测技术不小于 15mA · min；B 级射线检测技术不小于 20mA · min。当焦距改变时可按平方反比定律进行换算。

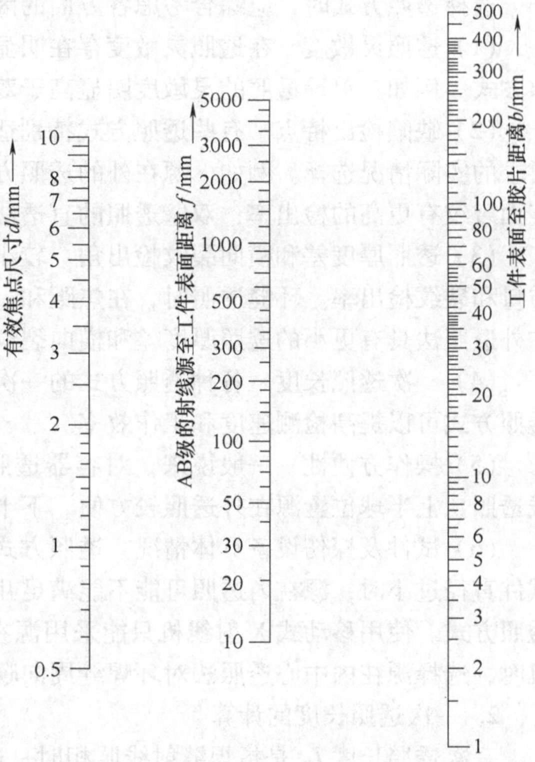

图 3-16 AB 级确定焦点至工件表面距离的诺模图

平方反比定律是物理光学的一条基本定律。它指出：从一点源发出的辐射，射线强度 I

与传播距离 F 的平方成反比，即 I 与 F 存在以下关系：

$$\frac{I_1}{I_2} = \frac{F_2^2}{F_1^2} \tag{3-5}$$

互易律是光化学反应的一条基本定律，它指出：决定光化学反应产物质量的条件，只与总曝光量相关，即取决于辐射强度和时间的乘积，而与这两个因素的单独作用无关。互易定律可理解为底片黑度只与总的曝光量相关。

将互易律和平方反比定律结合起来，可以得到曝光因子的表达式。

X 射线曝光因子表达式为

$$M_X = it/F^2 = i_1t_1/F_1^2 = i_2t_2/F_2^2 = \cdots = i_nt_n/F_n^2 \tag{3-6}$$

γ 射线曝光因子表达式为

$$M_\gamma = At/F^2 = A_1t_1/F_1^2 = A_2t_2/F_2^2 = \cdots = A_nt_n/F_n^2 \tag{3-7}$$

曝光因子表达了射线强度、曝光时间和焦距三者之间的关系，当上述三个参量中的其中一个或两个发生变化时，通过上式可以方便地修正其他参量。

二、透照方式的选择和一次透照长度的计算

1. 透照方式的选择

常见的对接焊接接头射线照相有 10 种基本透照方式，如图 3-17 所示。

选择透照方式时，应综合考虑各方面的因素，权衡择优。有关因素包括：

（1）透照灵敏度　在透照灵敏度存在明显差异的情况下，应选择有利于提高灵敏度的透照方式。例如：单壁透照的灵敏度明显高于双壁透照。

（2）缺陷检出特点　有些透照方式特别适合于检出某些种类的缺陷，可根据检出缺陷的要求的实际情况选择。例如，源在外的透照方式与源在内的透照方式相比，前者对容器内壁表面裂纹有更高的检出率；双壁透照的直透法比斜透法更容易检出未焊透缺陷。

（3）透照厚度差和横向裂纹检出角　较小的透照厚度和横向裂纹检出角有利于提高底片质量和裂纹检出率。环缝透照时，在焦距和一次透照长度相同的情况下，源在内透照法比源在外透照法具有更小的透照厚度差和横向裂纹检出角。

（4）一次透照长度　各种透照方式的一次透照长度各不相同，选择一次透照长度较大的透照方式可以提高检测速度和工作效率。

（5）操作方便性　一般说来，对容器透照，源在外的操作更方便一些。而球罐的 X 射线透照，上半球位置源在外透照较方便，下半球位置源在内透照较方便。

（6）试件及探伤设备具体情况　透照方式的选择还与试件及探伤设备情况有关。例如当试件直径过小时，源在内透照可能不能满足几何不清晰度的要求，因而不得不采用源在外的透照方式。使用移动式 X 射线机只能采用源在外的透照方式。使用 γ 射线源或周向 X 射线机时，选择源在内中心透照法对环焊缝周向曝光，更能发挥设备的优点。

2. 一次透照长度的计算

一次透照长度 L_3 是指焊缝射线照相时一次透照的有效检测长度。它对照相质量和工作效率同时产生影响。实际工作中，一次透照长度的选取受两个方面因素的限制：一个是射线源有效照射场的范围，一次透照长度不可能大于有效照射场的尺寸；另一个是射线照相的透照厚度比 K 间接限制了一次透照长度的大小，以 JB/T 4730—2005 标准为例，不同级别射线

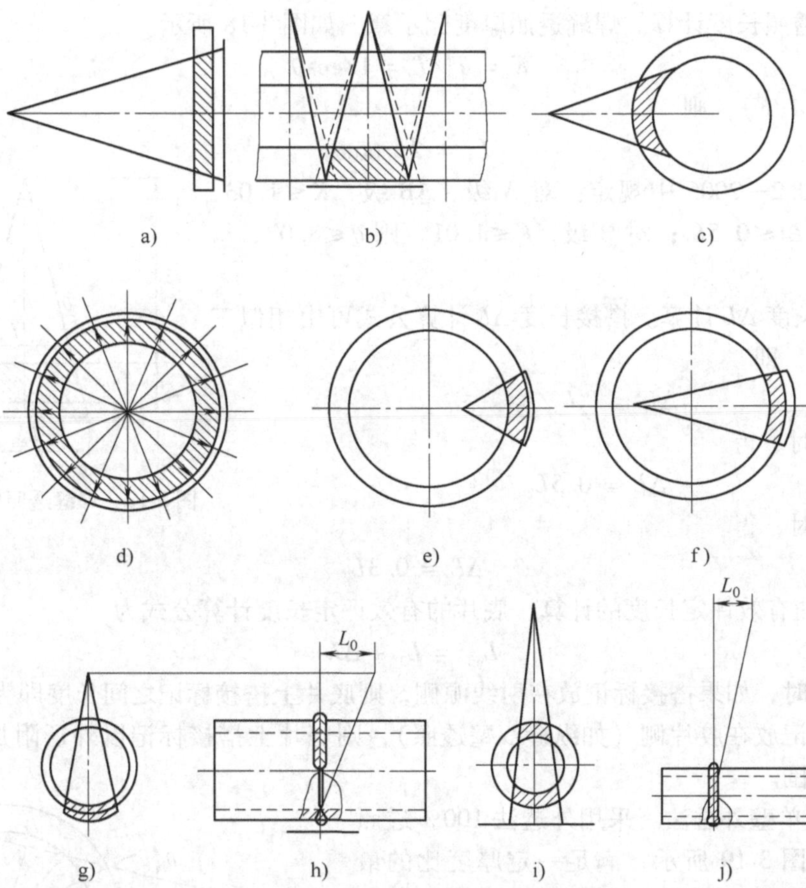

图 3-17 常用的对接焊缝透照方式

a) 直缝单壁透照 b) 直缝双壁透照 c) 环缝外透 d) 环缝内透（中心法） e) 环缝内透（内透偏心法 $F<R$） f) 环缝内透（内透偏心法 $F>R$） g) 环缝双壁单影 h) 环缝双壁单影（直透法） i) 环缝双壁双影 j) 环缝双壁双影（直透法）

检测技术和不同类型对接焊接接头的透照厚度比应符合表 3-4 的规定。

表 3-4 允许的透照厚度比 *K*

射线检测技术级别	A 级，AB 级	B 级
纵向焊接接头	$K\leqslant 1.03$	$K\leqslant 1.01$
环向焊接接头	$K\leqslant 1.1$	$K\leqslant 1.06$
对 $100\text{mm}<D_0\leqslant 400\text{mm}$ 的环向对接焊接接头（包括曲率相同的曲面焊接接头），A 级、AB 级允许采用 $K\leqslant 1.2$		

另外，透照时的搭接长度和评片时的有效评定长度也与一次透照长度有关。搭接长度（ΔL）是指一张底片与相邻底片相互重叠部分的长度。有效评定长度（L_{eff}）是指一次透照检测长度对应在底片上的投影长度。这两项数据确定所使用胶片的长度和底片的有效评定范围。

控制射线照相的透照厚度比 K 值主要是为了控制横向裂纹检出角（θ），如图 3-18 所示，$\theta=\cos^{-1}(1/K)$。而 θ 又与一次透照长度 L_3 有关，所以 L_3 的大小要按标准规定的 K 值通过计算求出。下面介绍几种常用透照方式中一次透照长度 L_3 的计算方法。

（1）直缝透照　直缝即平板对接焊缝或筒体纵缝。

1）一次透照长度计算。焊缝透照厚度比示意图如图 3-18 所示。

$$K = T'/T = 1/\cos\theta \tag{3-8}$$

即 $\theta = \arccos(1/K)$，则

$$L_3 = 2L_1\tan\theta \tag{3-9}$$

JB/T 4730.2—2005 中规定：对 A 级、AB 级，$K \leqslant 1.03$，则 $\theta \leqslant 13.86$，$L_3 \leqslant 0.5L_1$；对 B 级，$K \leqslant 1.01$，则 $\theta \leqslant 8.07$，$L_3 \leqslant 0.3L_1$。

2）搭接长度 ΔL 计算。搭接长度 ΔL 计算公式可由相似三角形关系推出，即

$$\Delta L = L_2L_3/L_1$$

当 $L_3 = 0.5L_1$ 时，得

$$\Delta L = 0.5L_2$$

当 $L_3 = 0.3L_1$ 时，得

$$\Delta L = 0.3L_2$$

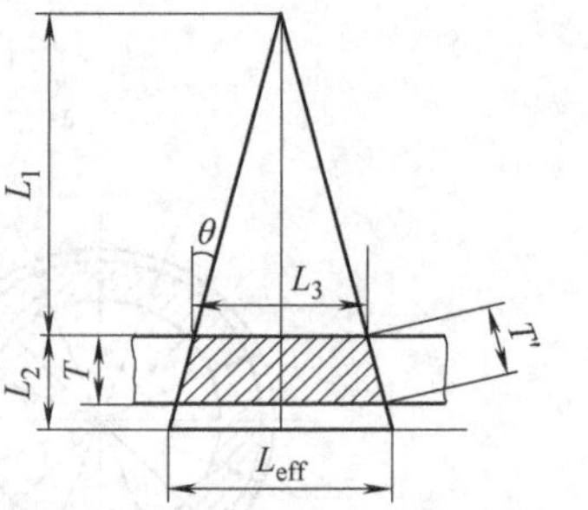

图 3-18　焊缝透照厚度比示意图

3）底片的有效评定长度的计算。底片的有效评定长度计算公式为

$$L_{\text{eff}} = L_3 + \Delta L$$

实际透照时，如果搭接标记放在射线源侧，则底片上搭接标记之间长度即为有效评定长度。如搭接标记放在胶片侧（如纵缝双壁透照），则底片上搭接标记以外还附加 ΔL 长度才是有效评定范围。

（2）环缝单壁外透法　采用外透法 100% 透照环焊缝时，如图 3-19 所示，满足一定厚度比的最少曝光次数 N 可由下式确定，即

$$N = 180°/\alpha$$

$$\alpha = \theta - \eta$$

$$\theta = \arccos\left[\frac{1 + (K^2 - 1)T/D_0}{K}\right]$$

$$\eta = \arcsin[D_0\sin\theta/(D_0 + 2L_1)]$$

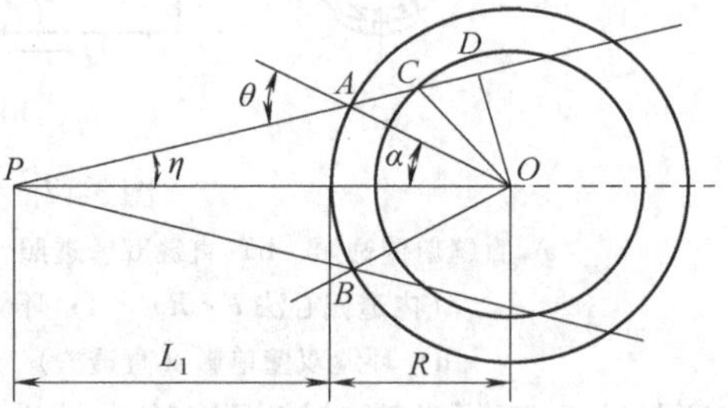

图 3-19　环缝单壁外透法

当 $D_0 >> T$ 时，则

$$\theta \approx \arccos(1/K)$$

式中　α—— 与弧 AB 对应的圆心角的 1/2；

θ—— 影像最大失真角；

η—— 有效半辐射角；

K—— 透照厚度比；

T—— 工件厚度；

D_0—— 容器外径。

求出环焊缝透照时满足 K 值要求的最少曝光次数，就能计算出射线源侧焊缝的外等分长度（一次透照长度）L_3 和胶片侧焊缝的等分长度 L_3'，以及底片上有效评定范围长度 L_{eff} 和相邻两底片的搭接长度 ΔL，即

$$L_3 = \pi D_0/N$$

$$L_3' = \pi D_i / N$$

$$\Delta L = 2T\tan\theta$$

$$L_{eff} = L_3' + \Delta L$$

实际照相时，如搭接标记是放在射线源侧的，则底片上两个搭接标记之间的距离即为有效评定长度 L_{eff}，无需计算。

（3）内透中心法（$F=R$） 内透中心法是指射线源位于被检工件（容器、管道）中心，胶片整条或逐张连接布置在整圈环缝外壁上，射线对环焊缝作一次性周向曝光（见图 3-20）。使用内透中心法时，其透照厚度比 $K=1$，横向裂纹检出角 $\theta=0$，一次透照长度 L_3 为整条环缝长度。

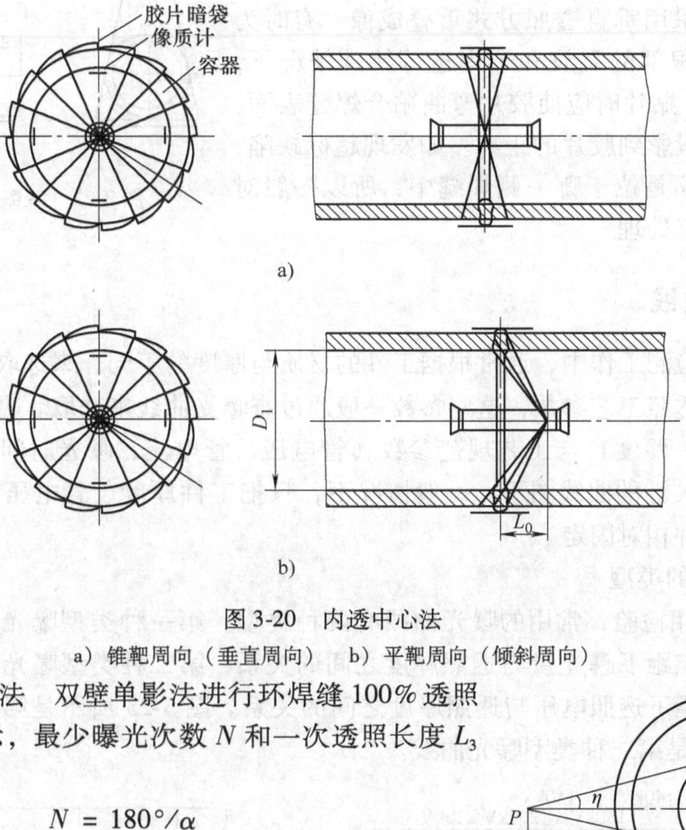

图 3-20 内透中心法

a）锥靶周向（垂直周向） b）平靶周向（倾斜周向）

（4）双壁单影法 双壁单影法进行环焊缝 100% 透照时，如图 3-21 所示，最少曝光次数 N 和一次透照长度 L_3 由下式求出，即

$$N = 180° / \alpha$$

$$\alpha = \theta + \eta$$

$$\theta = \arccos\left[\frac{1 + (K^2 - 1)T/D_0}{K}\right]$$

$$\eta = \arcsin[D_0 \sin\theta / (2F - D_0)]$$

当 $D_0 >> T$ 时，则

$$\theta \approx \arccos(1/K)$$

$$L_3 = \pi D_0 / N = L_{eff}$$

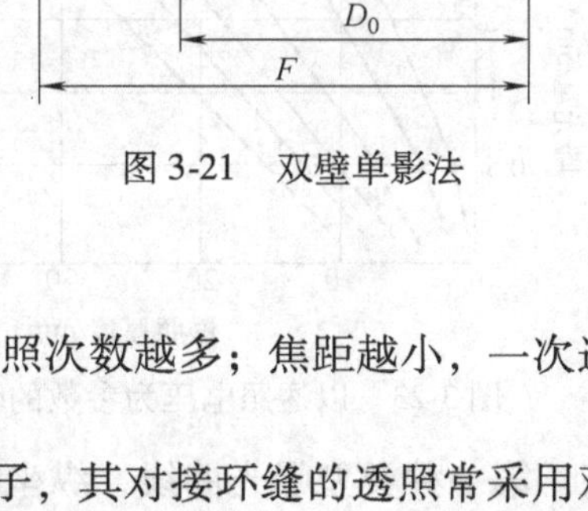

图 3-21 双壁单影法

双壁单影法透照时，焦距越大，一次透照长度越小，透照次数越多；焦距越小，一次透照长度越大，透照次数越少。

（5）双壁双影法 小径管一般指外径 $D_0 \leqslant 100$mm 的管子，其对接环缝的透照常采用双壁双影法。采用倾斜透照方式椭圆成像需同时满足下列两条件：T（壁厚）≤8mm；g（焊缝宽度）≤$D_0/4$。为防止倾斜角过大，影像过度失真，应控制影像的开口宽度在1倍焊缝宽度左右。

倾斜透照布置如图3-22所示，射线源的偏心距（L_0）计算公式为

$$L_0 = (g + q)f/b = [F - (D_0 + \Delta h)](g + q)/(D_0 + \Delta h)$$

式中 Δh——焊缝余高（mm）；

g——焊缝宽度（mm）；

q——椭圆开口宽度（mm）。

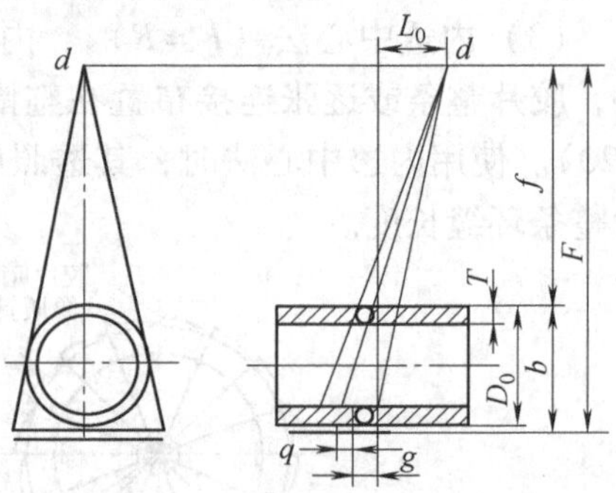

图3-22　双壁双影倾斜透照

如果小径管的对接环焊缝不满足上述条件或椭圆成像困难时，可采用垂直透照方式重叠成像，有时为了重点检测焊缝根部的裂纹和未焊透等特殊情况下，也采用重叠成像，贴片时应使胶片弯曲贴合焊缝表面，以尽量减少缺陷投影到胶片的距离。如发现超标缺陷，因为不能分清缺陷是位于哪一侧焊缝中，所以一般对焊缝进行整圆返修处理。

三、曝光曲线

在实际射线检测工作中，通常根据工件的材质与厚度的不同，来选取相应射线能量、曝光量以及焦距等透照工艺参数，这些参数一般通过查曝光曲线来选取。曝光曲线是用来表示被检工件（材质、厚度）与工艺规范参数（管电压、管电流、曝光时间、焦距、暗室处理条件等）之间相关性的曲线图示。一般情况下，只把工件厚度、管电压和曝光量选作可变参数，而其他条件相对固定。

1. 曝光曲线的类型

对X射线照相检验，常用的曝光曲线有两种类型：第一种类型曝光曲线以透照电压为参数，给出一定焦距下曝光量与透照厚度之间的关系；第二种类型曝光曲线以曝光量为参数，给出一定焦距下透照电压与透照厚度之间的关系。图3-23所示是第一种类型的曝光曲线，图3-24所示是第二种类型曝光曲线。

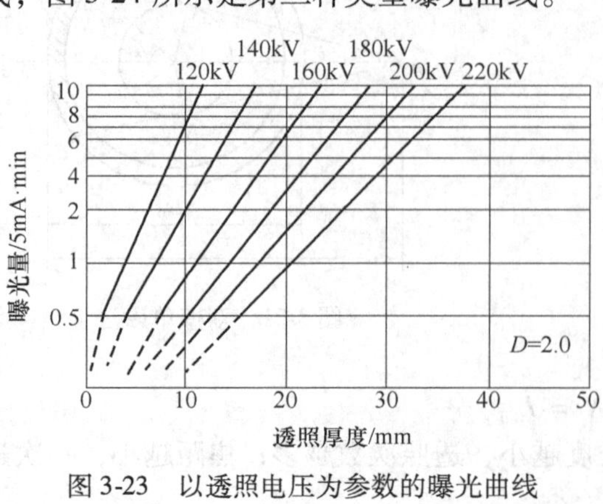

图3-23　以透照电压为参数的曝光曲线

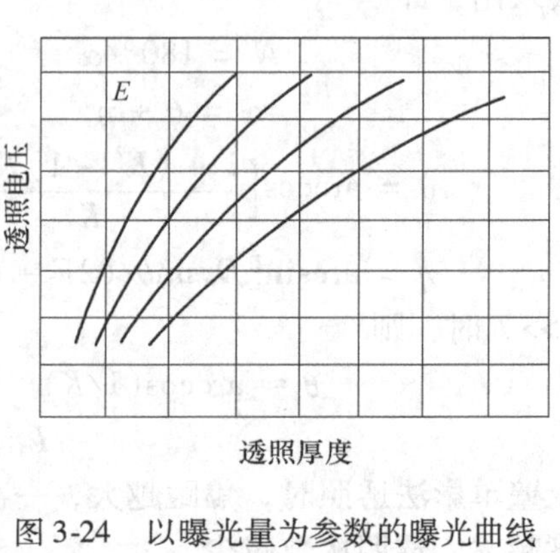

图3-24　以曝光量为参数的曝光曲线

第一种类型曝光曲线，纵坐标是曝光量，单位是毫安·分（mA·min），采用对数刻度

尺；横坐标是透照厚度，常用毫米（mm）为单位，采用算术刻度尺。图中的曲线是在相同的焦距下对不同的透照电压画出来的。从图3-23中的曲线可以看到，采用某一透照电压而透照不同厚度时，曝光量相差得很大。由于曝光量既不能很大，也不能很小，所以某个透照电压实际上只适于透照一较小的厚度范围。

第二种类型曝光曲线，纵坐标是透照电压，单位名称为千伏，单位符号为kV，采用算术刻度尺；横坐标是透照厚度，单位常用毫米（mm），采用算术刻度尺。图3-24中曲线是在相同的焦距下对不同曝光量画出的。

2. 曝光曲线的一般使用方法

从 *E—T* 曝光线上查取透照某给定厚度所需要的曝光量，一般都采用“一点法”，即按射线束中心穿透的最大厚度值确定与某一“kV”相对应的 *E*。但需注意，对有余高的焊接接头照相，射线穿透厚度有两个值。例如，透照母材厚度12mm的双面焊接接头，母材部位穿透厚度为12mm，焊缝部位穿透厚度为16mm，应该用哪个数值去查表呢？这时需要注意标准允许黑度范围与曝光曲线基准黑度的关系，JB/T 4730—2005标准规定AB级允许黑度范围2.0～4.0，如果曝光曲线基准黑度为3.0或更高，则以母材部位12mm为透照厚度查表为宜，这样能保证焊缝部位黑度不致太低；如果曝光曲线基准黑度为2.5或更低，则以焊缝部位16mm为透照厚度查表为宜，这样能保证母材部位黑度不致太高。

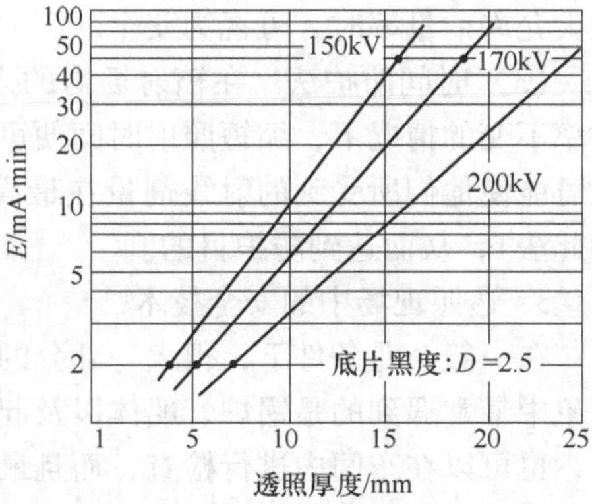

图3-25 *E—T* 曲线

例如，最大穿透厚度值为15mm时，查图3-25所示的 *E—T* 曝光曲线可知，适用的曝光参数有三组：150kV，45mA · min；170kV，20mA · min；200kV，7mA · min。具体选择哪一组参数，应根据工件厚度是否均匀，宽容度是否满足要求，以及要求的灵敏度、工作时间、工作效率等因素，来选择是选用高能量小曝光量，还是低能量大曝光量。

四、辐射防护

1. 射线对人体的危害

当射线作用到有机体时，射线使机体内的组织、细胞和蛋白质等起生物化学作用而变成一种细胞毒，这种细胞毒对有机体具有破坏性。

射线对人体的危害作用随着射线剂量的不同、照射部位的不同以及射线对机体的作用不同而异，当人体的有机组织受少量射线照射时，其作用并不显著，有机组织能迅速恢复正常。但在受到大剂量射线照射或连续超过容许剂量射线照射时，将会在人体有机组织内引起严重病变，甚至死亡。

放射卫生防护标准规定，职业探伤人员年最高允许剂量当量为 5×10^{-2}Sv，而终生累计照射量不得超过2.5Sv。

2. 射线的防护方法

射线探伤时，对射线的防护通常采用的防护方法主要有三种，即屏蔽防护、距离防护和时间防护。

（1）屏蔽防护法　屏蔽防护法是利用各种屏蔽物体吸收射线，以减少射线对人体的伤害，这是射线防护的主要方法。一般根据 X 射线、γ 射线与屏蔽物的相互作用来选择防护材料，屏蔽 X 射线和 γ 射线以密度大的物质为好，如贫化铀、铅、铁、重混凝土、铅玻璃等都可以用作防护材料。但从经济、方便出发，也可采用普通材料，如混凝土、岩石、砖、土、水等。

（2）距离防护法　距离防护在进行野外或流动性射线检测时是非常经济有效的方法。这是因为射线的剂量率与距离的平方成反比，增加距离可显著地降低射线的剂量率。在实际探伤中，究竟采用多远距离才安全，应当用剂量仪进行测量。当该处射线剂量率低于规定的最大允许剂量率时，可视为安全。

（3）时间防护法　在辐射场内的人员所受照射的累积剂量与时间成正比，因此，在照射率不变的情况下，缩短照射时间便可减少所接受的剂量，或者人们在限定的时间内工作，就可能使他们所受到的射线剂量在最高允许剂量以下，确保人身安全（仅在非常情况下采用此法），从而达到防护目的。

3. 透照现场中的安全技术

在一般企业条件下，很大一部分的工作是透照固定的设备和各种结构的部件，这种透照对象中最常遇到的是锅炉、船体以及起重或运输设备等的焊缝。所有上述的对象可以在工地上，也可以在车间中进行检查，而且最好在无人或很少有人的地方进行检查。如果在工作人数很多的工地上或车间内进行透照时，在危险区边缘要设置警戒标志，防止外人误入。例如，用三角小红旗围起来，上写带有警告性的字样或用几块警告牌置于安全距离处，操作人员要保持安全距离，选择散射线小的方向，并尽量利用屏蔽物防护。

➢【任务实施】

一、准备设备与器材

1）250EG-S3 定向 X 射线探伤机（焦点尺寸 2mm×2mm）曝光曲线图，如图 3-26 所示。焦点到窗口的距离为 150mm。

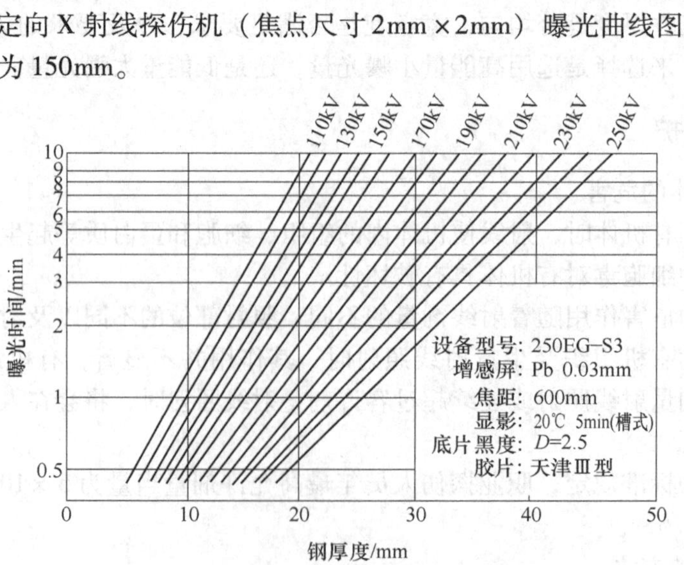

图 3-26　250EG-S3 定向 X 射线探伤机曝光曲线图

2）200EGB1C 周向射线探伤机（焦点尺寸 1.0mm×3.5mm）、曝光曲线及机头结构如图

3-27 所示。焦点到窗口的距离为 150mm。

3）胶片为天津Ⅲ型。

4）增感屏规格为 360mm × 80mm 和 240mm × 80mm。

5）各种铅字、像质计齐全。

6）辅助器材包括中心指示器、卷尺、胶带、石笔、记号笔、胶皮带。

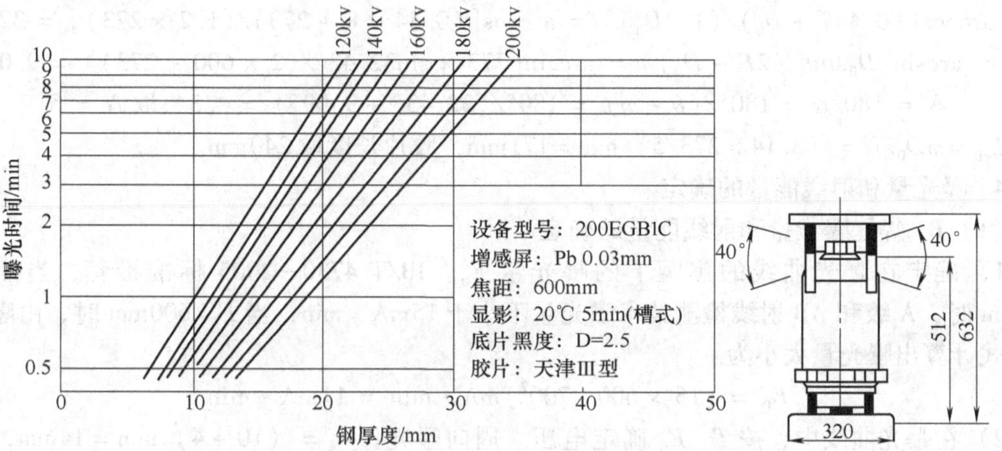

图 3-27　200EGB1C 周向 X 射线探伤机曝光曲线及机头结构图

二、射线透照工艺

1. 透照方式、应识别丝号和像质计型号的确定

透照方式、应识别丝号和像质计型号见表 3-5。

表 3-5　被检工件的像质计灵敏度

焊缝编号	透照方式	透照厚度 W/mm	应识别丝号	像质计型号
B1	中心透照	10	13	Fe-10/16
B4	双壁单影透照	2 × 8	13F	Fe-10/16

2. 焊缝长度和焦距的确定

（1）焊缝长度的确定

1）B1 焊缝长度为 $L = \pi \times (1200 + 20)\text{mm} = 3832.7\text{mm}$。

2）B4 焊缝长度为 $L = \pi \times 273\text{mm} = 857.7\text{mm}$。

（2）f_{min} 的计算　根据 JB/T 4730.2—2005 的规定，AB 级的 $f \geq 10db^{2/3}$（也可查诺模图求得）。

1）B1 焊缝 $f \geq 10 \times 2.25 \times (10 + 4)^{2/3}\text{mm} = 130.7\text{mm}$。

2）B4 焊缝 $f \geq 10 \times 2 \times (8 + 2)^{2/3}\text{mm} = 92.9\text{mm}$。

（3）确定焦距　由给定的曝光曲线图，再考虑到 K 值对一次透照长度的影响及工件结构原因，用定向探伤机进行透照，B4 焊缝焦距为 600mm。B1 焊缝周向曝光，则透照的焦距为 $F = [(1200 + 20 + 4)/2]\text{mm} = 612\text{mm}$。

3. 一次透照长度 L_3 和每条焊缝最少的透照片数 N 的计算

（1）B1 焊缝的计算　由前面的计算可知，焊缝总长 $L = 3832.7\text{mm}$，采用周向曝光，一

次透照长度为整条焊缝，预定采用胶片长度为360mm，取$N=12$，则

$$L_3 = L_{eff} = L/N = (3832.7/12)\text{mm} = 320\text{mm}$$

（2）B4焊缝双壁单影透照的计算　已知$T=8\text{mm}$，$D_0=273\text{mm}$，$F=600\text{mm}$，$K=1.2$，则

$$N = 180°/\alpha = 180°/(\theta + \varphi)$$

$$\theta = \arccos[(0.44T + D_0)/(1.2D_0)] = \arccos[(0.44 \times 8 + 273)/(1.2 \times 273)] = 32.43°$$

$$\eta = \arcsin[D_0 \sin\theta/(2F - D_0)] = \arcsin[273 \times \sin 32.43°/(2 \times 600 - 273)] = 9.09°$$

$$N = 180/\alpha = 180°/(\theta + \eta) = 180°/(32.43° + 9.09°) = 4.34\text{，取} N = 5$$

$L_{eff}=\pi D_0/N=$（$3.14\times273/5$）mm$=171$mm，胶片长度取240mm。

4. 曝光量和射线能量的确定

（1）B1焊缝曝光量和射线能量的确定

1）确定在曝光曲线的焦距下的曝光量E_0。JB/T 4730—2005标准推荐，当焦距为700mm时，A级和AB射线检测技术曝光量不小于15mA·min；当$F=600$mm时，由曝光因子公式计算出曝光量大小为

$$E_0 = (15 \times 600^2/700^2)\text{mA·min} = 11\text{mA·min}$$

2）在曝光曲线中，按T、E_0确定电压。周向曝光：$T_A=$（$10+4$）mm$=14$mm，由曝光曲线查得，$F=600$mm时，曝光量为11mA·min，电压选用130kV。

3）确定透照焦距下的曝光量。现使用焦距为612mm，当管电压不变，由曝光因子公式计算得

$$E_2 = E_1(F_2/F_1)^2 = (2.2 \times 5 \times 612^2/600^2)\text{mA·min} = 10.6\text{mA·min}$$

（2）B4焊缝曝光量和射线能量的确定

1）确定在曝光曲线的焦距下的曝光量E_0。JB/T 4730—2005标准推荐，当焦距为700mm时，A级和AB射线检测技术不小于15mA·min；当$F=600$mm时，由曝光因子公式计算$E_0=(15\times600^2/700^2)\text{mA·min}=11\text{mA·min}$。

2）在曝光曲线中，按T、E_0确定电压。双壁单影透照：$T_A=$（$2\times8+2$）mm$=18$mm，由图3-26所示的曝光曲线查得，$F=600$mm时，曝光量为11mA·min，电压选用160kV。

三、射线透照操作

1. 准备射线检测的设备与器材

1）XXQ—2005型X射线机一台。

2）胶片。采用天津Ⅲ型胶片，规格为150mm×100mm。

3）增感屏。使用铅箔增感屏，前、后屏厚度均为0.03mm。

4）像质计。使用Ⅰ型（等径丝型）专用像质计。

5）铅字。与识别标记、定位标记相关的各类铅字，按类分别放于铅盒中。

6）辅助器材。包括卷尺、胶带、厚度为1mm的薄铅板（大于胶片尺寸）。

2. 现场操作

（1）连接设备　将电源线、电缆线插头分别和控制箱、机头、高压发生器及冷却系统等牢固连接，保证接触良好。将控制箱上的接地线与外接接地插头连接好，保证可靠接地。

（2）训机

1）连接好设备后，设备指示“准备工作”。在准备工作状态下，按下“训机”键，设备自动从最低电压150kV开始训机。机器本身预置时间为5min，并自动设置1∶1休息程序。

2）训机开始后，控制面板显示倒计时，同时电压从150kV逐渐升高，当计时器显示为0时，训机中断，电压显示此时升高到的电压值。

3）机器休息5min后，语音提示“继续训机”，电压开始继续升高，计时器从5min开始倒计时。

4）以上过程“训机—休息—训机”循环进行，直到电压升高到最高负载电压250kV为止，语音提示，训机结束。训机过程完成。

（3）像质计和各种标记的摆放　线形像质计应放在射线源一侧的工件表面上被检面区域一端，金属丝应横跨焊缝并与焊缝方向垂直，细丝置于外侧。搭接标记放在射线源侧工件表面的划线线段的两端，左右两搭接标记之间的部位是射线探伤的有效部位，左面的标记应与上一张底片右标记重合。中心标记放在被检区域的中心，可以插在暗袋中心的插孔上，水平方向箭头指示出焊缝编号（或底片编号）顺序方向，垂直箭头指向焊缝边缘。识别标记包括产品编号、焊缝编号、部位编号和透照日期。

上述标记摆放规则、齐全，并离焊缝边缘至少5mm。

（4）贴片　贴片是指把射线胶片固定在工件相应的位置上的过程。贴片时应使工件与胶片紧密贴合，尽量不留空隙，以便提高底片清晰度。

（5）屏蔽散射线　可用薄铅板固定在胶片背面，以减少背散射的影响。

（6）对焦　将射线探伤机安放在适当位置，调整射线源与工件表面的距离，按照设计的透照参数，用卷尺测量焦距的尺寸，使射线探伤机的中心指示指针垂直指向工件表面，并对准每一透照区域中心。

（7）曝光　调节管电压与计时器为所设置的透照参数，按下高压通开关对工件进行曝光。曝光结束后，按顺序依次取下暗袋，将已曝光的胶片送暗室进行冲洗。

➢【任务评价】

焊缝射线透照任务考核评分标准见表3-6。

表3-6　焊缝射线透照任务考核评分标准

序号	考核内容	评分要素	配分	评分标准	扣分	得分
1	准备工作	检查材料、设备及工具	5	未检查不得分		
2	确定检测工艺参数	透照方式选择有五种方法：纵缝透照法；环缝内透法；双壁双影法；环缝外透法；双壁单影法	5	选择透照方式错误不得分		
		像质计的选择与放置并确定像质指数	5	像质计选择与位置错误，未确定像质指数各扣5分		
		焦距选择不低于标准中诺模图划定的最小距离	5	未按标准选择焦距不得分		
		计算一次透照长度、确定拍片数量	10	未计算一次透照长度、未确定拍片数量一项扣4分		
		根据曝光曲线定射线能量	5	选择射线能量错误不得分		

（续）

序号	考核内容	评分要素	配分	评分标准	扣分	得分
2	确定检测工艺参数	曝光量不低于 15mA·min	5	曝光量低于 15mA·min 不得分		
		增感屏、暗袋等辅件的选择等	5	增感屏、暗袋等选择错误各扣 2 分		
3	透照	连接控制箱和机头，接通电源并可靠接地，开启电源开关预热，检查控制箱上的电指示和风扇运转情况	10	未连接控制箱和机头、未接通电源可靠接地各扣 2 分 未开启电源开关预热不得分 未检查控制箱上的电指示和风扇运转情况各扣 3 分		
		固定机头；调整焦距；对中；贴片；摆放各种标记；屏蔽散射线；像质计放在射源侧	20	未固定机头、未调整焦距、未对中、未贴片、未摆放各种标记、未屏蔽散射线、未将像质计放在射源侧每项扣 3 分		
		根据曝光曲线确定 kV 值，预置曝光时间，对胶片进行曝光	15	kV 值确定错、预置时间错、未对胶片曝光各扣 6 分		
4	团队合作能力	能与同学进行合作交流，并解决操作时遇到的问题	10	不能与同学进行合作交流解决操作时遇到的问题扣 10 分		
		合计	100			

任务三　暗室处理

➢【学习目标】

1）了解暗室的布局，熟悉暗室设备器材。

2）熟悉暗室处理的过程，能进行手工冲洗胶片。

➢【任务描述】

射线照相法拍摄胶片 24 张，需要手工冲洗胶片。要求将具有潜影的胶片经过一系列加工处理得到可见影像的底片。

➢【设备与器材】

一、自动洗片机

自动洗片机是将胶片从显影到干燥全过程进行自动处理的专用设备。胶片从进片口送入自动洗片机内，采用连续冲洗方式，自动完成显影、定影、水洗、烘干整个暗室处理过程，从出片口送出处理质量良好的底片。

1. 自动洗片机的特点

1）自动洗片机能在 7～12min 内提供干燥好的可供评定的射线照相底片，速度快。

2）每小时可处理 360mm×100mm 胶片 100～200 张，效率高。

3）通过自动洗片机处理的底片表面光洁、性能稳定可靠、像质好。

4）操作者的劳动强度低，对操作者的技术熟练程度要求不高。

2. 自动洗片机的组成

（1）胶片传送机构　胶片传送机构是由100多个传动滚筒及其传动部件组成的，它可使胶片从输入口送入，按一定的速度完成胶片处理的整个过程，最后将底片送入收片箱。

（2）温度控制机构　温度控制机构可自动控制洗片机内的温度，通过自动电加热器及热交换器来完成，使各项温度达到恒定。

（3）干燥机构　采用电加热器和鼓风机，或采用红外干燥装置，使水洗后的底片迅速干燥。

（4）显影液和定影液输送机构　自动洗片机配置了胶片面积扫描装置和显影液、定影液自动补充装置，使洗片机中的显影液、定影液的浓度保持不变。每次进片时，自动洗片机都能给出一个进片信号，使溶液泵自动按输入胶片的面积向机内补充一定数量的显影液和定影液。同时，机内排出相应数量的溶液，保证液体的量不变。

（5）搅拌装置　自动洗片机内设有搅拌机械对药液进行搅拌，使机内药液温度、浓度均匀，并使胶片表面不断与溶液充分接触。

二、暗室处理的器材

暗室常用器材包括安全灯（三色灯）、温度计、天平、洗片槽、烘干箱等。

1. 洗片槽

洗片槽用不锈钢或塑料制成，如图3-28所示，其深度应超过底片长度20%以上，使用时应将药液装满槽，并及时将槽盖好，以减少药液的氧化。

2. 安全灯

安全灯用于胶片冲洗过程中的照明。不同种类胶片具有不同的感光波长范围。工业射线胶片对可见光的蓝色部分最敏感，而对红色或橙色部分不敏感，因此，用于射线胶片处理的安全灯采用暗红色或暗橙色，如图3-29所示。

图3-28　洗片槽

图3-29　安全灯

3. 温度计

温度计用于配液和显影操作时测量药液温度，可使用量程大于50℃，刻度为1℃或0.5℃的酒精玻璃温度计，也可使用半导体温度计。

4. 天平

天平用于配液时称量药品，可采用称量精度为0.1g的托盘天平。天平使用后应及时清洁，以防腐蚀造成称量失准。

5. 洗片架

洗片架按形状分为插式洗片架和夹式洗片架，它是射线工作暗室操作中的常用工具，如图 3-30 所示。

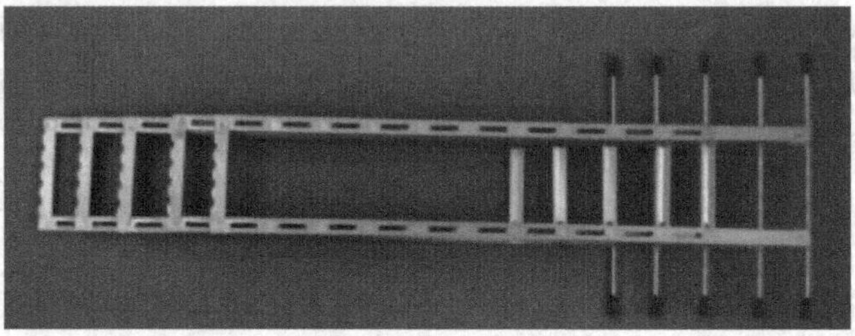

图 3-30　洗片架

➢【相关知识】

一、暗室布置知识

暗室应有足够的空间，不能太小、太窄。暗室应分为干区和湿区两部分，并应尽可能使两部分相隔远一些。其中干区用于摆放胶片 、暗盒、增感屏和洗片夹等器材，并用来进行切片和装片等工作。湿区用来进行冲洗过程中的显影、停显、定影、水洗和干燥等工作，如图 3-31 所示。

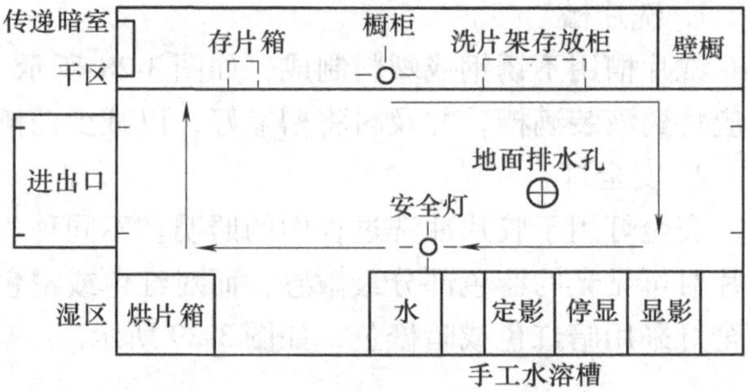

图 3-31　手工冲洗的暗室

各种器材的摆放位置应根据工作流程进行合理布局，以利于工作。

暗室应完全遮光，进出口处应设置过渡间和双重门，以保证人员出入时不漏光，为减少人员出入次数，设置传递口，用于传递胶片或底片。

暗室应有通风换气设备和给排水系统，应有控制温度和湿度的措施。

暗室地面和工作台保持干燥和清洁，墙壁、工作台应有防水和防化学腐蚀的能力。

暗室附近如有射线源，应注意屏蔽问题。

二、暗室处理程序

1. 显影

曝光以后在胶片的乳剂层中形成潜影，对通常采用的曝光量必须经过显影才能把潜影转化为可见的影像。显影就是以还原作用，从感光乳剂中感光的溴化银还原出金属银，使不可见的潜影转化为可见的影像。

（1）显影液　通常使用的显影液含有四种主要组分，即显影剂、保护剂、促进（加速）剂、抑制剂，此外还应有溶剂水。调整各个组分的比例，可以得到不同性能的显影液。

1）显影剂。它是显影液的基本组分，它使已感光的卤化银还原为金属银。最常用的显影剂是米吐尔、对苯二酚、菲尼酮。

2）保护剂。在显影液中加入保护剂是为了防止显影剂氧化，延长显影液的寿命。显影液中经常采用的保护剂是无水亚硫酸钠。

3）促进剂。在显影液中加入促进剂是为了增强显影剂的显影能力和显影速度。显影液中常用的促进剂是碳酸钠、硼砂，它们都是弱碱性物质，很少使用强碱氢氧化钠。

4）抑制剂。在显影液中加入抑制剂是为了减少对未曝光卤化银微粒的显影程度，降低灰雾。经常使用的抑制剂是溴化钾。

5）溶剂水。溶解各种其他组分，构成显影液。

（2）影响显影的因素　显影过程对射线照片影像的质量具有重要影响，因此必须严格控制显影过程。影响显影结果的因素主要是显影的温度与时间、显影液的老化程度、显影操作，见表3-7。

表3-7　影响显影的因素

影响因素	影响内容	一般要求
显影时间	显影时间延长，可以增加底片黑度和影像对比度，但也会增大灰雾度和影像的颗粒度。显影时间过短，底片影像对比度降低，也会增大影像的颗粒度	对手工处理，正常的显影时间一般是4~6min
显影温度	温度过高可能使显影液中的药品分解失效，或造成显影液的过分氧化，灰雾增大、影像颗粒变粗，而且可能损害乳剂层。显影温度过低，显影液的显影能力大大降低，造成影像的对比度（反差）降低	手工处理时显影液的显影温度一般为18~20℃
显影操作	搅动可以提高显影速度，并使显影均匀，同时也提高底片反差	当胶片在显影液中时，应不断搅拌显影液
显影液活度	使用老化的显影液，显影速度将变慢，反差减少，灰雾度增大	显影液老化到一定程度后应停止使用，或者通过加入补充液的方法提高显影液的活性

2. 停显或中间水洗

从显影液中取出胶片后，显影作用并不能立即停止，这时候胶片乳剂层中还残留着显影液，它们仍在继续进行显影作用，在这种情况下容易产生显影不均匀。如果这时立即将胶片放入定影液中，则可能产生二色性灰雾。同时，由于显影液带入定影液，还会损害定影液。二色性灰雾是极细的银粒沉淀，在反射光下呈现蓝绿色，在透射光下呈现粉红色。

常用的停显液是质量分数为1.5%~5%的醋酸水溶液。停显时间为0.5~1min。停显液的主要作用是中和显影液的碱。

如果不采用停显液，则应在显影之后先将胶片放入流动水中冲洗1min左右，然后才能将胶片转入定影液中。

3. 定影

经过显影之后，胶片乳剂层中感光的卤化银还原为金属银，但大部分未感光的卤化银没有发生变化，还保留在乳剂层中。定影过程的作用是，将感光乳剂层中未感光也未被显影剂还原的卤化银从乳剂层中溶解掉，使显影形成的影像固定下来。

（1）定影液　定影液包含四个主要组分，即定影剂、保护剂、酸性剂、坚膜剂，此外还有溶剂水，定影的基本作用由定影剂完成。

1）定影剂。定影剂是定影液的主要组分，使用最广泛的定影剂是硫代硫酸钠（海波）。

在定影过程中，硫代硫酸钠与卤化银发生反应，生成成分比较复杂的能溶于水的银的络合物。但对已还原出的金属银不起作用，从而使影像固定下来。

2）酸性剂。为了中和在停显过程未消除而进入定影液中的显影液的碱性、停止显影作用，在定影液中需加入一些酸。常用的酸性剂是冰醋酸和硼酸。

3）保护剂。为防止定影液的酸度升高，在定影液中需加入保护剂。常用的保护剂是亚硫酸钠。

4）坚膜剂。在定影过程中，胶片感光乳剂层大量吸入水分，发生膨胀，容易划伤和脱落。坚膜剂的作用就是减少划伤和防止药膜脱落。酸性定影液最常用的坚膜剂是硫酸铝钾（明矾）和硫酸铬钾（铬矾）。

（2）影响定影的因素　影响定影过程的因素主要是定影的温度与时间、定影液的老化程度、定影操作，见表3-8。

表3-8　影响定影的因素

影响因素	影响内容	一般要求
定影时间	一些定影液对胶片感光乳剂层中未显影卤化银的溶解程度，以及被溶解的银盐从乳剂层中渗出进入定影液	采用硫代硫酸钠配方的定影液，在标准条件下，所需定影时间一般不超过15min
定影温度	温度过高可能造成定影液药品分解失效，使乳剂层膨胀加大，容易产生划伤和脱膜	一般控制在16～24℃
定影操作	搅动可以提高定影速度，使定影均匀	在定影过程中，应适当搅动定影液，一般每2min搅动一次
定影液活度	使用过于老化的定影液时，必然会过分地加长定影时间，同时将会分解出硫化银，使底片变成棕黄色	定影液老化到定透时间已长到新定影液定透时间的2倍时，则应该认为定影液已失效，须更换

4. 水洗与干燥

（1）水洗　水洗的目的是将胶片表面和乳剂膜内吸附的硫代硫酸钠及银盐络合物清除掉。否则硫化银会使底片发黄，影响底片影像质量。

水洗的质量取决于水洗的温度、时间、方式。温度高可缩短水洗时间，但温度过高可能会损害乳剂层，水洗温度一般控制在16～24℃，水洗时间一般需要30min。一般应用流动水洗方式进行水洗，使胶片总是接触新鲜清水，利于清除残留的有害物质。

（2）干燥　干燥是为了排除膨胀的乳剂层中的水分。干燥方法主要是两种，即自然干燥和烘箱干燥。

自然干燥是在清洁、干燥、空气流动的室内，把水洗后的胶片悬挂起来，让水分自然蒸发，使胶片干燥。烘箱干燥是把水洗后的胶片悬挂在烘箱内干燥，烘箱中通过热风，热风的温度一般不能高于40℃，并应对热风进行过滤，尽量减少热风所带的杂质和灰尘。

➢【任务实施】

一、准备工作

1）准备洗片槽、洗片架、配制药液的容器、配制药液的原材料、安全灯等。

2）打开安全灯以及暗室计时器，关闭暗室的照明灯。

二、配制药液

1. 胶片处理药液的配方

胶片暗室处理所用的药液主要有显影液、停显液和定影液。常用的药液配方见表3-9、表3-10、表3-11。

表3-9 菲尼酮显影配方

配方组分	普通槽用显影液	高活性显影液	自动洗片机用显影液
温水（50℃）	750mL	750mL	750mL
无水亚硫酸钠	60g	100g	60g
对苯二酚	11g	35g	24g
菲尼酮	0.275g	0.6g	0.75g
无水碳酸钠	40g	25g	—
偏硼酸钠	—	—	33g
氢氧化钠	4g	21g	19g
溴化钾	4g	1g	10g
6-硝基苯并咪唑	—	—	0.5g
蒽醌-2-磺酸	—	—	0.2g
苯并三唑	0.1g	0.5g	—
E.D.T.A	2g	2g	3.5g
聚乙二醇200	—	—	0.2g
明胶坚膜剂	—	—	17g
加水至	1000mL	1000mL	1000mL
显影温度	20℃	26.5℃	32~40℃
显影时间	4~5min	1.5~2min	约35s

2. 配制显影液的程序和顺序

配置药液应严格按配方规定的次序进行，待前一种药品完全溶解后方可放入后种药液品，不可随意颠倒次序。配制显影液的顺序是：保护剂—显影剂—促进剂—抑制剂。

配制定影液时，亚硫酸钠必须在加酸之前溶解，以防硫代硫酸钠分解；硫酸铝钾必须在加酸之后溶解，以防水解产生氢氧化铝沉淀。

表3-10 常用停显液的配方

配方组分	停显配方	坚膜停显配方
水	750mL	750mL
冰醋酸	20mL	20mL
无水硫酸钠	—	45g
加水至	1000mL	1000mL
停显时间	10~20s	20s

表 3-11 常用定影液配方

配方组分	天津	柯达 F5	柯达 ATF-6 快速定影配方
温水（65℃）	600mL	600mL	600mL
硫代硫酸钠	240g	240g	—
硫代硫酸铵	—	—	200g
无水亚硫酸钠	15g	15g	15g
冰醋酸	15mL	15mL	15.4mL
硼酸	7.5g	7.5g	7.5g
硫酸铝钾	15g	15g	15g
加水至	1000mL	1000mL	1000mL

3. 配制药液的注意事项

1）配液的容器应使用玻璃、搪瓷或塑料制品，也可使用不锈钢制品。搅拌棒也应用上述材料制作。

2）配制药液的水温要严格按照要求设置，不能太高或太低。

3）各种药品应严格按配方规定的量加入。

4）使用块状药品时应先将其研碎成粉末状再加入。

5）应先取总体积 3/4 的水量，待全部药品溶解后再加水至所需的体积。

6）配制药液时应不停地搅拌，以加速溶解。但搅拌不宜过于激烈，且应朝着一个方向进行，以免造成大量空气溶入水中，导致药液过分氧化。

7）配好的药液应静置 24h 后再投入使用。

三、手工冲洗胶片

1. 显影处理

将暗袋里已拍照的胶片取出，取出的胶片要作好标记，胶片放入显影液之前，应在清水中预浸一下，使胶片表面润湿，避免进入显影液后胶片表面附有气泡造成显影不均匀。然后放进显影药液中。一次性放入显影液中的胶片不宜过多，以不重叠为宜。常温下，显影时间在 3 ~ 5min。显影之初和显影过程中要使胶片上下移动，以保证显影液新鲜性。显影夹之间要有一定距离，防止胶片相粘。

2. 停显处理

停显液常用弱酸配制而成，作用是中和残留的碱性显影液。操作时，将显影后的胶片放入停显液中不间断地摆动，使酸碱中和产生的气泡从表面排出。停显时间在 10 ~ 20s 即可。停显温度最好与显影温度相近，停显温度过高，可能会产生“网纹”和“皱榴”等缺陷。

3. 定影

（1）定影温度的控制　定影操作时应将温度控制在 16 ~ 24℃。如果温度过高，会加速定影的化学反应过程，使定影过程产生的络合物析出而残留在乳剂层中，并使乳剂层膨胀，容易划伤甚至脱落。定影温度过低，定影作用减慢，定影时间延长。因此冲洗胶片之前测量定影液温度很重要。

（2）搅拌　在整个定影过程中要不断搅动定影液，并经常翻动胶片，这样既可以提高定影速度又可使定影均匀。一般在最初 1min 要不停地搅拌，以后每 1 ~ 2min 搅动一次，搅拌要充分尽量使每张胶片都能补充到定影液。

（3）定影时间的控制 定影过程中，胶片乳剂膜的乳黄色消失，变为透明的现象称为“通透”。从胶片放入定影液直至通透的这段时间称为“通透时间”。通透的出现标志着胶片乳剂层中未显影的卤化银已被定影剂溶解，但要使被溶解的银盐从乳剂中渗出并进入定影液，还需一段时间，通常定影时间为通透时间的 2 倍即可定影充分。

4. 水洗

水洗时最好用流动的清水，控制温度在 16 ~ 22℃，水洗时间不少于 20min，如果无法采用流动水，冲洗时要常换水且需要增加水洗时间。

5. 干燥

为防止底片产生水迹，干燥前要进行润湿处理。润湿液可用质量分数 0.3% 的洗涤灵水溶液配制而成。将胶片放入润湿液浸润约 1min 拿出进行干燥，即可有效防止底片产生水迹。

【任务评价】

暗室处理任务考核评分标准见表 3-12。

表 3-12 暗室处理任务考核评分标准

序号	考核内容	评分要素	配分	评分标准	扣分	得分
1	准备工作	1）检查材料及设备 2）检查电源及冲洗设备齐全可靠 3）配置显影液、定影液	15	1）未检查扣 5 分 2）显影液、定影液配制比例错误各扣 5 分		
2	冲洗胶片	调节定时钟，预置显影时间	5	未调解定时钟，预置定影时间不得分		
		从暗袋中将胶片和增感屏一起抽出；拿取胶片时不得抽拉，避免胶片与增感屏摩擦，要沿胶片边角抓取，以免胶片上留下指痕，同时胶片在暗灯下暴露时间不要太长	10	从暗袋中未将胶片和增感屏一块抽出扣 3 分；未将胶片取出扣 3 分；拿取胶片时抽拉扣 3 分；未沿胶片边角抓取扣 3 分；胶片在暗室灯下曝光时间过长扣 3 分		
		显影操作：将胶片浸入显影液中，同时开启定时钟，显影时间不超过 5min，每分钟翻动（抖动）2 ~ 3 次	15	未将胶片浸入显影液中扣 3 分；未开启定时钟扣 3 分；显影时间超过 5min 扣 3 分；每分钟未翻动胶片扣 3 分		
		停显操作：显影结束，将胶片放入停显液中，停显 30s	10	未将胶片放入停显液或未停显 30s 不得分		
		定影操作：将胶片从停显液中取出，浸入定影液中，定影时间 15 ~ 20min，定影时应适当翻动或抖动底片	15	未浸入定影液中不得分；定影时间未达到 15 ~ 20min 扣 5 分；定影时未适当翻动或抖动底片扣 5 分		
		底片冲洗：将定透的底片放入干净流动的水中冲洗浸泡，时间宜为 20 ~ 30min	10	未将定透的底片放入干净流动的清水中冲洗浸泡不得分；时间不合适扣 5 分		

（续）

序号	考核内容	评分要素	配分	评分标准	扣分	得分
2	冲洗胶片	底片干燥：将底片自然晾干时，场所要通风良好无灰尘	10	场所通风不好，有灰尘各扣2分；底片有指印、划伤、水渍等伪缺陷发现一处扣3分，扣完为止		
3	团队合作能力	能与同学进行合作交流，并解决操作时遇到的问题	10	不能与同学进行合作交流解决操作时遇到的问题扣5分		
	合计		100			

任务四　射线照相底片的评定

【学习目标】

1）了解评片的基本要求。

2）能识别焊接缺陷的影像，对缺陷进行定性。

3）熟知被检工件质量等级评定的标准，并能用评定标准进行工件的质量等级评定。

【任务描述】

某管线，规格为ϕ45mm×3.5mm，按JB/T 4730—2005标准AB级像质要求，射线检测抽查比例为50%、Ⅱ级合格。有现场监理，检测坡口由现场监理指定。经检测共得到底片15张。本任务要求对被检焊缝的底片影像进行分析和识别，按JB/T 4730—2005标准，评出焊接接头的质量等级。

【设备与器材】

一、观片灯

观片灯是识别底片缺陷影像所需要的基本设备。观片灯的主要性能包括三个方面，即光的颜色、光源亮度、照明方式与范围，如图3-32所示。

光的颜色一般应为日光色，光源应具有足够的亮度且应可调整，其最大亮度应能达到与底片黑度相适应的值。

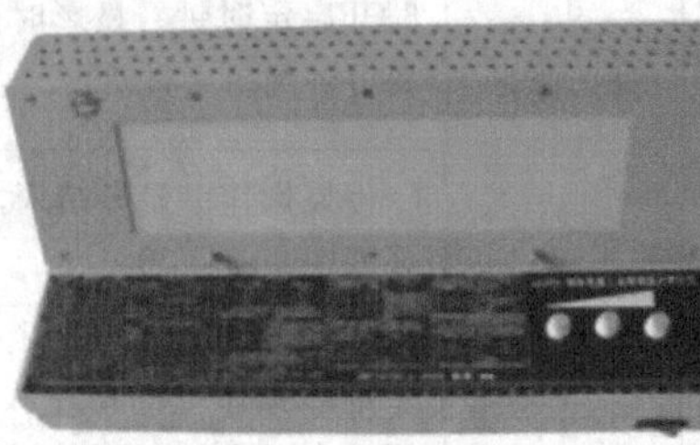

图3-32　观片灯

其主要性能应符合GB/T 19802—2005的有关规定，应有足够的光强度，能满足评片要求。在亮度方面又规定底片评定范围内的亮度应符合下列要求：确保透过黑度≤2.5的底片后可见光度应为30cd/m^2；透过黑度>2.5的底片后可见光度应为10cd/m^2；亮度应可调，性能稳定，安全可靠，无噪声。观片时用遮光板应能保证底片边缘不产生亮光而影响评片。

二、辅助器材

1. 黑度计（光学密度计）

底片黑度是底片质量的基本指标之一，黑度计是测量底片黑度的设备，如图 3-33 所示。

黑度计使用的一般程序是：接通外电源→复位→校准 0 点→测量。使用中的黑度计应定期用标准黑度片（密度片）进行校验。

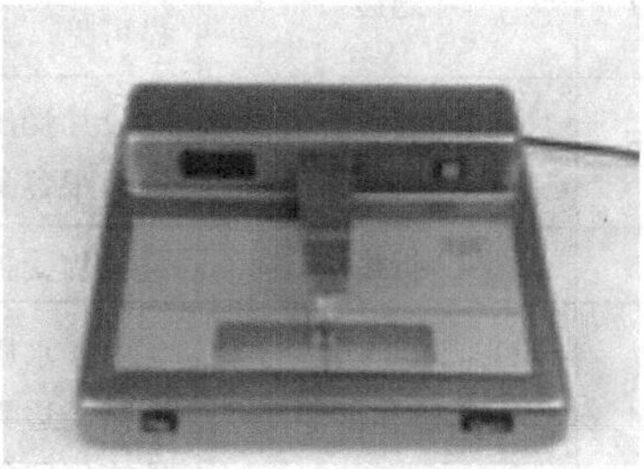

图 3-33 黑度计

2. 放大镜

放大镜用于观察影像细节，放大倍数一般为 2 ~ 5 倍，最大不超过 10 倍。

3. 遮光板

观察底片局部区域或细节时，使用遮光板遮挡周围区域的透射光，避免多余光线进入评片人眼中。

4. 评片尺

评片尺最好是透明塑料尺。

5. 手套

避免评片人手指与底片直接接触，产生污痕。

6. 文件

文件是指提供数据或用于记录的各种规范、标准、图表。

➢【相关知识】

一、评片工作的基本要求

环境设备条件要求

（1）评片环境的要求　评片一般应在专用的评片室内进行。评片室应整洁、安静、温度适宜，光线应暗且柔和。观片灯两侧应有适当台面供放置底片及记录。黑度计、直尺等常用仪器和工具应靠近放置，取用方便。

（2）人员条件要求　评片人员应经过系统的专业培训，并通过法定部门考核确认其具有承担此项工作的能力与资格；应具有良好的视力；同时应具有良好的职业道德和高度的工作责任心。

二、评片基本知识

焊接缺陷影像分析：

（1）伪缺陷的区分　伪缺陷是由于透照操作、暗室处理操作不当，或由于胶片、增感屏质量不好，在底片上留下的非缺陷影像。常见的伪缺陷有划痕、水迹、折痕、静电感光、指纹、霉点、药膜脱落、辊轧等。

各种伪缺陷的影像特点见表 3-13。

（2）焊接缺陷的影像分析　焊接缺陷的影像特征基本取决于焊缝中缺陷的形态、分布、走向和位置，因射线投照角变化而造成的影像畸变或影像模糊也应予以充分考虑；对缺陷特性和成因的充分了解和经验，有助于缺陷的正确判断。必要时，应改变射线检测方案重新拍片；也可对可疑影像进行解剖分析，这样可以减少误判和漏判。

表 3-13　底片上各种伪缺陷的影像特点

序号	伪缺陷	形成原因及影像特点
1	划痕	尖锐物体划过，在底片留下的黑线。划痕细而光滑，十分清晰，底片表面开口痕迹明显可见
2	压痕	胶片受压引起的局部感光。压痕影像是黑度很大的黑点，表面有明显可见的挤压痕迹，很容易鉴别
3	折痕	胶片受折产生的底片上呈现指甲弧状的白色影像或黑色影像，表面明显可见挤压痕迹
4	水迹和辊印	由于水质不好或底片干燥处理不当，在底片上出现的水迹。有的水迹如同水滴，轮廓模糊，边界黑度淡而可见。有的呈现水滴流过的痕迹，流过的区域是一条黑线或黑带，最终停留的痕迹是黑色的点或弧线
5	静电感光	切装胶片时，因摩擦产生的静电发生放电现象使胶片感光。影像以树枝状为最常见
6	显影斑纹	由于显影水均匀产生的呈黑色条状或宽带状影像，轮廓模糊
7	显影液飞溅斑	显影之前胶片沾染了显影液，沾上显影液的部位提前显影，黑度比其他部位大，影像呈现圆形黑斑，黑点外侧有一个黑度偏淡的圆
8	定影液飞溅斑	定影之前胶片沾染了显影液，沾上定影液的部分发生定影作用，黑度比周围低，表面为白点
9	增感屏损坏造成的伪缺陷	增感屏折裂起皱，在底片上多形成宽窄变化较大的黑色线纹，多数出现在底片的端部和边缘，重现性大，可能在数张底片上出现同一形态影像
10	银粒子流动和霉点	银粒子流动在底片上呈现为弥散状的细小而均匀的黑点，分布面广，并出现在多张底片上

缺陷影像的判定，应依据三个基本原则：

1）影像的黑度（或亮度）分布规律。如气孔的黑度变化不大，属平滑过渡型；而夹渣的黑度变化不确定，属随机型。

2）影像的形态和周界。如裂纹的影像为条状，且必有尖端；而未焊透或条状夹渣虽然也是条状的，但一般不可能有尖端。未焊透的两边周界往往是平直的，而夹渣的周围往往是弧形不规则的，而气孔的形态大多是规则的。

3）影像所处的部位。如未熔合只产生于焊接坡口的熔合面上，因此大多出现在焊缝轴线的两侧；而未焊透则出现在焊缝轴线上。焊接缺陷显示特征见表 3-14。

表 3-14　焊接缺陷显示特征

焊接缺陷		缺陷影像特征
种类	名称	
裂纹	横向裂纹	垂直于焊缝轴线方向，呈现微细条黑色线纹，两端尖细，略有弯曲，有分枝，一般不太长，很少穿过焊缝（见图 3-34）
	纵向裂纹	平行于焊缝轴线方向，多为中间稍宽、两端尖细的直线，有时略带弯曲（见图 3-35）
	弧坑裂纹	弧坑中纵、横向及星形黑色条纹，黑度较淡，轮廓清晰，多有弯曲，与弧坑影像同时存在（见图 3-36）

（续）

焊接缺陷		缺陷影像特征
种类	名称	
未熔合和未焊透	未熔合	坡口边缘、焊道之间以及焊缝根部等处的伴有气孔或夹渣的连续或断续黑色影像（见图3-37a、b、c）
	未焊透	焊缝根部钝边或轴线方向未溶化的直线黑色影像（见图3-38）
夹渣	条状夹渣	黑度值较均匀的呈长条黑色不规则影像（见图3-39）
圆形缺陷	夹钨	白色块状（见图3-40）
	点状夹渣	黑色点状
	球形气孔	黑度值中心较大、边缘较小且均匀过渡的圆形黑色影像（见图3-41）
	均布及局部密集气孔	均匀分布及局部密集的黑色点状影像
	链状气孔	与焊缝方向平行的成串并呈直线状的黑色影像（见图3-42）
	柱状气孔	黑度很大且均匀的黑色圆形显示
	斜针状气孔（螺孔、虫形孔）	单个或呈人字分布的带尾黑色影像
	表面气孔	黑度值不太高的圆形影像
	弧坑缩孔	指焊道末端的凹陷，为黑色显示
形状缺陷	咬边	位于焊缝边缘与焊缝走向一致的黑色条纹
	缩沟	单面焊，背部焊道两侧的黑色影像
	焊缝超高	焊缝正中的灰白色突起
	下塌	单面焊，背部焊道正中的灰白色影像
	焊瘤	焊缝边缘的灰白色突起
	错边	焊缝一侧与另一侧的黑色的黑度值不同，有一明显界限
	下垂	焊缝表面的凹槽，黑度值较高的一个区域
	烧穿	单面焊. 背部焊道由于熔池塌陷形成孔洞，在底片上为黑色影像
	缩根	单面焊，背部焊道正中的沟槽，呈黑色影像

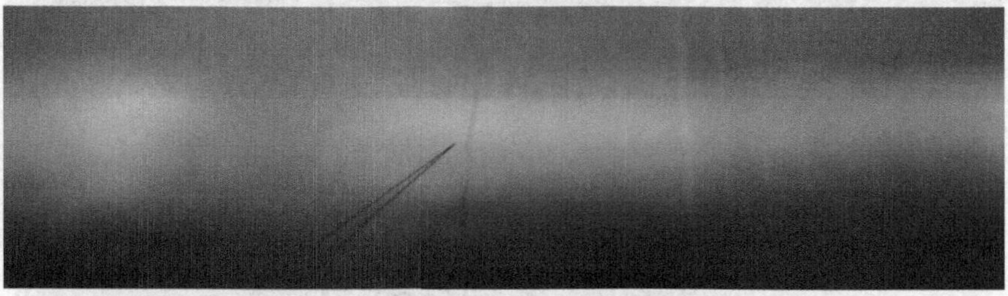

图 3-34　横向裂纹焊影像

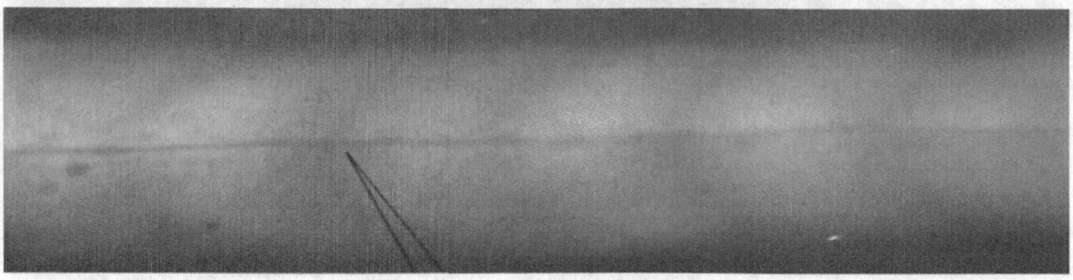

图 3-35　纵向裂纹影像

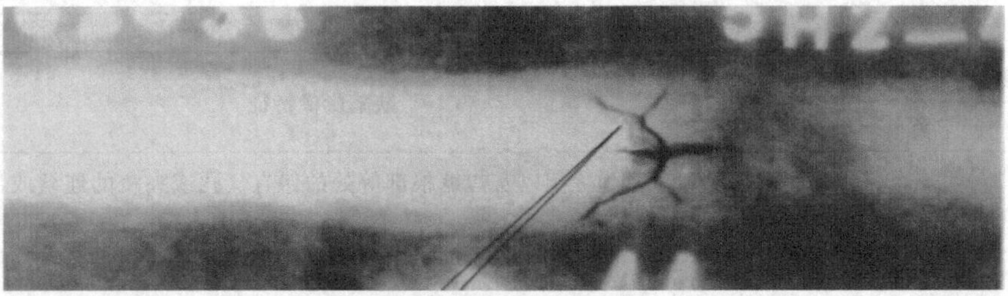

图 3-36　弧坑裂纹影像

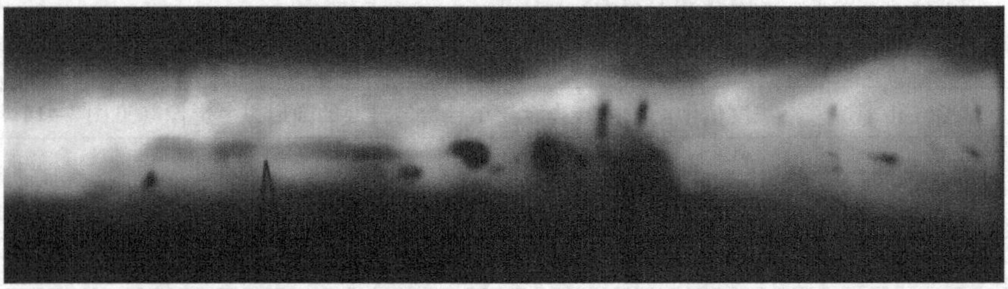

a)

b)

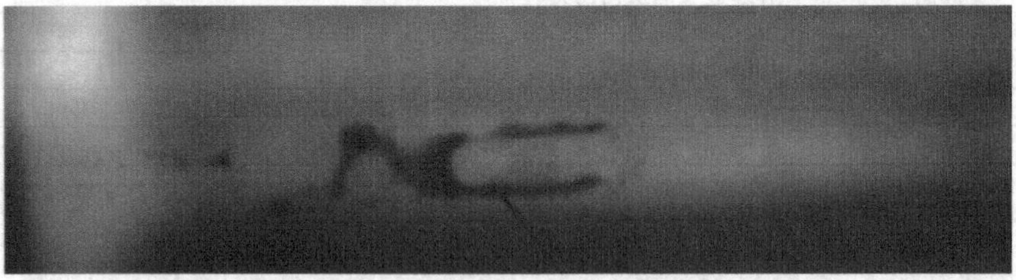

c)

图 3-37　未熔合影像

a）根部未熔合影像　b）坡口未熔合影响　c）层间未熔合影像

图 3-38　未焊透影像

图 3-39 夹渣影像

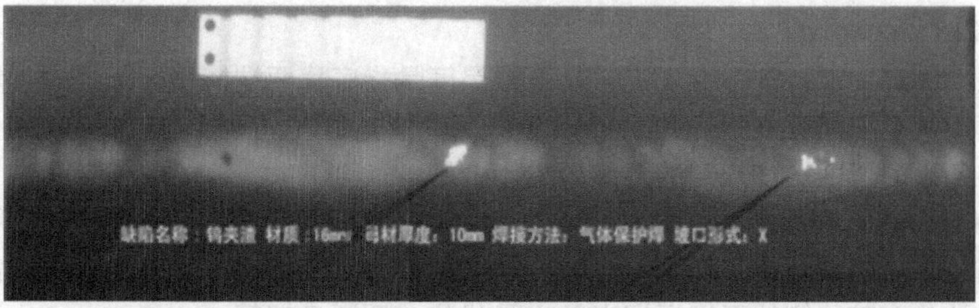

图 3-40 夹钨影像

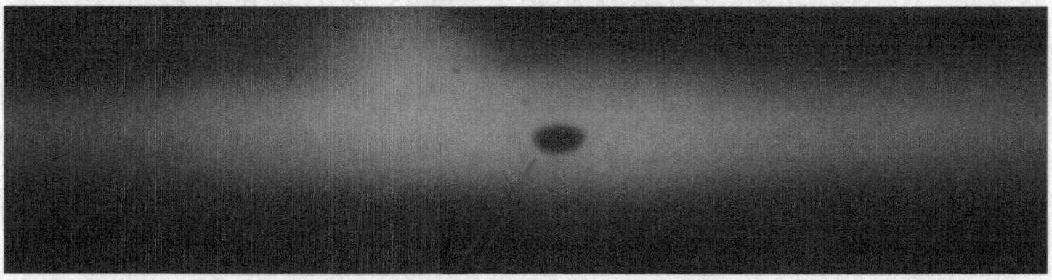

图 3-41 球形气孔影像

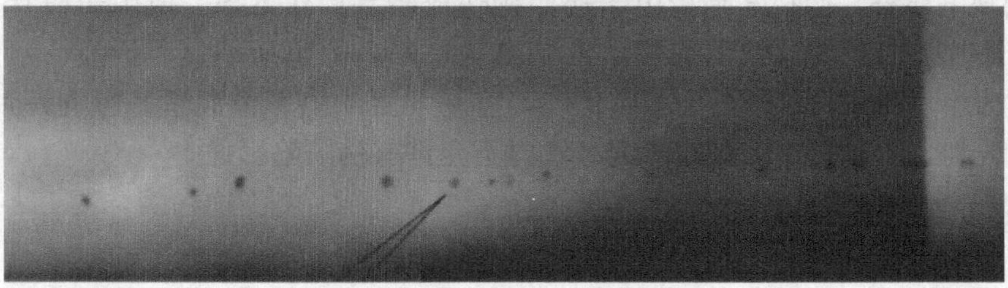

图 3-42 链状气孔影像

➢【任务实施】

一、观片的基本操作

1. 准备工作

准备观片灯、评片尺、黑度计、遮光板、手套等设备与器材。检查评片室的光照度，评片室内的光线应暗淡，但不全暗，室内照明用光不得在底片表面产生反射

2. 底片的质量评定

将观片灯打开，调到适宜亮度，放好遮光板，将底片放在观片灯上进行观察。

（1）灵敏度检查 灵敏度是射线照相底片质量的最重要指标之一，必须符合有关标准的要求。对底片的灵敏度检查内容包括：底片上是否有像质计影像，像质计型号、规格、摆放位置是否正确，能够观察到的金属丝像质指数是多少，是否达到了标准规定的要求等。

（2）黑度检查　黑度是底片质量的一个重要指标，它直接关系底片的射线照相灵敏度和底片记录细小缺陷的能力。为保证底片具有足够的对比度，黑度不能太小，但因受到观片灯亮度的限制，底片黑度也不能过大。JB/T 4730—2005 标准规定：底片评定范围内的黑度 D 应符合下列规定。

A 级：$1.5 \leqslant D \leqslant 4.0$。

AB 级：$2.0 \leqslant D \leqslant 4.0$。

B 级：$2.3 \leqslant D \leqslant 4.0$。

底片黑度测定要求：按标准规定，其下限黑度是指底片两端搭接标记处的焊缝余高中心位置的黑度，其上限黑度是指底片中部焊缝两侧热影响区（母材）位置的黑度。只有当有效评定区内各点的黑度均在规定的范围内方为合格。

（3）标记检查　底片上标记的种类和数量应符合有关标准和工艺规定。常用的标记种类有工件编号、焊缝编号、部位编号、中心定位标记、搭接标记。此外，有时还需使用返修标记、像质计放在胶片侧的区别标记以及人员代号、透照日期等。

标记应放在适当位置，距焊缝边缘应不少于 5mm。所有标记的影像不应重叠，且不应干扰有效评定范围内的影像。

（4）背散射检查　背散射检查即“B”标记检查。照相时，在暗盒背面贴附一个“B”铅字标记，观片时若发现在较黑背景上出现“B”字较淡影像，说明背散射严重，应采取防护措施重新拍照；若不出现“B”字或在较淡背景上出现较黑“B”字，则说明底片未受背散射影响，符合要求。黑“B”字是由于铅字标记本身引起射线散射产生了附加增感，不能作为底片质量判废的依据。

（5）伪缺陷检查　伪缺陷是指由于透照操作或暗室操作不当，或由于胶片、增感屏质量不好，在底片上留下的非缺陷影像。常见的伪缺陷影像包括划痕、折痕、水迹、静电感光、指纹、霉点、药膜脱落、污染等。伪缺陷容易与真缺陷影像混淆，影响评片的正确性，造成漏检和误判，所以底片上有效评定区域内不允许有伪缺陷影像。

二、缺陷的识别与记录

1. 通览底片

通览底片的目的是获得焊接接头质量总体印象，找出需要分析研究的可疑影像。通览底片时必须注意，评定区域不仅仅是焊缝，还包括焊缝两侧的热影响区，对这两部分区域，都应仔细观察。由于余高的影响，焊缝和热影响区的黑度差异往往较大，有时需要调节观片灯亮度，在不同的光强下分别观察。

2. 影像细节观察

影像细节观察是为了作出正确的分析判断。因细节的尺寸和对比度极小，识别和分辨是比较困难的，为尽可能看清细节，常采用下列方法：

1）调节观片灯亮度，寻找最适合观察的透过光强。

2）用纸框等物体遮挡住细节部位邻近区域的透过光线。

3）使用放大镜进行观察。

4）移动底片，不断改变观察距离和角度。

3. 缺陷影像的尺寸测量

将发现的焊接缺陷的影像用评片尺进行测量，并记录在检测报告上。

三、焊接接头的质量等级评定

结合 JB/T 4730.2—2005 标准，对检测的焊接接头进行质量等级评定。

1. 等级划分

JB/T 4730.2—2005 标准根据对接焊接接头中存在缺陷的性质、数量和密集程度将其质量等级划分为Ⅰ、Ⅱ、Ⅲ、Ⅳ四个等级。其中Ⅰ级质量最好，Ⅳ级质量最差。

2. 缺陷性质与质量等级

对接焊接接头中的缺陷按性质可分为裂纹、未熔合、未焊透、条形缺陷和圆形缺陷等五类。

JB/T 4730.2—2005 标准有关缺陷性质的评定规定如下：

1）裂纹、未熔合、未焊透在Ⅰ、Ⅱ、Ⅲ级对接焊接接头内属于不允许存在的缺陷，只要发生即评为Ⅳ级。

2）对气孔、夹渣长宽比不大于 3 的定义为圆形缺陷，长宽比大于 3 的定义为条形缺陷。对两者分别制订控制标准，其中，Ⅰ级对接焊接接头中不允许存在条形缺陷。

3. 圆形缺陷的质量分级

（1）圆形缺陷的评定区　圆形缺陷用圆形缺陷评定区进行质量分级评定，圆形缺陷评定区为一个与焊缝平行的矩形，其尺寸见表 3-15。

表 3-15　圆形缺陷评定区　　（单位：mm）

母材公称厚度 T	≤25	>25～100	>100
评定区尺寸	10×10	10×20	10×30

（2）圆形缺陷的点数换算及评定　圆形缺陷评定区内或与圆形缺陷评定区边界线相割的缺陷均应划入评定区内。进行缺陷评定时，将评定区内的缺陷按表 3-16 的规定换算为点数，按表 3-17 的规定评定对接焊接接头的质量级别。

表 3-16　缺陷点数的换算

缺陷长度/mm	≤1	>1～2	>2～3	>3～4	>4～6	>6～8	>8
缺陷点数	1	2	3	6	10	15	25

表 3-17　各级别允许的圆形缺陷点数

评定区[（尺寸/mm）×（尺寸/mm）]	10×10			10×20		10×30
母材公称厚度 T/mm	≤10	>10～15	>15～25	>25～50	>50～100	>100
Ⅰ级	1	2	3	4	5	6
Ⅱ级	3	6	9	12	15	18
Ⅲ级	6	12	18	24	30	36
Ⅳ级	缺陷点数大于Ⅲ级或缺陷长径大于 $T/2$					

注：当母材公称厚度不同时，取较薄板的厚度

当缺陷的点数小于表 3-18 的规定时，分级评定时不计该缺陷的点数。质量等级为Ⅰ级

的对接焊接接头和母材公称厚度 $T\leqslant5$mm 的Ⅱ级对接焊接接头，不计点数的缺陷在圆形缺陷评定区内不得多于 10 个，超过时，对接焊接接头质量等级应降一级。

表 3-18　不计点数的缺陷尺寸　（单位：mm）

母材公称厚度 T	缺陷长径
≤25	≤0.5
>25~50	≤0.7
>50	≤1.4%T

4. 条形缺陷的质量分级

条形缺陷的质量分级按表 3-19 进行分级质量评定。

表 3-19　各级别对接焊接接头允许的条形缺陷长度　（单位：mm）

级别	单个缺陷的最大长度	一组条形缺陷累计最大长度
Ⅰ级	不允许	
Ⅱ级	≤$T/3$（最小可为 4）且≤20	在长度为 $12T$ 的任意选定条形缺陷评定区内，相邻缺陷间距不超过 $6L$ 的任一组条形缺陷的累计长度不超过 T，但最小可为 4
Ⅲ级	≤$2T/3$（最小可为 6）且≤30	在长度为 $6T$ 的任意选定条形缺陷评定区，相邻缺陷间距不超过 $3L$ 的任一组条形缺陷的累计长度不超过 T，但最小可为 6
Ⅳ级	大于Ⅲ级者	

注：1. L 为该组条形缺陷中最长缺陷本身的长度；T 为母材公称厚度，当母材公称厚度不同时取较薄板的厚度值。

2. 条形缺陷评定区是指与焊接方向平行的、具有一定宽度的矩形区，$T\leqslant25$mm，宽度为 4mm；25mm $<T\leqslant$ 100mm，宽度为 6mm；$T>100$mm，宽度为 8mm。

3. 当两个或两个以上的条形缺陷处于同一直线上、且相邻缺陷的间距小于或等于较短缺陷的长度时，应作为 1 个缺陷处理，且间距也应计入缺陷的长度之中。

在圆形缺陷评定区内同时存在圆形缺陷和条形缺陷时，应进行综合的评级。综合评级级别按如下确定：对圆形缺陷和条形缺陷分别评定时，将两者级别之和减一作为综合评级的质量级别。

四、射线照相检验记录与报告

评片人员应对射线照相检验结果及有关事项进行详细记录并出具报告，其主要内容包括：

1）产品情况。包括工程名称、试件名程、规格尺寸、材质、设计制造规范、探伤比例部位、执行标准、验收、合格级别。

2）透照工艺条件。包括射源种类、胶片型号、增感方式、透照布置、有效透照长度、曝光参数（管电压、管电流、焦距、时间）、显影条件（温度、时间）。

3）底片评定结果。包括底片编号、像质情况（黑度、像质指数、标记、伪缺陷）。

4）缺陷情况（缺陷性质、尺寸、数量、位置）、焊缝级别、返修情况、最终结论。

5）评片人签字、日期。

6）照相位置布片图。

缺陷的定量底片评定记录见表 3-20。

表 3-20　底片评定记录

产品名称		部件名称		制造编号	

序号	焊缝编号	底片编号	相交焊缝接头	底片黑度 D	应识别钢丝号	板厚/mm	一次透照长度/mm	缺陷性质及数量	评定级别	底片质量问题	拍片日期
1											
2											
3											
4											
5											
6											
7											
8											
9											
10											
11											
12											
13											
14											
15											

检测人：　资格：Ⅱ 资格证号： 2012 年 1 月 17 日	初评人：　资格：Ⅱ 资格证号： 2012 年 1 月 17 日	复评人：　资格：Ⅱ 资格证号： 2012 年 1 月 17 日

➢【任务评价】

底片评定任务的考核评分标准见表 3-21。

表 3-21　底片评定考核评分标准

序号	考核内容	评分要素	配分	评分标准	扣分	得分
1	准备工作	检查所用仪器、工具、材料	5	未检查不得分		
		检查评片室的光照度，评片室内的光线应暗淡，但不全暗，室内照明用光不得在底片表面产生反射	5	未检查光照度扣 3 分；室内照明用光在底片表面产生反射扣 2 分		
		检查所有评片器具是否齐全完好、清洁、干燥，包括评片桌、观片灯、黑度计、一年内校定的黑度片、评片尺、记录纸有关标准	10	未检查评片桌、观片灯、黑度计，一年内校定的黑度片、评片尺、记录纸少一项扣 1 分，扣完为止		
		用标准黑度片检查校对黑度计，校准后的黑度计读数误差不大于 0.05	5	未校对黑度计扣 2 分、黑度计读数误差大于 0.05 扣 1 分		

（续）

序号	考核内容	评分要素	配分	评分标准	扣分	得分
2	射线底片评定	在底片有效评定区内，测量黑度最大值（中）和最小值（端），其黑度范围1.5～4.0满足现行标准的要求	5	测量黑度范围不在1.5～4.0之间，且测量不准确，每张片扣1.5分		
		测量底片黑度和观察底片像质指数，识别标记、定位标记的摆放位置和数量，有无化学污染、机械划伤、水渍、指痕等伪缺陷	15	未测量底片黑度和观察底片像质指数，识别标记、定位标记摆放位置和数量，未找出化学污染、机械划伤、水渍、指痕等伪缺陷，每张扣1.5分		
		应先从危害性缺陷开始，如裂纹、未熔合、未焊透等进行辨认	15	未先从危害性缺陷开始，辨认，漏检一张扣1分		
		对缺陷定性	15	未定性或定性错误，每张扣2分		
		缺陷定量	15	缺陷定量错误，每张扣2分		
3	团队合作能力	能与同学进行合作交流，并解决操作时遇到的问题	10	不能与同学进行合作交流解决操作时遇到的问题扣5分		
合计			100			

综合训练

一、判断题

1. 显影液温度过高，会导致影像颗粒度粗大。(　　)

2. 显影时间过长，会导致影像灰雾度过大。(　　)

3. 胶片放进老化的显影液中显影，会使底片产生黄色灰雾；显影液被定影液污染，会使底片产生双色灰雾。(　　)

4. 显影液是碱性的，定影液是酸性的。(　　)

5. 潜影形成后如不及时冲洗，有可能出现“潜影衰退”的现象。(　　)

6. γ射线探伤机按机体机构可分为直通道形式和“S”通道形式。(　　)

7. 射线胶片两面涂感光乳剂层的目的是提高胶片的感光度和清晰度。(　　)

8. 表征胶片相对曝光量与底片黑度之间关系的曲线，称胶片特性曲线。(　　)

9. 胶片灰雾度是指曝光量为零时底片的黑度。(　　)

10. 入射光强与穿过底片的透射光强之比的自然对数称为黑度。(　　)

11. 按标准要求，射线检测一般应使用金属增感屏或不用增感屏。(　　)

12. 由曝光因子的公式可知，焦距增加一倍，则曝光量是原值的4倍。(　　)

13. 搭接长度ΔL是指底片上搭接标记至底片端头的距离。(　　)

14. 对截面厚度差较大的工件，在保证灵敏度要求的前提下，应增大宽容度。(　　)

15. 小径管是指内直径$D_0 \leqslant 100$mm的管子。(　　)

16. 按标准规定，小径管环向对接焊接接头采用倾斜透照方式椭圆成像时，应当同时满

足两个条件：①$T \leqslant 8$mm；②焊缝宽度 $g \leqslant D_0/4$。(　　)

17. 按标准规定，对小径管环向对接焊接接头不满足倾斜透照方式椭圆成像条件或椭圆成像有困难时，允许采用垂直透照方式重叠成像。(　　)

18. 为检查背散射，在暗盒背面贴附一个“B”铅字，若在较黑背景上出现“B”的较淡影像，就说明背散射防护不良，应予重照；如在较淡背景上出现“B”较黑影像，则不作底片判废的依据。(　　)

19. 标准规定，若在底片黑度均匀部位（一般为相邻焊缝的母材金属区），能够清晰地看到长度不小于10mm的断续金属丝影像时，则认为该丝是可识别的。(　　)

20. 钢制承压设备对接焊接接头中的缺陷可分为裂纹、未焊透、未熔合、条形缺陷和圆形缺陷五类。(　　)

21. 圆形缺陷长径大于或等于1/2板厚时应评为Ⅳ级。(　　)

22. 钢制承压设备对接焊接接头中，有两个或两个以上的条形缺陷处于同一直线上，且相邻缺陷的间距小于或等于较长缺陷长度时，应作为1个缺陷处理，且间距也应计入缺陷的长度之中。(　　)

23. 钢制承压设备对接焊接接头中，在圆形缺陷评定区内同时存在圆形缺陷和条形缺陷时，应进行综合评级。(　　)

24. 在 $T=4$mm 的钢对接焊接接头的底片上，仅有3mm和2mm的条形缺陷，且处于平行焊缝的一直线上，其间距8mm，该片应评定为Ⅲ级。(　　)

25. 在 $T=3$mm 的钢对接焊接接头的底片上，有长度6mm和2mm的条形缺陷处于平行焊缝的一直线上，间距10mm，该片应评为Ⅲ级。(　　)

二、选择题

1. 源的半衰期与（　　）有关。

A. 源的强度　　B. 源的物理尺寸　　C. 源的种类　　D. 以上都是

2. 已知X射线在钢中的平均衰减系数为3.465cm^{-1}，则该射线在钢中的平均半价层为（　　）cm。

A. 0.02　　B. 0.2　　C. 2.0　　D. 1.2

3. 若散射线忽略不计，当透照厚度增加二个半价层时，则胶片接受射线的强度将减少（　　）。

A. 1/4　　B. 1/2　　C. 3/4　　D. 1.0

4. 影响半价层的因素（　　）。

A. 射线源的种类　　B. 射线源的物理尺寸

C. 射线源的强度　　D. 以上都是

5. 射线照相的原理主要是利用了X射线与γ射线的（　　）。

A. 穿透力强　　B. 能使胶片感光　　C. 直线传播　　D. 以上都是

6. 产生X射线的必备条件是（　　）。

A. 具有发射电子的灯丝　　B. 具有加速电子的手段

C. 具有阻止电子运动的靶　　D. 以上都是

7. X射线管阳极作用是（　　）。

A. 吸收二次电子　B. 吸收散射线　C. 产生X射线　D. 以上都是

8. X射线管阴极的作用是（　）。

A. 发射电子　B. 聚焦电子　C. 加速电子　D. A和B

9. X射线机的基本组成部分包括（　）。

A. X射线管和高压部分　B. 冷却部分

C. 保护部分和控制部分　D. 以上都是

10. γ射线探伤机由（　）组成。

A. 源组件　B. 探伤机机体和驱动机构

C. 输源管和附件　D. 以上都是

11. 黑度计用于测量（　）。

A. X射线的强度　B. 底片的黑度　C. 材料的密度　D. 辐射剂量

12. 对观片灯的要求是（　）。

A. 观片灯应有足够的亮度，当底片黑度≤2.5时，透过射线底片的亮度应不小于30cd/m^2，当底片黑度>2.5时，透过射线底片的亮度应不小于10cd/m^2

B. 观察处的漫射光均匀，亮度可调，并备有遮光板，对不需要观察或透光量过强的部分给予屏蔽

C. 散热良好，噪声小

D. 以上都是

13. 使用铅增感屏的目的是（　）。

A. 保护胶片不被划伤　B. 减少散射线、缩短曝光时间

C. 增加曝光时间　D. 改善透照条件

14. 射线检测时，使用像质计的目的是（　）。

A. 测量缺陷大小　B. 测量底片黑度

C. 测量几何不清晰度　D. 检查和定量评价透照底片的影像质量

15. 像质计型式主要有（　），JB/T 4730.2—2005标准采用的像质计是（　）。

A. 金属丝型像质计　B. 孔型像质计　C. 槽型像质计　D. 以上都是

16. 按标准规定，像质计一般应放置在（　）。

A. 射线源一侧的工件表面上，被检焊缝区的一端（被检区长度的1/4左右部位）

B. 金属丝应横跨焊缝，细钢丝置于外侧

C. 当一张胶片上同时透照多条对接焊接接头时，像质计应放置在透照区最边缘的焊缝处

D. 以上都是

17. 射线照相绝对灵敏度就是（　）。

A. 射线照片上可检出缺陷的能力

B. 射线照片上所能发现的沿射线穿透方向上的最小缺陷尺寸

C. 射线照片上所能发现缺陷的大小

D. 以上都不是

18. 单壁透照的透照厚度W等于（　），双壁单影的透照厚度W等于（　），双壁双影的透照厚度W等于（　）。

A. $2T$　　B. $2T+h$　　C. T　　D. $T+2h$

19. 冲洗条件包括（　　）。

A. 冲洗方式　　B. 显影配方　　C. 显影时间和温度　　D. 以上都是

20. AB 级射线检测技术应采用（　　）类或更高类别的胶片。

A. T1　　B. T2　　C. T3　　D. T4

21. 采用源在内中心透照方式周向曝光时，只要得到的像质计灵敏度和黑度符合要求，f 值可以减小，但减小值不应超过规定值的（　　）。

A. 20%　　B. 30%　　C. 40%　　D. 50%

22. 对于 AB 级射线检测技术，标准推荐焦距 700mm 时，曝光量不低于 15mA · min，使用推荐二字的含义是（　　）。

A. 通常情况下必须这样选择曝光量，这主要是限制操作者采用高管电压短时间快速照相的不良做法，确保底片的对比度和 X 光机安全运行

B. 特殊情况下，如薄板双面自动焊等，为保证底片有效评定区域内焊接和热影响区的黑度均在标准规定范围内，在保证灵敏度要求的前提下，可采用高管电压短时间的操作

C. 对于小径管，也可采用“高管电压短时间”操作

D. 以上都对

23. 在曝光因子的公式中，管电流、曝光时间和焦距三者的关系是（　　）。

A. 管电流不变，曝光时间与焦距的平方成反比

B. 管电流不变，曝光时间与焦距的平方成正比

C. 焦距不变，管电流与曝光时间成正比

D. 曝光时间不变，管电流与焦距成正比

24. 现有一壁厚 10mm、内径 400mm 的一个筒节与封头拼接的组件，需 100% 透照，其最佳透照方式为（　　）。

A. 用周向 X 光机作中心曝光　　B. 单壁外透照

C. 双壁单影透照　　D. 以上均可

25. 在满足几何不清晰度要求的情况下，一次透照长度受（　　）的控制。

A. 胶片长度　　B. 焊缝长度　　C. 透照方式　　D. 透照厚度比

26. 用焦点至工件表面的距离 $f=700$mm，透照 $T=30$mm 的纵向对接焊接接头，一次透照长度 L_3 最长为（　　）mm。

A. 500　　B. 400　　C. 350　　D. 300

27. 对于纵缝的 AB 级而言，源至工件表面的距离 f 与一次透照长度 L_3 的关系应满足（　　）。

A. $f \geqslant 2L_3$　　B. $f \geqslant 3L_3$　　C. $f \geqslant 1.5L_3$　　D. 以上都不对

28. 胶片处理过程中必不可少的三种液体是（　　）。

A. 停显液、醋酸和水　　B. 显影液、停显液和双氨水

C. 显影液、定影液和水　　D. 醋酸、定影液和显影液

29. 手工暗室处理，一般经过的步骤是（　　）。

A. 显影　　B. 停显和定影　　C. 水冲洗和干燥　　D. 以上都是

30. 在显影过程中上下移动胶片或搅动显影液，其主要目的是（　　）。

A. 保护胶片，使其免受过大的压力　　B. 使胶片表面的显影液更新

C. 防止产生网状皱纹　　D. 以上都是

31. 手工暗室处理时，显影温度一般为（　　）℃，显影时间一般（　　）min 左右。

A. 4~8　　B. 2~4　　C. 18~22　　D. 26~28

32. 烘干底片时，热风温度不超过（　　）℃，以防胶膜变形。烘前应去除（　　），以防底片上留下水迹。

A. 30　　B. 40　　C. 水滴　　D. 污物

33. 评片一般应在专用（　　）内进行。室内应整洁、安静，温度适宜，光线（　　）。

A. 评片室　　B. 操作室　　C. 暗且柔和　　D. 明亮

34. JB/T 4730.2—2005 标准规定，承压设备熔化焊对接焊接接头射线检测质量分级适用的材料是（　　）。

A. 钢　　B. 镍　　C. 铜　　D. 以上都是

35. 底片质量必须满足（　　）。

A. 有效评定区的黑度和像质计灵敏度符合相应射线检测技术等级的要求

B. 影像识别标记齐全，位置正确，且不掩盖对接焊缝接头影像

C. 在有效评定区内，不得有影响准确评定的伪像

D. 以上都是

36. 钢制承压设备对接焊接接头的缺陷类型可分为（　　）共五类。

A. 裂纹、未熔合、未焊透、条形缺陷和圆形缺陷

B. 裂纹、未熔合、未焊透、条渣和气孔

C. 裂纹、未熔合、咬边、条渣和气孔

D. 裂纹、未熔合、未焊透、夹钨和气孔

37. 承压设备对接焊接接头在（　　），同时存在圆形缺陷和条形缺陷时，应进行综合评级。

A. 条形缺陷评定区内　　B. 有效评定区内

C. 圆形缺陷评定区内　　D. 以上均可

38. 下列哪种是个人剂量监测仪？（　　）

A. 胶片剂量计　　B. 热释光剂量计　　C. 个人剂量笔　　D. 以上都是

39. 在放射性事故中，检测人员接受的射线剂量高于某一剂量限值时，临床上可检查出的严重功能性损伤，这种射线引起的生物效应称（　　）。

A. 随机性效应　　B. 确定性效应　　C. 辐射性效应　　D. 以上都是

40. 射线防护的基本方法有（　　）。

A. 屏蔽防护　　B. 时间防护　　C. 距离防护　　D. 以上都是

41. 辐射防护的三个基本原则是（　　）。

A. 辐射实践的正当化，即获得的利益超过付出的代价。

B. 辐射防护的最优化，即所有辐射照射都应保持在可合理达到的尽可能低的水平

C. 个人剂量限值，即在运用剂量限值对个人所受的照射加以限制，使之不超过规定

D. 以上都是

三、问答题

1. 简答 X 射线和 γ 射线的性质。
2. 简答 γ 射线检测设备的组成及其检测优缺点。
3. 射线胶片由哪几部分构成？
4. 金属增感屏有哪些作用？哪些金属材料可用作增感屏？
5. 选择透照方式要考虑哪些因素？
6. 显影液主要由哪几种成分组成？各种成分的作用是什么？
7. 简答显影过程中的搅动对底片像质的影响。
8. 为什么显影之后必须进行停显处理？
9. 定影液主要由哪几种成分组成？各种成分的作用是什么？
10. 对底片质量的基本要求是什么？
11. 简答对评片人员的基本要求。
12. 裂纹按其形态可分为几种？裂纹在底片上的影像一般特征是什么？
13. JB/T 4730. 2—2005 标准要求，检测报告至少包括哪些内容？

项目四　超声检测

超声检测是利用超声波在物体中的传播、反射和衰减等物理特性来发现缺陷的一种无损检测的方法。它主要用于检测金属材料和部分非金属材料的内部缺陷。超声检测具有成本低、操作方便、检测厚度大、对人体和环境无害等突出优点。但也存在诸如探伤不直观、难以确定缺陷的性质、评定结果在很大程度上受操作者技术水平和经验影响等缺点。

任务一　超声波检测的物理基础

➢【学习目标】

1）了解超声波的产生原理。

2）掌握超声波的传播特性及衰减原因。

3）掌握超声波发射声场的声压分布。

4）掌握超声波检测的原理。

一、机械波

1. 机械波的产生

机械波的产生和传播原理可用如图 4-1 所示的弹性介质模型说明，图中的圆点代表质点，质点间以小弹簧联系在一起，构成一种弹性体系，这种质点间以弹性力联系在一起的介质称为弹性介质。当某一质点 *A* 受到外力 *F* 作用时，*A* 就会离开平衡位置而运动，这时 *A* 周围的质点将对 *A* 产生弹性力的作用使 *A* 回到平衡位置，当 *A* 回到平衡位置时，具有一定的速度，由于惯性，*A* 又离开平衡位置继续向前运动，这时，*A* 又受到反方向弹性力的作用，使 *A* 再回到平衡位置，就这样，质点 *A* 在平衡位置附近作往复运动，产生振动。同时，*A* 周围的质点受到大小相同、方向相反的弹性力的作用，使它们离开平衡位置，并在各自的平衡位置附近振动，这样弹性介质中的一个质点的振动就会引起邻近质点的振动，邻近质点的振动又会引起较远质点的振动，于是振动就以一定的速度由近及远地向各个方向传播，从而就形成了机械波动，简称为机械波。

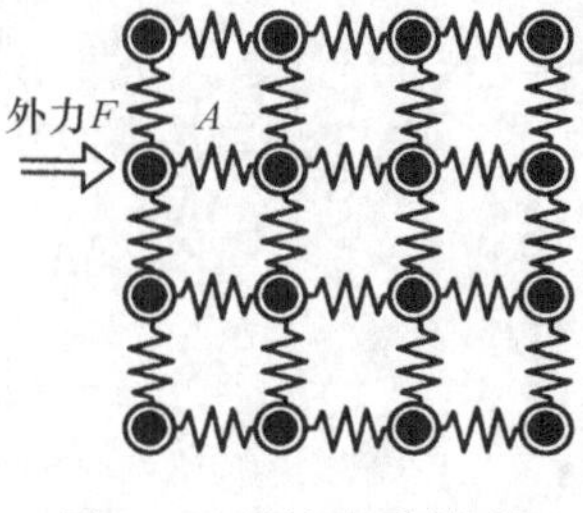

图 4-1　弹性介质模型

通过以上分析可知，产生机械波的必要条件有两个：

1）要有作机械振动的波源。即有一个力使质点在其平衡位置附近作往复运动。

2）要有能传播机械振动的弹性介质。

由此可见，机械振动与机械波是互相关联的，振动是波动的根源，而波动是振动的传播。在机械波传播的过程中，各质点在其平衡位置附近作往复运动，并不随着机械波的传播而向前运动。因此，机械波的传播是振动和能量的传播。

液体和气体也能传播机械波，液体与气体介质中的弹性波是由液体和气体受到压力时的体积收缩和膨胀产生的。

2. 描述机械波的物理量

描述机械波的物理量主要有周期、频率、波长和波速。

（1）周期　在波动过程中，任意一个质点完成一个完整波的传播过程所需的时间称为周期。常用 T 来表示，单位常用秒（s）。

（2）频率　波动过程中，任意给定在1s内所通过的完整波的个数，称为波动频率，用 f 表示，单位为赫兹（Hz）。波动频率在数值上等于振动频率，机械波在传播过程中，其周期和频率是不变的。

（3）波长　同一波线上相邻两振动相位相同的质点间的距离，称为波长，用 λ 表示，常用单位为毫米（mm）。波源或介质任一质点完成一次全振动，波正好前进一个波长的距离。两个相邻的波峰（或两个相邻波谷）之间的距离正好是一个波长。

（4）波速　波速是指在单位时间内波在介质中所传播的距离，用 c 表示，常用单位为米/秒（m/s）。

波长、波速、频率、周期之间的关系为

$$\lambda = \frac{c}{f} = cT$$

由上式可知，波长与波速成正比，与频率成反比。当频率一定时，波速越大，波长就越长；当波速一定时，频率越低，波长就越长。

3. 波的叠加、干涉和衍射

（1）波的叠加原理　当几列波同时在同一介质中传播时，如果在某些点相遇，每列波能保持各自的传播规律而不互相干扰。在波的重叠区域里各点的振动的物理量等于各列波在该点引起的振动物理量的矢量和。即相遇后各列声波仍保持各自原有的频率、波长、幅度、传播方向等特性继续前进，好像各自的传播过程中没有遇到其他波一样。

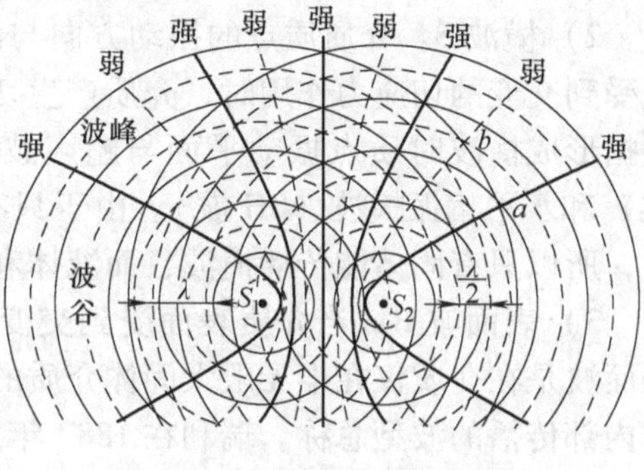

图 4-2　波的干涉现象示意图

（2）波的干涉现象　当两列由频率相同、振动方向相同、相位相同或相位差恒定的波源发出的波相遇时，声波的叠加会出现一种特殊的现象：合成声波的频率与两列波相同；合成声压幅度在空间中不同位置随两列波的波程差呈周期性变化，某些位置振动始终加强，而另一些位置振动始终减弱。合成声压的最大幅度等于两列波声压幅度之和，最小幅度等于两列波声压幅度之差，这种现象称为波的干涉现象，如图 4-2 所示。产生干涉现象（频率相同、振动方向相同、相位相同或相位差恒定）的波称为相干波，产生相干波的波源称为相干波源。

波的叠加原理是波的干涉现象的基础，波的干涉是波动的重要特征。在超声检测时，在近场区，由于超声波在声源附近产生干涉现象，使该区域声压出现极大值和极小值点。

（3）波的衍射现象　如图 4-3 所示，超声波在介质中传播时，若遇到缺陷 AB，波的传播方向改变，产生绕射与反射现象。

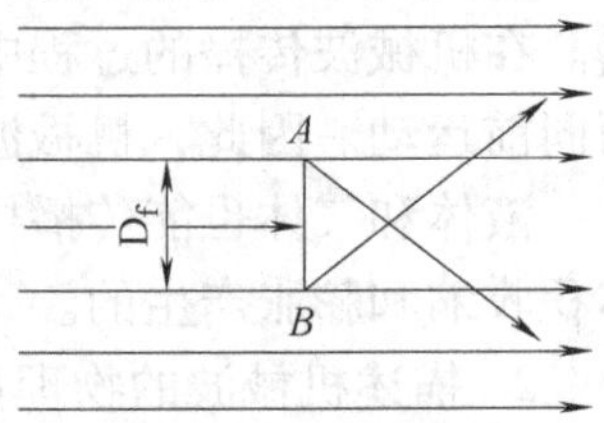

图 4-3　波的衍射

波的绕射和障碍物尺寸 D_f 及波长 λ 的相对大小有关。当 $D_f \ll \lambda$ 时，波的绕射强，反射弱，缺陷回波很低，容易漏检。当 $D_f \gg \lambda$ 时，波的绕射弱，反射强，声波几乎全反射。故超声波波长越短，能发现的障碍物尺寸越小，例如，同材料的横波比纵波检测分辨力高，但对材料的穿透能力差。波的绕射对检测既有利又不利。在粗晶材料低频检测时，利用波的绕射，使超声波产生对晶粒绕射并顺利地在介质中传播，这对检测是有利的；但同时由于波的绕射，使一些小缺陷反射波显著下降，以致造成漏检，这对检测不利。

二、超声波

机械波根据频率不同，可分为次声波、声波和超声波。通常把频率低于 20Hz 的声波称为次声波，而频率高于 20kHz 的声波称为超声波。

1. 超声波的分类

（1）根据质点的振动方向与波传播方向的关系分类

1）纵波 L。介质质点的振动方向与波的传播方向相平行的波，称为纵波。当介质质点受到交变正应力作用时，质点之间产生相应的伸缩形变或体积变化，这种变化又会产生弹性恢复力，从而形成纵波。这时介质质点疏密相间，所以纵波又称为压缩波或疏密波。

凡能承受位伸或压缩应力的介质都能传播纵波。固体介质能承受拉伸或压缩应力，因此固体介质可以传播纵波。液体和气体虽然不能承受拉伸应力，但能承受应力产生容积变化，因此液体和气体介质也可以传播纵波。

2）横波 S。介质质点的振动方向与波的传播方向相互垂直的波，称为横波。当介质质点受到交变的切应力作用时，介质产生切变形变，从而形成横波，所以横波又称为切变波。根据形成横波时质点振动平面与超声波传播方向的关系，横波又分为垂直偏振横波（SV 波）和水平偏振横波（SH 波）。由于只有固体才能承受切应力，液体和气体不能承受切应力，所以只有固体能传播横波，而液体和气体不能传播横波。

3）表面波 R。当介质表面受到交变应力时，产生沿介质表面传播的波，称为表面波。表面波是在介质仅在半无限大固体介质的表面或其他介质的界面及其附近传播而不深入到固体内部传播的波型总称。瑞利在 1887 年发现了在半无限大固体介质与气体或液体介质的交界面上产生，并沿界面传播的一种波型，这类表面波质点沿椭圆轨迹振动，是纵向振动和横向振动的合成，椭圆的长轴垂直于波的传播方向，短轴平行于波的传播方向。这类波又称为瑞利波。表面波与横波一样，只能在固体中传播，不能在液体和气体中传播。当传播深度超过两倍波长时，质点的振动能量下降很快，它只能发现距工件表面两倍波长深度范围内的缺陷。

4）板波。在板厚与波长相当的薄板中传播的波，称为板波。根据质点的振动方向不同，可将板波分为 SH 波和兰姆波。

① SH 波是水平偏振的横波在薄板中传播的波，薄板中各质点的振动方向平行于板面

而垂直于波的传播方向，相当于固体介质表面中的横波。

② 兰姆波分为对称型和非对称型。对称型兰姆波的特点是薄板中心质点作纵向振动，上下表面质点作椭圆运动，振动相位相反并对称于中心。非对称型兰姆波特点是薄板中心质点作横向运动，上下表面质点作椭圆运动，相位相同，不对称。超声波检测常用的波型见表 4-1。

表 4-1 超声检测中常用的波型及特性

波的类型		质点振动与波的传播方向	传播介质	应用
纵波（压缩波）		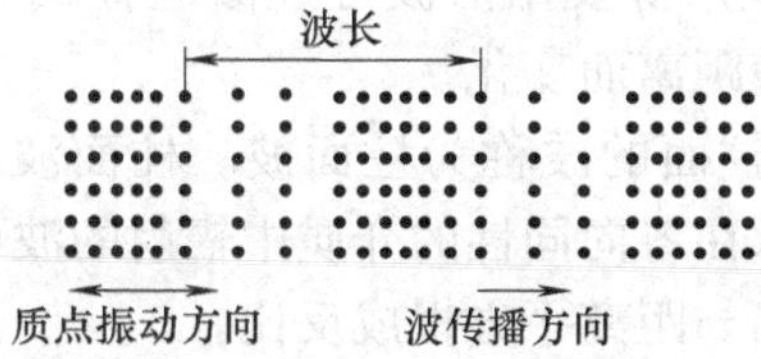	固、液、气体	钢板、锻件检测等
横波	垂直偏转（SV 波）	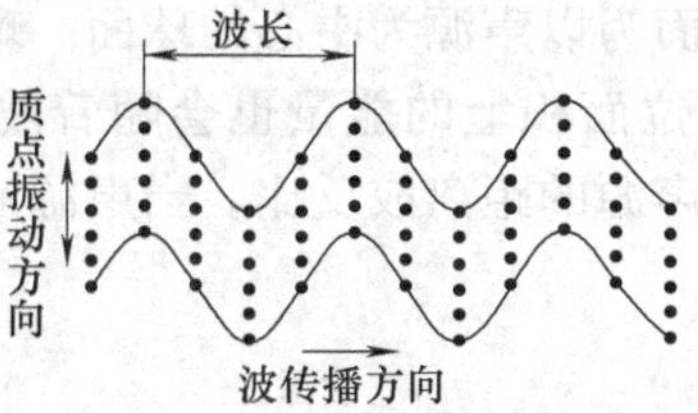	固体	焊缝、钢管检测等
	水平偏转（SH 波）	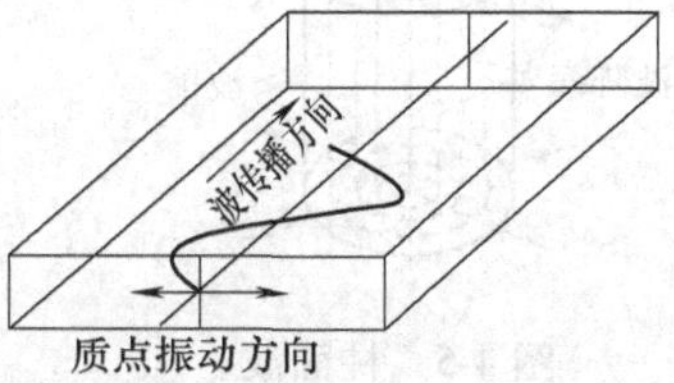	固体	
表面波（瑞利波）		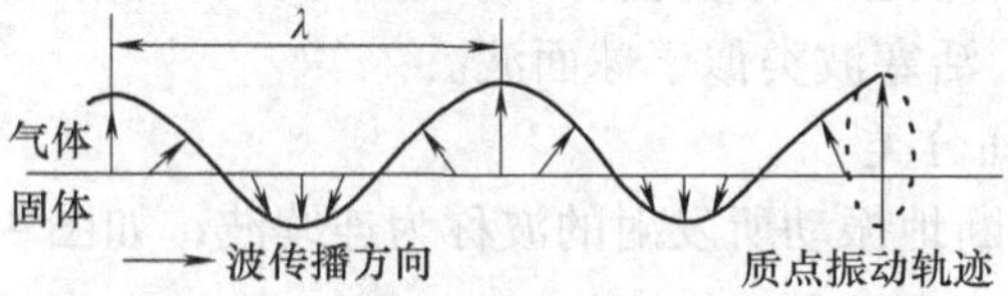	固体表面，且固体的厚度远大于波长	钢管检测等
板波（兰姆波）	对称型（S 型）	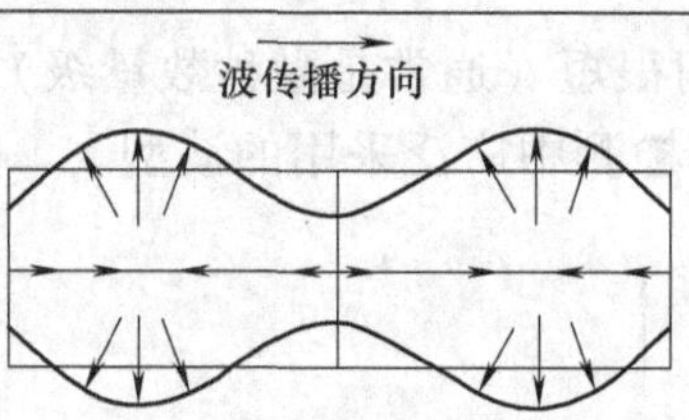	固体介质（厚度为几个波长的薄板）	薄板、薄壁钢管等（一般 $\delta < 6$mm）
	非对称型（A 型）	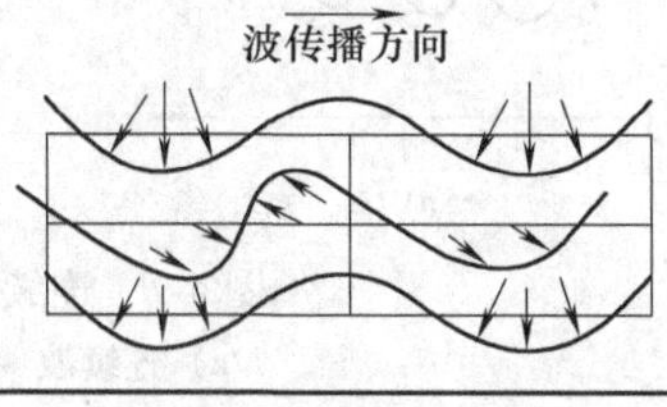		

（2）根据波阵面的形状分类　超声波由声源向周围传播扩散的过程可用波阵面进行描述。在无限大且各向同性的介质中，振动向各方向传播，人们用波线表示波的传播方向；将同一时刻介质中振动相位相同的所有质点所连成的面称为波阵面；某一时刻振动传播到达的距声源最远的各点所连成的面称为波前。

1）平面波。如图4-4所示，波阵面为相互平行的平面的波称为平面波。平面波是声源为无限大平面在各向同性的弹性介质中传播的波。理想的平面波是不存在的，但如果声源平面的二维尺寸远大于声波波长，该声源发出的波可近似地看做平面波。平面波的波束不扩散，各质点振幅是一个常数，不随距离而变化。

2）柱面波。波阵面为同轴圆柱面的波称为柱面波。柱面波的波源为一条线，如图4-5所示，长度远大于波长的线状波源在各向同性的介质中辐射的波可视为柱面波。柱面波波束向四周扩散，柱面波各质点的振幅与距离平方根成反比。

3）球面波。波阵面为同心球面的波，称为球面波，如图4-6所示。当声源是一个点状波源时，在各向同性介质中的波阵面为以声源为中心的球面。球面波向四面八方扩散，即使不考虑介质对声波能量的吸收，单位面积上的能量也会随着波阵面的扩大而减小，可以证明，球面波中质点的振动幅度与距声源的距离成反比。当声源的尺寸远小于测量点距离声源的距离时，可以把声波看成球面波。

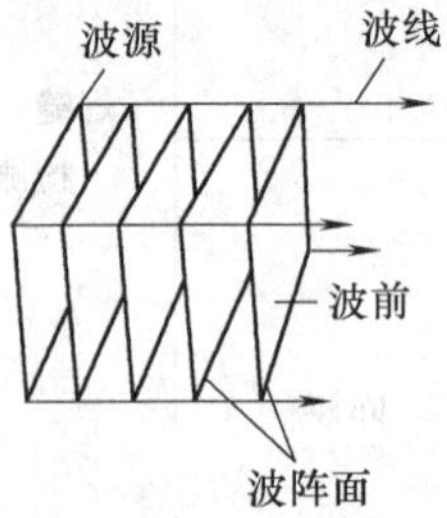

图4-4　平面波

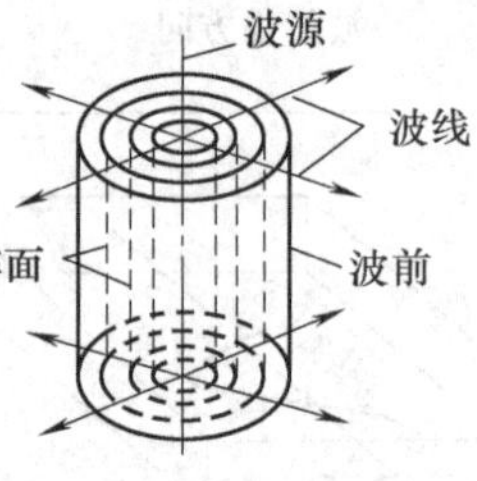

图4-5　柱面波

图4-6　球面波

实际应用超声波探头中的波源近似活塞振动，在各向同性的介质中辐射的波称为活塞波。当距波源距离足够大时，活塞波类似于球面波。

（3）根据振动的持续时间分类

1）连续波。波源持续不断地振动所发射的波称为连续波，如图4-7a所示。超声波穿透法检测时常采用连续波。

2）脉冲波。波源振动持续时间很短（通常是微秒数量级）、间歇发射的波称为脉冲波，如图4-7b所示。脉冲波是目前超声检测中广泛采用的波型。

2. 超声波的特性

（1）指向特性　超声波像光波一样在介质中沿直线传播，超声波的声束集中在特定的方向上，具有良好的指向性，有利用检测时发现缺陷并对缺陷准确定位。

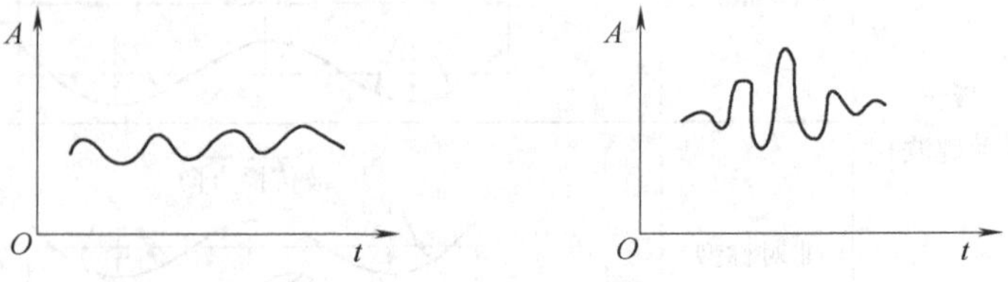

a)　　b)

图4-7　连续波与脉冲波
a）连续波　b）脉冲波

（2）反射、折射和波型转换

的特性 超声波在传播过程中，当遇到两种物质的异质界面时，能在界面上产生反射、折射和波型转换。

（3）穿透特性 超声波在大多数介质中传播时，传播能量损失小，传播距离大，穿透能力强，在一些金属材料中其穿透能力可达数米。

（4）超声波能量高 理论研究表明，在振幅相同的情况下，一个物体振动的能量跟振动的频率平方成正比，而超声波的频率远远高于声波的频率，因此，超声波的能量远大于声波的能量。

3. 超声场的特征值

介质中有超声波存在的区域称为超声场。超声场具有一定的空间大小和形状，描述超声场的特征值（即物理量）主要有声压、声强、声阻抗。

（1）声压 超声场中某一点在某一时刻的压强 p_1 与没有超声场存在时的静态压强 p_0 之差，称为该点的声压，用 p 表示。即 $p = p_1 - p_0$。声压的单位为帕斯卡（Pa）、微帕斯卡（μPa）。

超声场中，每一点的声压是一个随时间和距离变化的量，可以证明，对于无衰减的平面余弦波来说，声压可用下式表示，即

$$p = -\rho c A\omega \sin\omega\left(t - \frac{x}{c}\right)$$

声压的幅值为

$$p = A\rho c\omega = \rho c u$$

式中 ρ——介质的密度；

c——介质的声速；

A——质点位移振幅；

ω——角频率；

u——质点振动速度。

在实际应用上，比较两个超声波并不需要对每个时刻 t 的声压进行比较，真正代表超声波强弱的是声压幅值，超声波检测仪器显示的信号幅值的本质就是声压 p，示波屏上的波高与声压成正比，在超声检测时，声压值反映了缺陷的大小。

（2）声阻抗 超声场中任一点的声压与该处质点振动速度之比称为声阻抗，常用 Z 表示。即

$$Z = p/u = \rho c u/u = \rho c$$

在同一声压 p 的情况下，声阻抗越大，质点的振动速度 u 越小；反之，声阻抗越小，质点的振动速度 u 越大。因此声阻抗可理解为介质对质点振动的阻碍作用。

声阻抗能直接表示介质的声学性质，当超声波从一种介质进入另一种介质以及在界面上的反射、折射和透射情况都与两种介质的声阻抗密切相关。

由于大多数材料的密度和声速随着温度的升高而降低，材料的声阻抗就会受到温度的影响，也随着温度的升高而降低。

（3）声强 单位时间内垂直通过单位面积的声能称为声强，常用 I 表示。单位是瓦/厘米^2（W/cm^2）或焦耳/（厘米^2 · 秒）[$J/(cm^2 \cdot s)$]。

当超声波传播到介质中某处时，该处原来静止不动的质点开始振动，因而具有动能。同

时该处介质产生弹性变形，因而也具有弹性位能，其总能量为二者之和。

三、超声波在异质界面的反射、透射、折射与波形转换

在超声波传播过程中，如果超声波从声阻抗为 Z_1 的介质进入声阻抗为 Z_2 的介质时，不仅超声波会改变其传播方向，还会产生波形转换。

1. 超声波垂直入射到单一平面时的反射与透射

当超声波垂直入射到两种介质的界面时，如图 4-8 所示，一部分能量透过界面进入第二种介质，成为透射波（声强为 I_t），波的传播方向不变；另一部分能量则被界面反射回来，沿与入射波相反的方向传播，成为反射波（声强 I_r）。

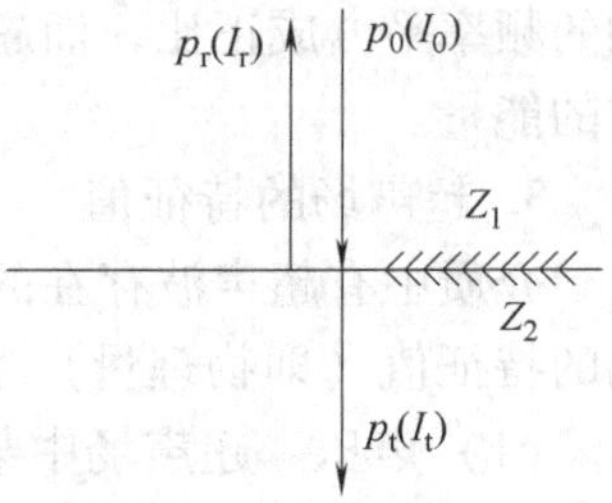

图 4-8 超声波垂直入射于大平界面时的反射与透射

超声波在界面上反射声压 p_r 与入射声压 p_0 之比称为界面的声压反射率，用 r 表示，即 $r=p_r/p_0$。界面上透射声压 p_t 与入射声压 p_0 之比称为界面的声压透射率，用 t 表示，即 $t=p_t/p_0$。

根据超声波传播的连续性，在界面处的质点应满足如下条件：

1）根据力的平衡原理，界面两侧的总声压相等，故有 $p_0+p_r=p_t$。

2）界面上质点的振动速度幅值相等，故 $(p_0-p_r)/Z_1=p_t/Z_2$。

由上述两边界条件和声压反射率、透射率定义得

$$1+r=t$$

$$(1-r)/Z_1=t/Z_2$$

由上述方程解得

$$\begin{cases} r=\dfrac{p_r}{p_0}=\dfrac{Z_2-Z_1}{Z_2+Z_1} \\ t=\dfrac{p_t}{p_0}=\dfrac{2Z_2}{Z_2+Z_1} \end{cases}$$

式中 Z_1——第一种介质的声阻抗；

Z_2——第二种介质的声阻抗。

界面上反射波声强 I_r 与入射波声强 I_0 之比，称为声强反射率，用 R 表示。

界面上透射波声强 I_t 与入射波声强 I_0 之比，称为声强透射率，用 T 表示。

则有

$$R=\frac{I_r}{I_0}=\frac{\dfrac{p_r^2}{2Z_1}}{\dfrac{p_0^2}{2Z_1}}=\frac{p_r^2}{p_0^2}=r^2=\left(\frac{Z_2-Z_1}{Z_2+Z_1}\right)^2$$

$$T=\frac{I_t}{I_0}=\frac{\dfrac{p_t^2}{2Z_2}}{\dfrac{p_0^2}{2Z_1}}=\frac{p_t^2}{p_0^2}\frac{Z_1}{Z_2}=t^2=\frac{4Z_2Z_1}{(Z_2+Z_1)^2}$$

由以上公式可知，超声波垂直入射到平界面时，声压或声强的分配比例仅与界面两侧介

质的声阻抗有关。当界面两侧的介质的声阻抗相差越大时，R 越大，则反射声能越大，透射声能越小。当界面两侧介质的声阻抗相差很小时，反射率几乎等于0，声波近似于全透射，无反射。

2. 超声波倾斜入射到平界面时的反射和折射

当超声波倾斜入射到界面时，除产生同种类型的反射波和折射波外，还会产生不同类型的反射波和折射波，这种现象称为波型转换。

（1）纵波倾斜入射时的反射和折射　如图4-9所示，当纵波L以一定的入射角度倾斜入射到固/固平界面时，除会形成反射的纵波与折射的纵波外，还会转换出反射的横波与折射横波，超声波的传播方向用波的传播方向与界面的法线的夹角来描述，各种反射波和折射波的传播符合反射、折射定律，即

$$\frac{\sin\alpha_L}{c_{L1}}=\frac{\sin\alpha_L'}{c_{L1}}=\frac{\sin\alpha_S'}{c_{S1}}=\frac{\sin\beta_L}{c_{L2}}=\frac{\sin\beta_S}{c_{S2}}$$

式中　c_{L1}、c_{S1}——第一介质中的纵波、横波波速；

c_{L2}、c_{S2}——第二介质中的纵波、横波波速；

α_L、α_L'——纵波入射角、反射角；

β_L、β_S——纵波、横波折射角；

α_S'——横波反射角。

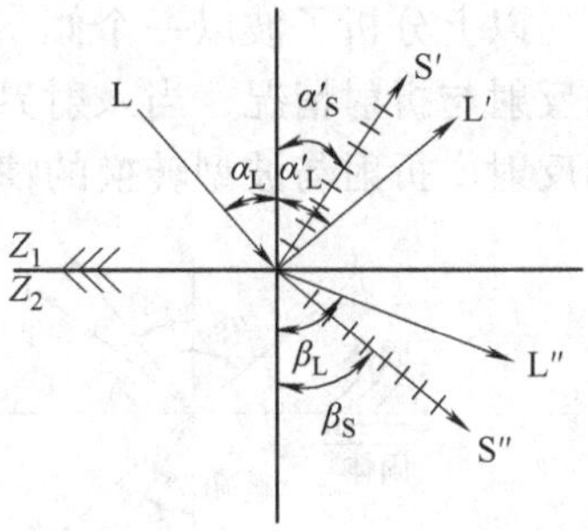

图4-9　纵波倾斜入射到平界面时的反射、折射及波型转换

由反射、折射定律可知，随着纵波入射角 α_L 的增大，纵波的折射角 β_L 就会随之增加，当第二种介质中的折射波型的声速大于第一种介质中入射波型的声速时，则有折射角大于入射角，此时存在一个临界入射角度，此时的折射角等于90°。大于这一角度时，第二种介质中不再有相应波型的折射波。

1）第一临界角。当纵波入射到 $c_{L2}>c_{L1}$ 的介质界面时，当纵波入射角增大到一定程度时，则有 $\beta_L=90°$，这时所对应的纵波的入射角称为第一临界角，用 α_{I} 表示。此时，在第二种介质中只有折射的横波，而无纵波。

由 $\frac{\sin\alpha_L}{c_{L1}}=\frac{\sin\beta_L}{c_{L2}}$，$\beta_L=90°$可得出

$$\alpha_{\text{I}}=\arcsin\frac{c_{L1}}{c_{L2}}$$

2）第二临界角。当纵波入射到 $c_{L2}<c_{L1}$ 的介质界面时，当纵波入射角增大到一定程度时，则有 $\beta_S=90°$，这时所对应的纵波的入射角称为第二临界角，用 α_{II} 表示。此时，在第二种介质中既无折射的横波，也无折射纵波。

由 $\frac{\sin\alpha_L}{c_{L1}}=\frac{\sin\beta_S}{c_{S2}}$，$\beta_S=90°$可得出

$$\alpha_{\text{II}}=\arcsin\frac{c_{L1}}{c_{S2}}$$

（2）横波倾斜入射时的反射与折射　如图4-10所示，当横波S以一定的入射角度倾斜入射到固/固平界面时，除会形成反射的横波与折射的横波外，还会转换出反射的纵波与折

射纵波，超声波的传播方向用波的传播方向与界面的法线的夹角来描述，各种反射波和折射波的传播符合反射、折射定律，即

$$\frac{\sin\alpha_S}{c_{S1}}=\frac{\sin\alpha_L'}{c_{L1}}=\frac{\sin\alpha_S'}{c_{S1}}=\frac{\sin\beta_L}{c_{L2}}=\frac{\sin\beta_S}{c_{S2}}$$

随着横波入射角的增大，纵波的反射角也随之增加，当横波入射角增大到一定程度时，纵波的反射角等于90°，此时横波的入射角称为第三临界角。用 $\alpha_{Ⅲ}$ 表示。则有

$$\alpha_{Ⅲ}=\arcsin\frac{c_{S1}}{c_{L1}}$$

如果横波的入射角大于第三临界角时，在第一介质中只有反射的横波，无反射的纵波，即横波全反射。

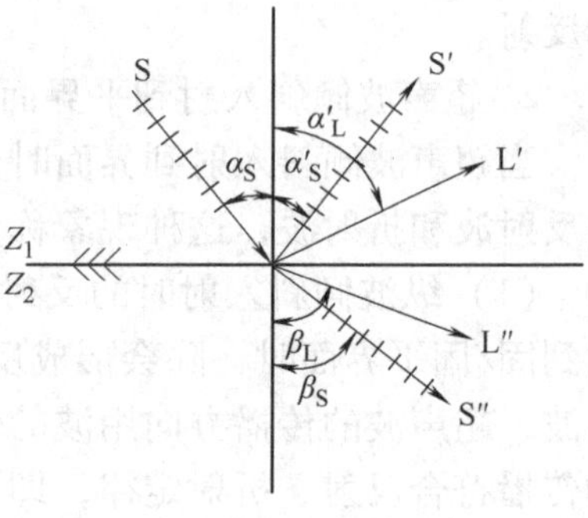

图 4-10　横波倾斜入射时的反射与折射

以上分析了波以一个倾斜的角度入射到固/固界面时的反射与折射情况，当入射界面两侧的介质为固/液界面、液/固界面、固/气界面时，其波的反射、折射与波型转换的情况如图 4-11 所示。

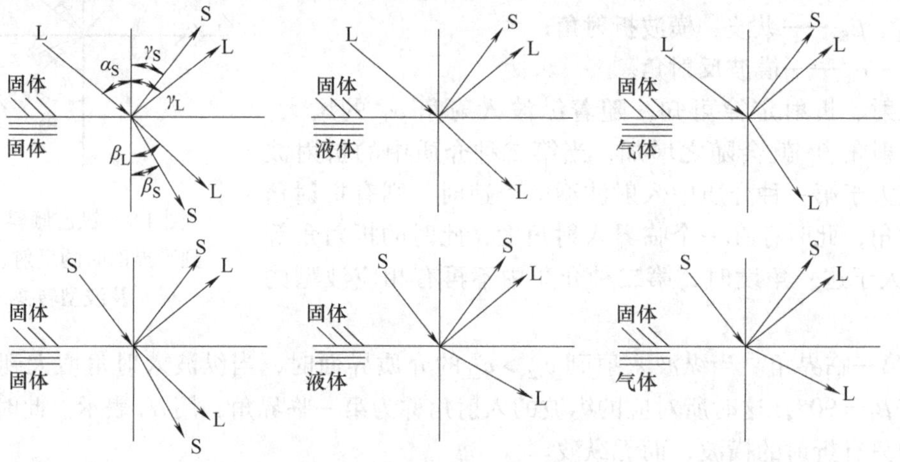

图 4-11　不同界面上的波型转换

3. 超声波的衰减特性

超声波在介质中传播时，其声能随着传播距离的增加而逐渐减弱的现象称为超声波的能量衰减。在超声波检测中，超声波能量的衰减的原因可归纳为以下三类。

（1）扩散衰减　超声波在传播过程中，由于声束的扩散，使超声波的声强随距离增加而逐渐减弱的现象称为扩散衰减。扩散衰减仅取决于波阵面的形状，与介质的性质无关。

平面波的波阵面为平面，波束不扩散，不存在扩散衰减。柱面波的波阵面为一系列同轴圆柱面，波束向四周扩散，存在着扩散衰减。球面波的波阵面为一系列的同心圆，波束向四面八方扩散，也存在着扩散衰减。

（2）散射衰减　超声波在介质中传播时，遇到晶粒的界面—晶界时产生散乱反射引起衰减的现象，称为散射衰减。当材质晶粒度粗大时，散射衰减严重。

（3）吸收衰减　超声波在介质中传播时，由于介质中质点间的内摩擦（即粘滞性）和热传导引起超声波的衰减，称为吸收衰减或粘滞衰减。

通常所说的介质的衰减是指吸收衰减和散射衰减，不包括扩散衰减。

任务二 对接焊接接头超声检测

【学习目标】

1）掌握对接焊接接头的超声波检测的方法。

2）能根据被检件确定检测条件、扫描速度和灵敏度，编制检测工艺。

3）能独立进行检测的操作，正确地进行缺陷的定位与定量。

4）根据检测结果进行质量级别的评定及出具检测报告。

【任务描述】

现有一批材质为16MnR的对接焊接接头试板，规格为600mm×500mm×30mm，已经射线检测合格，按要求射线检测合格后应进行100%的超声波检测，根据资料查得为：X型坡口，采用半自动焊+手工电弧焊接，测得焊缝大约宽度为24mm，检测要求按JB/T 4730.3—2005标准B级检验，验收级别为Ⅰ级。

【设备与器材】

一、超声检测仪

超声检测仪是超声检测的主体设备，主要功能是产生超声频率电振荡，激励探头发射超声波。同时，它又将探头接收到的回波信号进行放大、处理，并通过一定方式显示出来。

1. 超声检测仪的分类

（1）按照原理的差异分类

1）穿透式检测仪。这种检测仪根据透过工件的超声波强度来判断工件中有无缺陷及缺陷的大小，这类仪器发射单一频率的连续波信号，对缺陷检测的灵敏度较低，目前很少应用。

2）共振检测仪。这种仪器利用指示频率可变的超声波在工件中形成共振的情况，用于共振法测厚，目前也使用较少。

3）脉冲反射式超声检测仪。在检测中，脉冲反射式超声检测仪发射持续时间很短的电脉冲，激励探头发射脉冲超声波传入工件，并通过探头接收在工件中反射回来的脉冲波信号，利用超声波信号的传播时间和回波幅度判断缺陷的位置和缺陷的大小。

（2）按缺陷的显示方式分类

1）A型显示超声波探伤仪。A型显示是一种波形显示，是将超声信号的幅度与传播时间的关系以直角坐标的形式显示出来，如图4-12所示，横坐标代表超声波的传播时间，纵坐标代表信号幅度（接收声压）。如果超声波在均质材料中传播时，声速是恒定的，则可将横坐标的传播时间转变为传播距离，从而可通过横坐标确定缺陷的位置，由纵坐标的回波幅度可以估算缺陷当量尺寸。

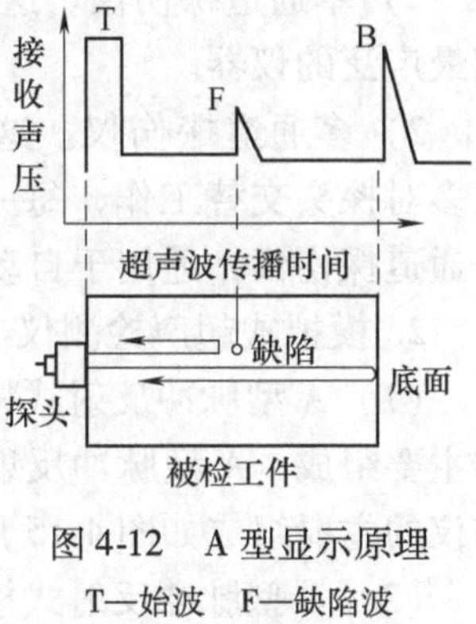

图4-12 A型显示原理
T—始波 F—缺陷波
B—底波

从图4-12中可以看出，脉冲T表示超声检测时的始脉冲或始波，是发射脉冲直接进入接收电路后，在屏幕上的起始位置显示出来的脉冲信号。脉冲 F 为被检工件中的缺陷反射回波被探头接收到时，在屏幕上的相应位置所出现的缺陷波。脉冲 B 是超声传播到被检工件底面反射回波被探头接收到时，在屏幕上出现的底面回波，称为底波。

2）B 型显示超声波探伤仪。B 型显示是试件的一个二维截面图，将探头放在试件表面沿一条线扫查时的距离作为一个轴的坐标，另一个轴的坐标是声传播时间（或距离），如图 4-13 所示。检测时将时间轴上不同深度的信号幅值采集下来，在每个探头移动位置沿时间轴用不同的亮度（或颜色）显示出信号的幅度。将上下表面回波也包含在时间轴显示范围内，可以从图中观察出缺陷在该截面上的位置、取向和深度以及通过亮度或颜色获取缺陷信号幅度的信息。

3）C 型显示。C 型显示是一种图像显示，是工件的一个平面投影图，如图 4-14 所示，探伤仪显示屏上横坐标和纵坐标都是靠机械扫描来代表探头在工件表面的位置。探头接收信号幅度以光点辉度表示，因而当探头在工件表面移动时，显示屏上便显示出工件内部缺陷的平面图像，但不能显示缺陷的深度。

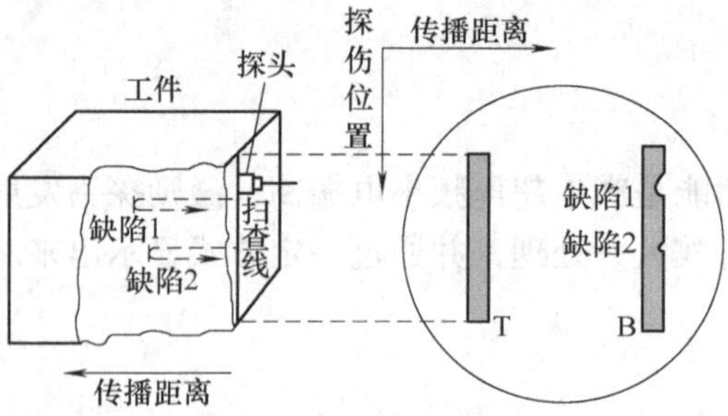

图 4-13　B 型显示原理

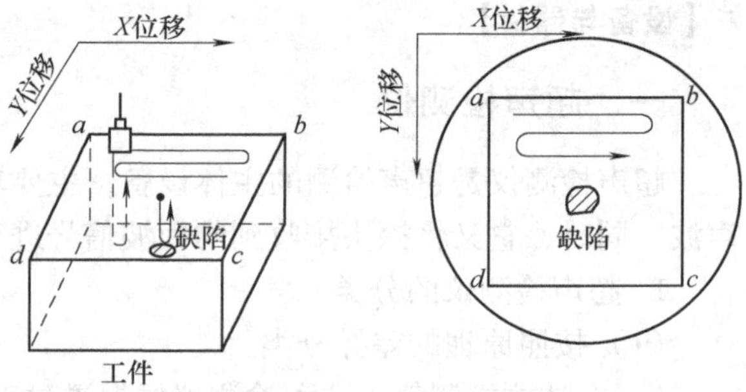

图 4-14　C 型显示原理

B 型和 C 型显示是在 A 型显示的基础上实现的，在 A 型显示图上，确定好需采集的信号范围，采用电子门提取出所需信号。目前，B 型和 C 型显示多采用计算机，将信号经 A/D 转换处理后，显示在计算机屏幕上的图像与数据可以存储，可进一步用软件对缺陷进行分析评价。

（3）按仪器的通道数目分类

1）单通道探伤仪。这种探伤仪是由一个或一对探头单独工作，是目前超声波检测中应用最广泛的仪器。

2）多通道探伤仪。这种探伤仪是由多个或多对探头交替工作，每一个通道相当于一台单通道探伤仪，适用于自动化检测。

2. 模拟式超声检测仪

（1）A 型脉冲反射式模拟式超声波探伤仪的主要组成　A 型脉冲反射式模拟式超声波探伤仪的主要组成如图 4-15 所示。

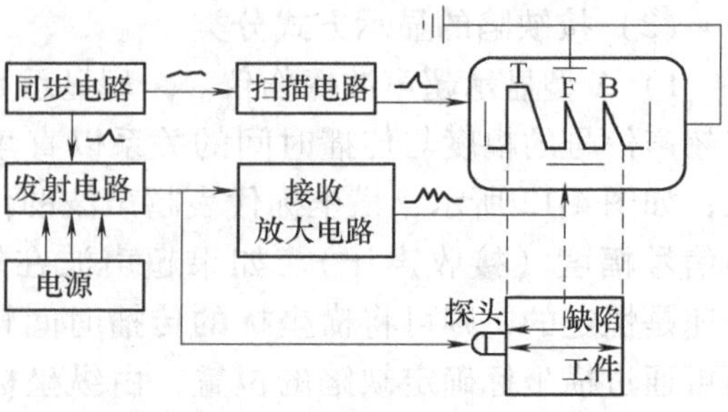

图 4-15　A 型脉冲反射式模拟式超声波探伤仪电路原理图

（2）A 型脉冲反射式模拟式超声波探伤仪器的工作原理　同步电路产生的触发脉冲同时

加至扫描电路和发射电路，扫描电路受触发开始工作，产生锯齿波扫描电压，加至示波管水平偏转板，使电子束发生水平偏转，在荧光屏上产生一条水平扫描线。同时，发射电路受触发产生高频脉冲，施加至探头，激励压电晶片振动，产生超声波，超声波在工件中传播时，遇到缺陷或底面产生反射，反射回的超声波返回探头时，又被探头中的压电晶片将振动转变为电信号，经接收电路放大和检波，加至示波管垂直偏转板上，使电子束发生垂直偏转，在水平扫描线的相应位置上产生缺陷回波和底波。

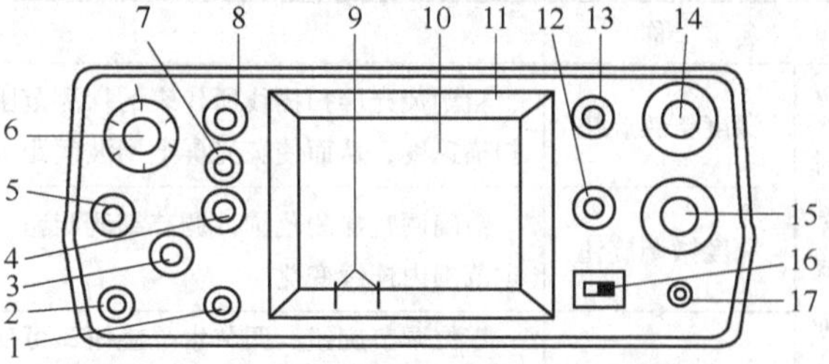

图 4-16 CTS—22 型超声波探伤仪面板示意图

1—发射插座 2—接收插座 3—工作方式选择 4—发射强度 5—粗调衰减器 6—细调衰减器 7—抑制 8—增益 9—定位游标 10—示波管 11—遮光罩 12—聚焦 13—深度范围 14—深度细调 15—脉冲移位 16—电源电压指示器 17—电源开关

（3）模拟式超声波探伤仪主要开关旋钮的作用及调整 探伤仪面板上有许多开关和旋钮，用于调节探伤仪的功能和工作状态。图 4-16 所示是 CTS—22 型探伤仪的面板示意图，下面以这种仪器为例，说明各主要开关的作用及其调整方法。其各旋钮的作用及调整方法见表 4-2。

表 4-2 超声波检测仪各旋钮的功能

名称		功能
显示部分	辉度旋钮	用于调节波形的亮度，当波形亮度过高或过低时，可调节辉度旋钮，使亮度适中，一般辉度调整后应重新调节聚焦和辅助聚焦等旋钮
	聚焦旋钮	调节电子束的聚焦程度，使荧光屏波形清晰
	水平旋钮	使扫描线和扫描线上的回波一起左右移动一段距离，但不改变回波间距。调节探测范围时，用深度粗调和细调旋钮调好回波间距，用水平旋钮进行零位校正
	垂直旋钮	调节扫描线的垂直位置。调节垂直旋钮，可使扫描线上下移动
发射部分	工作方式选择旋钮	选择探测方式，即“双探”或“单探”方式。当开关置于位置“双探”时，为双探头一发一收状态，可用一个双晶探头或两个单探头检测，发射探头和接收探头连接到插座。当开关置于位置“单探”时，为单探头自发自收工作状态，此时发射插座和接收插座从内部连通，探头可插入任一插座
	发射强度旋钮	改变仪器的发射脉冲频率，从而改变仪器的发射强度。增大发射强度时，可提高仪器灵敏度，但脉冲变宽，分辨力变差
	重复频度旋钮	调节脉冲重复频率，即改变发射电路每秒钟发射脉冲的次数。重复频率低时，荧光屏图形较暗，仪器灵敏度有所提高；重复频率高时，荧光屏图形较亮。重复频率要视被检工件厚度进行调节，厚度大，应使用较低的重复频率，厚度小，可使用较高的重复频率
接收部分	衰减器旋钮	调节探伤灵敏度和测量回波振幅。调节灵敏度时，衰减器读数大，灵敏度低；衰减器读数小，灵敏度高。测量回波振幅时，衰减器读数大，回波幅度高；衰减器读数小，回波幅度低
	增益微调旋钮	改变接收放大器的放大倍数，进而连续改变探伤仪的灵敏度
	频率选择旋钮	可选择接收电路的频率响应
	检波方式旋钮	可选择非检波、全检波、正检波和负检波
	抑制旋钮	使幅度较小的一部分噪声电信号不在显示屏上出现

（续）

名称		功能
时基线部分	深度粗调旋钮	粗调荧光屏扫描线所代表的探测范围。调节深度范围旋钮，可较大幅度地改变时间扫描线的扫描速度，从而使荧光屏上回波间距大幅度地压缩或扩展
	深度微调旋钮	精确调整探测范围，调节细调旋钮，可连续改变扫描速度，从而使荧光屏上的回波间距在一定范围内连续变化
	延迟旋钮	零位调节旋钮，调节水平旋钮，可使扫描线和扫描线上的回波一起左右移动一段距离，但不改变回波间距。调节探测范围时，用深度粗调和细调旋钮调好回波间距，用水平旋钮进行零位校正

3. 数字式超声波探伤仪

（1）数字式超声波探伤仪的主要组成部分　如图4-17所示，数字式超声波探伤仪主要由电源、发射电路、接收电路、微处理器、A-D转换器、显示器等组成。

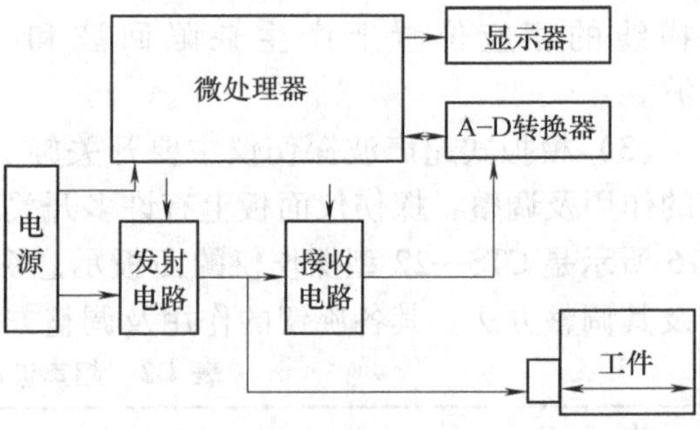

图4-17　数字式超声波探伤仪电路框图

数字式超声波探伤仪的发射电路与模拟式超声波探伤仪是相同的，接收放大电路的衰减器和高频放大电路与模拟式超声波探伤仪相同。但信号经放大到一定程度后，则由A-D转换器将其变为数字信号，由微处理器进行处理后，在显示器上显示出来。数字式超声波探伤仪显示的是二维点阵，由微处理器通过程序来控制显示器实现逐点扫描。

（2）仪器的功能　数字式仪器可提供模拟式仪器具有的所有功能。在模拟式仪器中，操作者直接拨动旋钮对仪器的电路进行调整，而在数字式仪器中，是通过人机对话，以按键或菜单的方式，将控制数据输入给微处理器，然后再由微处理器发出信号控制各电路的工作。微处理器还可按照预先设定的程序，自动对仪器进行调整。此外，数字式超声波探伤仪可自动按存储的参数重新对仪器进行调整。检测波形的数字化使得仪器可进一步提供波形的记录与存储、波形参数的自动计算与显示（波高、距离等）、距离—波幅曲线的自动生成、时基线比例的自动调整以及频谱分析等附加功能。

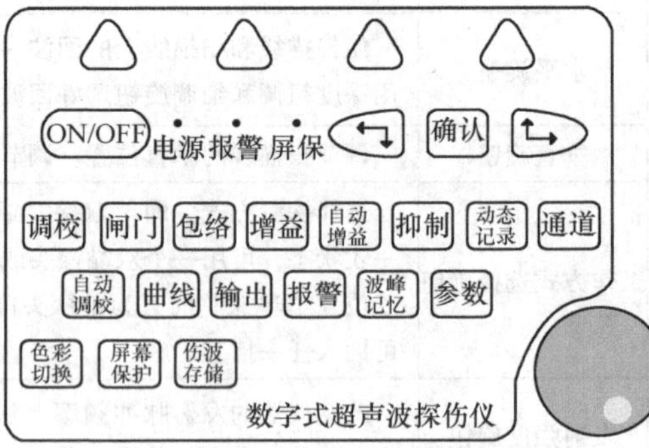

图4-18　键盘各键钮的示意图

（3）仪器主要部件名称　某数字式超声波探伤仪键盘各键钮的示意图如图4-18所示。其各键钮的作用见表4-3。

表4-3　数字式超声波探伤仪各键钮的作用

键钮名称	作用	键钮名称	作用
ON/OFF	电源开/关键	调校	调校类功能键

（续）

键钮名称	作用	键钮名称	作用
包络	包络功能键	闸门	闸门功能系统键
增益	增益热键	自动调校	探头零点自动校准热键
抑制	抑制热键	自动增益	自动增益键
曲线	波幅曲线功能键	输出	输出数据功能键
报警	声响报警键	伤波存储	存储伤波数据键
波峰记忆	波峰记忆键	确认	波形冻结/输入命令、数据认可键
通道	50 组探伤参数选择键	色彩切换	显示屏彩色切换键 （注：HS611e 无此功能键）
参数	进入/退出参数列表显示键	屏幕保护	关闭屏幕显示，进入节电状态
动态记录	动态回波记录键		子功能菜单/操作功能键
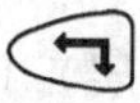	左/下方向键		右/上方向键
 数码飞梭旋钮	旋钮键主要用于数字输入、增减、左右、上下调节和功能选择及确认等功能	左旋：等同左/下方向键 右旋：等同右/上方向键 单击：轻轻按下旋钮，马上松开，让旋钮弹起 按击：按住旋钮不放，停留两秒，然后松开	

4. 仪器的维护保养

超声波探伤仪是一种比较精密的电子仪器，为了减少仪器故障的发生，延长仪器使用寿命，使仪器保持良好的工作状态，应注意对仪器的维护保养，仪器的维护应注意以下几点：

1）使用仪器前，应仔细阅读仪器使用说明书，了解仪器的性能特点，熟悉仪器各控制开关和旋钮的位置、操作方法和注意事项，严格按说明书要求操作。

2）搬动仪器时应防止强烈振动，现场检测在高空作业时，应采取可靠的保护措施，防止仪器摔碰。

3）尽量避免在靠近强磁场、灰尘多、电源波动大、有强烈振动及温度过高或过低的场合使用仪器。

4）仪器工作时应防止雨、雪、水、机油等进入仪器内部，以免损坏仪器线路和元件。

5）连接交流电源时，应仔细核对仪器额定电源电压，防止错接电源，烧毁元件。使用蓄电池供电的仪器，应严格按说明书进行充电操作。放电后的蓄电池应及时充电，存放较久的蓄电池也应定期充电，否则会影响蓄电池容量甚至无法重新充电。

6）转或按旋钮时不宜用力过猛，尤其是旋钮在极端位置时更应注意，否则会使旋钮错位甚至损坏。

7）拔接电源插头或探头插头时，应用手抓住插头壳体操作，不要抓住电缆线拔插。探头线和电源线应理顺，不要弯折扭曲。

8）仪器每次用完后，应及时擦去表面灰尘、油污，放置在干燥地方。

9）在气候潮湿地区或潮湿季节，仪器长期不用时，应定期接通电源开机一次，开机时间约半小时，以驱除潮气，防止仪器内部短路或击穿。

10）仪器出现故障时，应立即关闭电源，及时请维修人员检查修理。切忌随意拆卸，以免故障扩大和发生事故。

二、探头

探头又称为换能器，在超声检测过程中，可以实现超声波的发射与接收，即实现电/声能量相互转换。当前超声检测中采用的超声换能器主要有压电换能器、磁致伸缩换能器、电磁超声换能器和激光超声换能器。其中以压电换能器最为常用，压电换能器中的主要电/声转换部件是压电晶片，压电晶片是一个具有压电特性的单晶体或多晶体薄片，主要作用是将电能转换为声能，并将声能转换为电能，这里主要讨论压电换能器。

1. 探头的结构

压电换能器探头一般由压电晶片、阻尼块、接头、电缆线、保护膜和外壳组成。

（1）压电晶片　压电晶片的作用是发射和接收超声波，实现电声能量转换。晶片的性能决定着探头的性能，晶片的尺寸和谐振频率，决定发射声场的强度、距离波幅特性与指向性。晶片制作质量的好坏，也关系到探头的声场对称性、分辨力、信噪比等特性。

常用的晶片的形状有圆形、方形或矩形，晶片的两面需敷上银层（或金层、铂层）作为电极，以使晶片上的电压能均匀分布。

（2）阻尼块　晶片在高压电脉冲激励下产生振动之后，由于惯性作用，振动在短时间内不能停止，使脉冲较宽。这种持续的振动会妨碍晶片对反射波信号的接收，使这段时间内的反射信号不能显现，深度分辨力降低。阻尼块是由环氧树脂和钨粉等按一定比例配成的阻尼材料，将其粘附在晶片或楔块后面。阻尼块可以增大晶片的振动阻尼，缩短晶片持续振动时间，使振动着的晶片尽快恢复到静止状态，有利于晶片对反射波信号的接收。阻尼块除了可以起到增大阻尼的作用外，还可以吸收晶片向其背面发射的超声波，同时对晶片也起到支承作用。

（3）保护膜　保护膜的作用是保护压电晶片不被磨损或损坏。保护膜分为硬、软保护膜。硬保护膜适用于表面较光滑的工件检测。软保护膜用于表面较粗糙的工件检测。

保护膜会使始波宽度增大，分辨力变差，灵敏度降低。硬保护膜比软保护膜更严重。由于石英晶片不易磨损，可不加保护膜。

（4）斜楔　斜楔是斜探头中为了使超声波以一定的角度倾斜入射到检测面而装在晶片前面的楔块。为了保证晶片发射的超声波按设定的倾斜角度入射到斜楔与工件的界面，使超声波在界面处产生所需要的波型转换。斜楔在实现波型转换的同时，也对晶片起到了保护作用，所以有了斜楔块的斜探头，不需要再加保护膜。

斜楔中的纵波波速须小于工件中纵波波速，具有适当的衰减系数，且耐磨、易加工。一般斜楔用有机玻璃制成，近年来有些探头用尼龙、聚合物等其他新材料制作斜楔。

（5）电缆线　探头与检测仪间的连接需采用高频同轴电缆，这种电缆可消除外来电波对探头的激励脉冲及回波脉冲的影响，并防止这种高频脉冲以电波形式向外辐射。

(6) 外壳　外壳的作用在于将各部分组合在一起，并对其进行保护。

2. 探头的主要种类

根据探头的结构特点和用途，可将探头分为多种类型。其中焊接接头检测时常用横波斜探头检测内部的缺陷。

(1) 横波斜探头　横波斜探头是入射角在第一临界角与第二临界角之间，折射波为纯横波的探头。横波斜探头适宜于探测与检测面成一定角度的缺陷，主要用于焊缝、管材、锻件的检测。

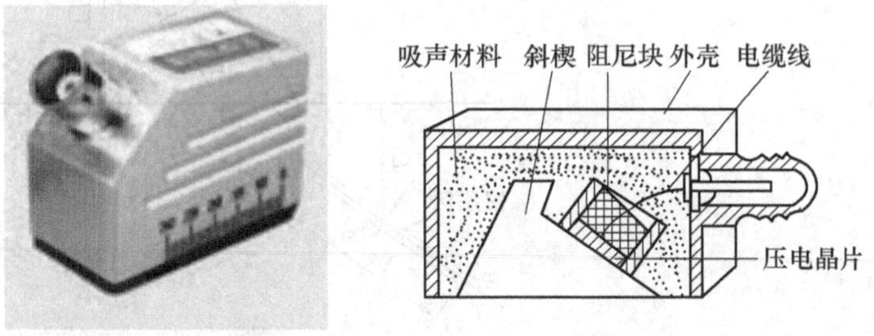

图 4-19　单晶横波斜探头的结构示意图

根据探头中晶片数量的不同，横波斜探头可分为单晶横波斜探头和双晶横波斜探头，单晶横波斜探头的结构如图 4-19 所示。双晶横波斜探头的结构如图 4-20 所示。

斜探头的主要参数有工作频率、晶片尺寸、入射角、晶片材料等。其中横波斜探头的角度有三种标称方式。

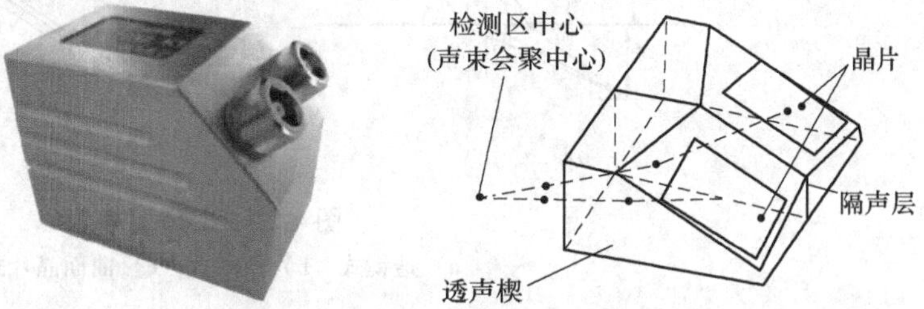

图 4-20　双晶横波斜探头的结构示意图

1) 以纵波入射角标称。在探头上直接标明楔块形成的入射角。常用的入射角有 30°、45°、50°、55°等。

2) 以钢中横波折射角标称。在探头上直接标明横波折射角，常用的横波折射角有 45°、50°、60°、70°等。

3) 以钢中横波折射角的正切值 K 标称。在探头上直接标明 K 值，常用的 K 值有 1.0、1.5、2.0、2.5、3 等。

斜探头的型号标注举例：

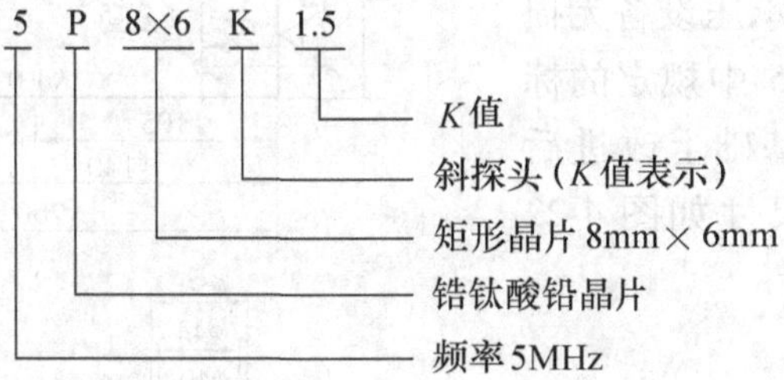

(2) 聚焦探头　根据焦点形状不同分为点聚焦和线聚焦两种，根据耦合方式不同分为水浸聚焦与接触聚焦两种。当声透镜为球面时，所形成的焦点的理想形状是一点，称为点聚焦。当声透镜为柱面时，所形成的焦点为一条线，称为线聚焦。当以水为耦合介质时，检测时探头与工件间不直接接触，形成聚焦探头，称为水浸聚焦。接触式聚焦是探头通过工件表面的薄层耦合介质与工件相接触完成检测。根据聚焦的方式不同，接触式聚焦又分为透镜式

聚焦、反射式聚焦和曲面晶片式聚焦等。其中，如图 4-21 所示，透镜式聚焦是平面晶片发射超声波，通过声透镜和透声楔块来实现聚焦。反射式聚焦是平面晶片发射的超声波通过曲面楔块的反射实现声波的聚焦。曲面晶片式聚焦探头是探头中的晶片为曲面的，通过曲面楔块实现聚焦。

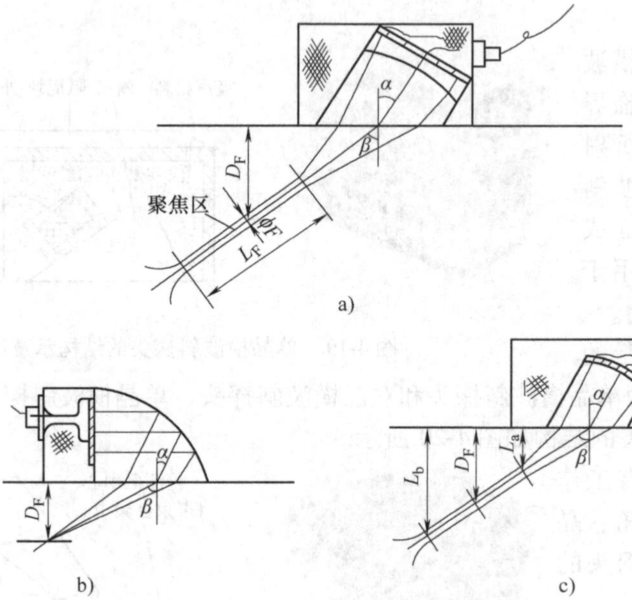

图 4-21　聚焦探头

a）透镜式　b）反射式　c）曲面晶片式

三、焊接接头检测常用的试块

试块是按一定用途设计制作的具有简单几何形状人工反射体的试件。超声检测时以试块作为比较的依据，用试块作为调节仪器和定量缺陷的参考依据。焊接接头检测时常用的试块主要有以下几类。

1. CSK-ⅠA 试块

CSK-ⅠA 试块是我国承压设备无损检测标准 JB/T 4730—2005 中规定的标准试块，是在ⅡW 试块基础上改进后得到的，其结构及主要尺寸如图 4-22 所示。

2. CSK-ⅢA 试块

CSK-ⅢA 试块是我国承压设备无损检测标准 JB/T 4730—2005 中规定的标准试块，其规格、形状如图 4-23 所示。试块中的规则反射体为 ϕ1mm × 6mm 的短横孔。

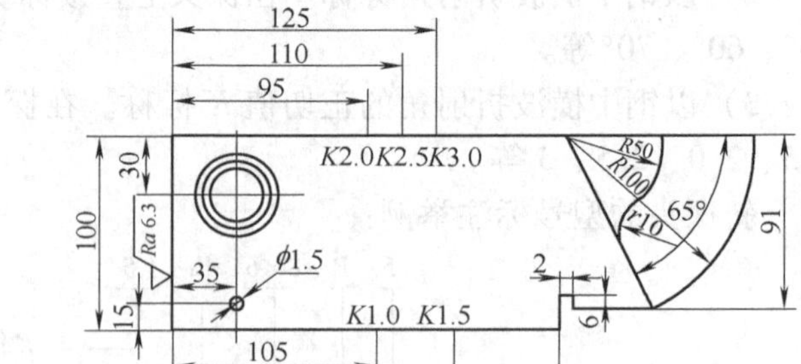

注：尺寸误差不大于±0.05mm。

图 4-22　CSK-ⅠA 试块

CSK-ⅢA 试块的主要用途如下：

1）调节时基线比例。

2）用 ϕ1mm×6mm 的短横孔测定斜探头 K 值。

3）制作距离—波幅曲线。

4）调节检测灵敏度。

5）进行缺陷判定比较。

3. CSK-ⅡA 试块和 CSK-ⅣA 试块

CSK-ⅡA 试块和 CSK-ⅣA 试块是承压设备无损检测标准 JB/T 4730—2005 中规定的长横孔标准试块，试块的规格、形状如图 4-24、图 4-25 所示。CSK-ⅣA 试块的尺寸见表 4-4。

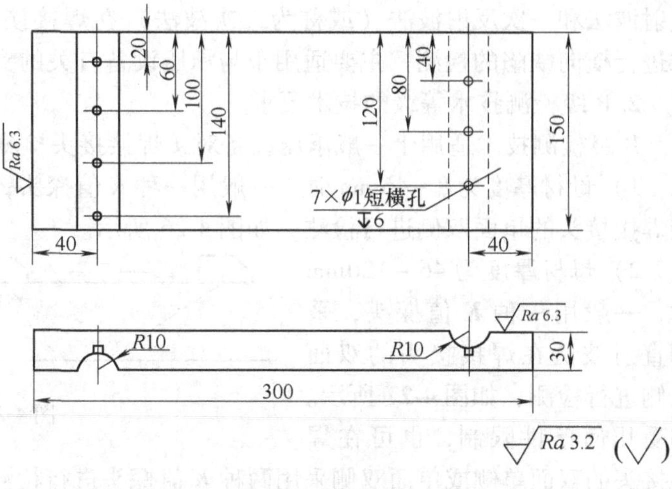

图 4-23 CSK-ⅢA 试块

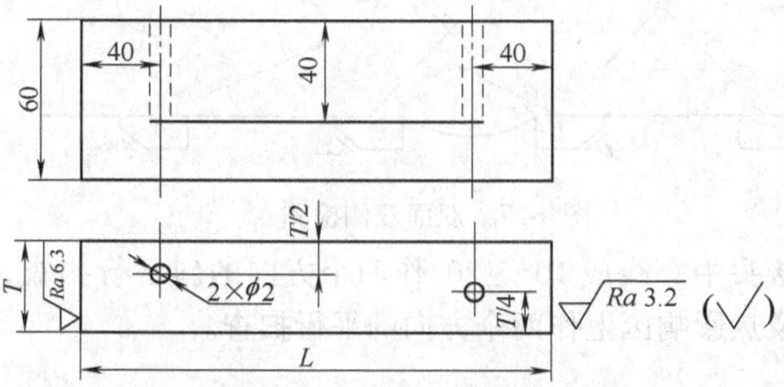

图 4-24 CSK-ⅡA 试块

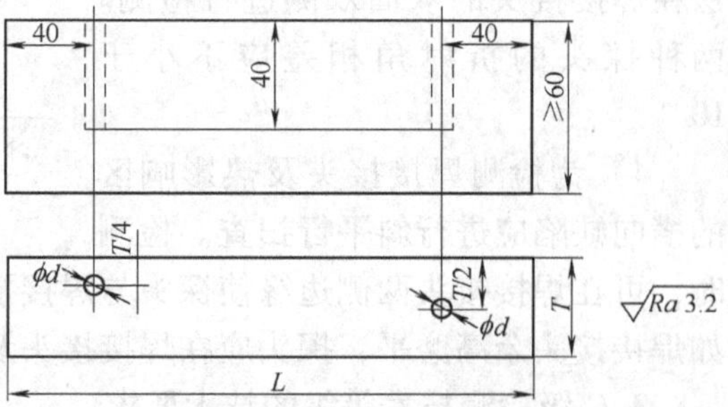

图 4-25 CSK-ⅣA 试块

表 4-4 CSK-ⅣA 试块的尺寸 （单位：mm）

CSK-ⅣA	被检工件厚度	对比试块厚度 T	标准孔位置 b	标准孔位置 d
No. 1	>120～150	135	T/4、T/2	6.4（1/4in）
No. 2	>150～200	175	T/4、T/2	7.9（5/16in）
No. 3	>200～250	225	T/4、T/2	9.5（3/8in）
No. 4	>250～300	275	T/4、T/2	11.1（7/16in）
No. 5	>300～350	325	T/4、T/2	12.7（1/2in）
No. 6	>350～400	375	T/4、T/2	14.3（9/16in）

➢【相关知识】

一、焊接接头的超声波检测技术等级

JB/T 4730.3—2005《承压设备无损检测 第 3 部分 超声检测》中规定，超声检测技术等级为 A、B、C 三个检测级别。不同检测技术等级的要求不同。

1. A 级检测技术等级的技术要求

A 级检测仅适用于母材厚度 8～46mm 的焊接接头检测，一般用一种 K 值探头，可采用直射波法和一次反射波法（或称为二次波法）在焊接接头的单面单侧进行检测。一般不要求进行横向缺陷的检测。主要适用于与承压设备有关的支承件和结构件焊接接头检测。

2. B 级检测技术等级的技术要求

B 级检测技术适用于一般承压设备对接焊接接头检测。其技术要求如下：

1）母材厚度为 8～46mm 时，一般用一种 K 值探头，采用直射波法和一次反射波法在对接焊接接头的单面双侧进行检测，如图 4-26 所示。

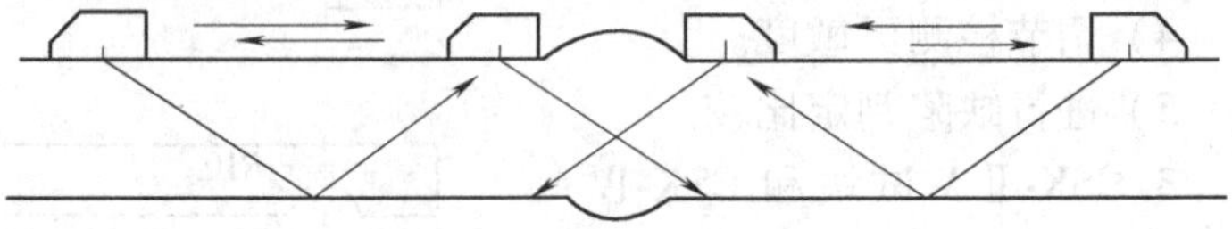

图 4-26　单面双侧检测

2）母材厚度为 46～120mm 时，一般用一种 K 值探头，采用直射波法在焊接接头的双面双侧进行检测，如图 4-27 所示。如受几何条件限制，也可在焊接接头的双面单侧或单面双侧采用两种 K 值探头进行检测。

3）母材厚度为 120～400mm 时，一般用两种 K 值探头，采用直射波法在焊接接头的双面双侧进行检测。两种探头的折射角相差应不小于 10°。

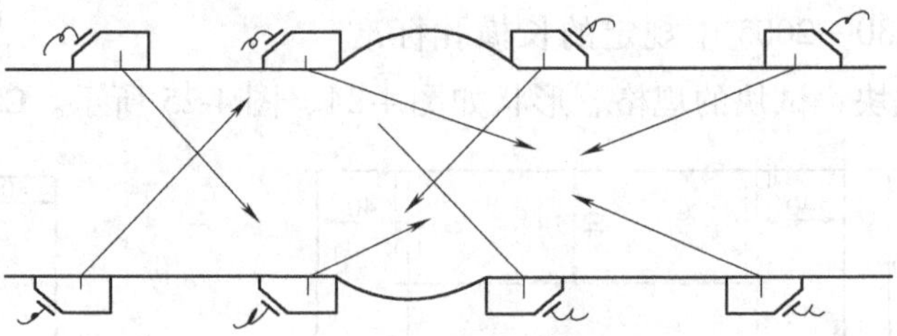

图 4-27　双面双侧检测

4）为检测焊接接头及热影响区的横向缺陷应进行斜平行扫查。检测时，可在焊接接头两侧边缘使探头与焊接接头中心线成 10°～20°作两个方向的斜平行扫查，如焊接接头余高磨平，探头应在焊接接头及热影响区上作两个方向的平行扫查。

3. C 级检测技术等级的技术要求

C 级检测技术适用于重要承压设备对接焊接接头检测。采用 C 级检测时，应将焊接接头的余高磨平，对接接头两侧斜探头扫查经过的母材区域要用直探头进行检测。

1）母材厚度为 8～46mm 时，一般用两种 K 值探头采用直射波法和一次反射波法在焊接接头的单面双侧进行检测。两种探头的折射角相差应不小于 10°，其中一个折射角应为 45°。

2）母材厚度为 46～400mm 时，一般用两种 K 值探头采用直射波法在焊接接头的双面双侧进行检测。两种探头的折射角相差应不小于 10°。对于单侧坡口角度小于 5°的窄间隙焊缝，如有可能应增加对坡口表面平行缺陷的有效检测方法。

3）应进行横向缺陷的检测。检测时，将探头放在焊缝及热影响区上作两个方向的平行扫查。

二、焊接接头超声检测灵敏度

1. 检测灵敏度的基本概念

检测灵敏度是指在确定的声程范围内发现规定大小缺陷的能力。检测灵敏度太高或太低，都会对检测不利。灵敏度太高，显示屏上杂波多，判断分析困难。灵敏度太低，容易造成漏检。

2. 灵敏度的设定

实际检测灵敏度是依据被检工件具体参数结合无损检测评定标准等技术要求来设定的，

一般根据实际工作过程中目的的不同而分为基准灵敏度（或称灵敏度基准线）、扫查灵敏度、评定线灵敏度、定量线灵敏度、判废线灵敏度等。

（1）基准灵敏度 超声波检测灵敏度是一个相对灵敏度，它必须采用一个标准的反射体作为基准，调试仪器系统对该基准反射体的反射回波信号，以便对仪器系统进行标定，这个标定后的灵敏度称为基准灵敏度。

（2）扫查灵敏度 实际检测中，在粗探时为了提高扫查速度而又不致引起漏检，常常将灵敏度适当提高，这种在基准灵敏度的基础上适当提高的灵敏度称为扫查灵敏度。

（3）评定线灵敏度 在焊缝检测中，通常采用初始检测的扫查灵敏度进行粗扫查，其目的是对疑似缺陷显示信号进行分析判断，进而对缺陷进行定性。为保证缺陷不漏检，标准常规定一个较高的灵敏度作为最低限，要求达到或超过此灵敏度基准波高的缺陷信号均进行分析评定，且扫查灵敏度不得低于这个最低线灵敏度，该灵敏度在标准中常称为评定线灵敏度。

（4）定量线灵敏度 在焊缝检测中，在初始检测的扫查灵敏度下进行粗扫查，当缺陷的定性分析评定后，则进入缺陷的定量判定阶段，此阶段所采用的灵敏度低于评定线灵敏度，称为定量线灵敏度。

（5）判废线灵敏度 在焊缝检测时，标准设定了一个低于定量线的灵敏度，当缺陷反射达到和超过这个灵敏度时，该缺陷则判废，这个灵敏度称为判废线灵敏度。

三、扫描速度

1. 扫描速度的定义

仪器显示屏上时基扫描线的水平分度值 t 与实际声程 x（单程）的比例关系，即 $t:x=1:n$ 称为扫描速度或时基扫描线比例。仪器显示屏上时基扫描线的外观长度是固定的，一般标定为 100 个分度值。要检测一定深度范围内的缺陷时，检测前必须根据检测范围调节时基线扫描比例，以便在规定的范围内发现缺陷并对缺陷定位。

2. 直探头扫描速度的调节方法

采用直探头检测时，利用纵波的声程来调节扫描速度。具体的校准方法是：将纵波直探头对准厚度适当的平底面或曲底面，使两次不同的底波分别对准相应的水平分度值。例如检测厚度 200mm 的工件，扫描速度为 1:2，利用 CSK-ⅠA 试块来调节时，将探头对准试块上厚度 100mm 的底面，调节仪器“深度微调”、“脉冲移位”等旋钮，使底波 B1、B2 分别对准水平刻度 50、100，这里扫描线水平分度值与实际声程的比例正好为 1:2，如图 4-28 所示。

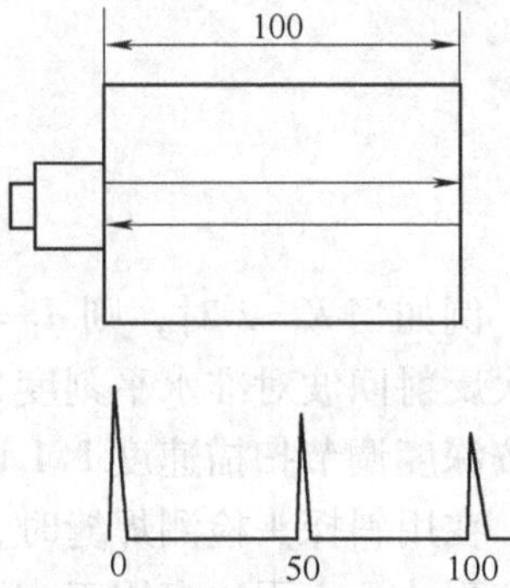

图 4-28 纵波扫描速度的调节

3. 横波扫描速度的调节方法

一般横波扫描速度的调节方法有声程调节法、水平调节法、深度调节法三种，如图 4-29 所示。

1）声程调节法。声程调节法是使显示屏上的水平分度值 τ 与横波声程 x 成正比例，即 $\tau:x=1:n$。利用声程调节法调节扫描速度后，仪器显示屏上的读数代表横波的声程。用 CSK-ⅠA 试块按声程法调节扫描速度 1:1 的方法如下：

将斜探头对准 CSK-ⅠA 试块上的 $R50$mm 和 $R100$mm 的圆弧面，找到二者的反射回波，使 $R50$mm 圆弧的反射回波对准仪器水平刻度 50 的位置，$R100$mm 圆弧面的反射回波对应仪器水平刻度 100 的位置，则按声程 1∶1 调节扫描速度和“0”点的校准同时完成。

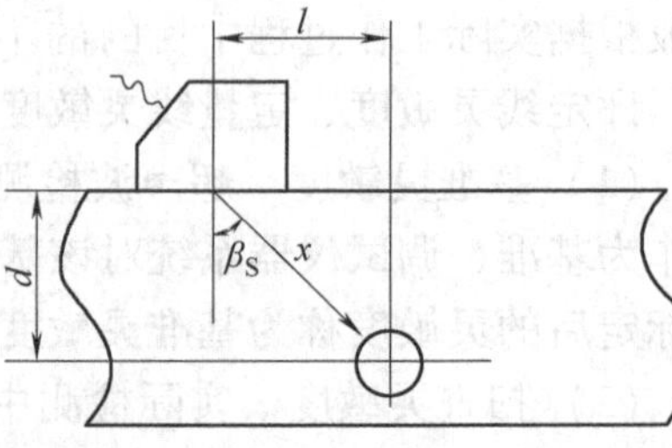

图 4-29　横波扫描速度调节

2）水平调节法。水平调节法是指显示屏上的水平刻度值 τ 与反射体的水平距离 l 成正比例，即 $\tau : l = 1 : n$。利用水平调节法调节扫描速度后，仪器显示屏上的读数代表横波检测时缺陷的水平距离 l。利用已知 K 值的斜探头与 CSK-ⅠA 试块按水平法调节扫描速度的方法如下：

首先计算出 K 值斜探头对准 CSK-ⅠA 试块 $R50$mm 和 $R100$mm 的圆弧面时所对应的水平距离 l_1 和 l_2。

$$l_1 = \frac{K \times 50}{\sqrt{1+K^2}}$$

$$l_2 = \frac{K \times 100}{\sqrt{1+K^2}}$$

例如当 $K=2$ 时，则 $l_1 = 44.7$mm、$l_2 = 89.4$mm，按扫描速度 1∶1 调节时，将 $R50$mm 的一次反射回波对准水平刻度 44.7，将 $R100$mm 的圆弧面的一次反射回波对准水平刻度 89.4，则水平距离扫描速度 1∶1 调节完成。

3）深度调节法。深度调节法是指显示屏上水平刻度值 τ 与反射体的深度 d 成正比例，即 $\tau : d = 1 : n$。利用深度调节法调节扫描速度后，仪器显示屏上的读数代表横波检测时缺陷的深度 d。

利用已知 K 值的斜探头与 CSK-ⅠA 试块按深度法调节扫描速度的方法如下：

首先计算出 K 值斜探头对准 CSK-ⅠA 试块 $R50$mm 和 $R100$mm 的圆弧面时所对应的深度 d_1 和 d_2。

$$d_1 = \frac{50}{\sqrt{1+K^2}}$$

$$d_2 = \frac{100}{\sqrt{1+K^2}}$$

例如当 $K=2$ 时，则 $d_1 = 22.4$mm、$d_2 = 44.8$mm，按扫描速度 1∶1 调节时，将 $R50$mm 的一次反射回波对准水平刻度 22.4，将 $R100$mm 的圆弧面的一次反射回波对准水平刻度 44.8，则按深度调节扫描速度 1∶1 调节完成。

在用斜探头检测焊缝时，当板厚小于 20mm 时，常用水平法。当板厚大于 20mm 时，常用声程法。声程法多用于直探头。对于数字式超声检测仪，调节好任意一个参数，其他两个参数也就调节好了。

➢【任务实施】

一、对接焊接接头的超声检测工艺

1. 检测方法的选择

被检工件检测技术等级要求为按 JB/T 4730—2005 标准 B 级检验，母材的厚度为 20mm，根据检测标准的规定，采用一种 K 值探头直射波法和一次反射法在焊接接头的单面双侧进行检测。

2. 检测面的准备

在超声检测探头移动的部位，为了保证探头与工件之间有良好的耦合，一般检测要求探头移动区表面粗糙度 Ra 值不大于 6.3μm。对于粗糙的表面或者局部脱落的氧化皮，应采用机械打磨处理，直到露出金属光泽和平整光滑的表面。对于去除余高的焊缝，应将余高打磨到与邻近母材平齐。保留余高的焊缝，如果焊缝表面有咬边、较大的隆起和凹陷等也应进行适当的修磨，并作圆滑过渡以免影响检测结果的评定。

3. 仪器和探头的选择

（1）仪器的选择　仪器的性能、仪器与探头的组合性能等，必须符合 JB/T 4730.3—2005 标准以及 JB/T 10061—1999 标准的规定。

（2）探头的选择

1）探头频率选择。探头频率将影响超声波的衰减以及超声的穿透能力、分辨力、检测精确度、检测速度等。表 4-5 为焊接接头检测时推荐的探头频率。

表 4-5　焊接接头检测推荐探头频率

母材厚度/mm	频率/MHz
$t \leqslant 50$	5 或 2.5
$50 < t \leqslant 75$	5 或 2.5
$t > 75$	2.5
晶粒粗大的铸件和奥氏体钢焊缝	1.0、2.0

本检测任务的母材厚度为 30mm，可选用工作频率为 2.5 MHz 的探头。

2）探头晶片尺寸的选择。中厚板、厚板焊接接头检测，若检测面很平整，使用大晶片探头进行检测也能达到良好的接触，在此种情况下，为了提高检测速度，可以使用晶片尺寸较大的探头。如果板较薄且变形较大，或者具有一定弧度的结构件焊接接头检测，为了使探头与被检测面之间很好地接触，以达到良好的耦合，应选择晶片尺寸较小的探头。本检测任务为平板对接焊接接头，可选用晶片尺寸较大的探头进行检测。

3）探头 K 值选择。探头 K 值的选择应遵循以下三方面原则：

① 使声束能扫查到整个焊缝截面。

② 使声束中心线尽量与主要缺陷垂直。

③ 保证有足够的检测灵敏度。

为保证声束能扫查到整个焊缝截面，探头 K 值的选择最低必须满足下述要求，即当探头前沿紧贴焊缝边缘时，如图 4-30 所示，主声束应扫查到远离探头的焊缝下焊脚。为保证直射波与一次反射波能扫查到焊缝整个截面，K 值应满足下式，即

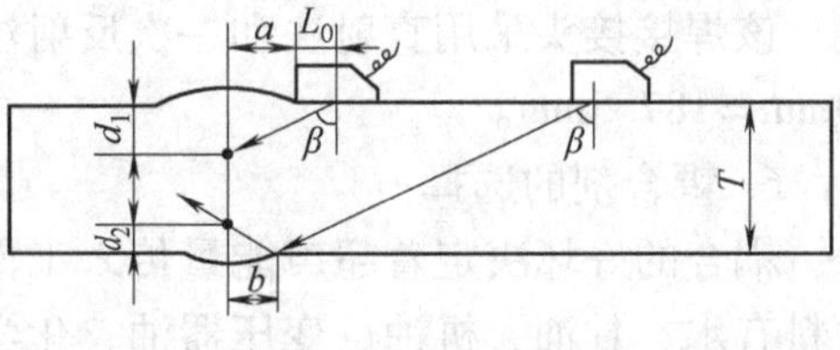

图 4-30　一、二次波单面检测双面焊焊缝

$$K \geqslant \frac{L_0 + a + b}{T}$$

式中　a——上焊缝宽度之半；

b——下焊缝宽度之半；

T——焊缝母材厚度；

L_0——探头前沿值。

对于单面焊，上述 b 值可以忽略不计。

表4-6所列为焊接接头检测探头 K 值的选择，供参考。

表4-6　推荐采用的斜探头 K 值

板厚 T/mm	K 值
6～25	3.0～2.0（71.5°～63.4°）
>25～46	2.5～1.5（68.2°～56.3°）
>46～120	2.0～1.0（63.4°～45°）
>120～400	2.0～1.0（63.4°～45°）

该对接接头的板厚为30mm，根据标准可选用 $K=2.5$ 的探头。

4. 检测区域的确定

焊接接头检测时的检测区应是焊缝本身与焊接热影响区的部位。检测区的宽度为焊缝本身加上焊缝两侧各相当于母材厚度30%的一段区域，这个区域最小为5mm，最大为10mm。则该焊接接头检测区域为：L = 焊缝宽度 + 18mm = 24mm + 18mm = 42mm。图4-31所示为检测区和探头移动区。

5. 探头移动区域的确定

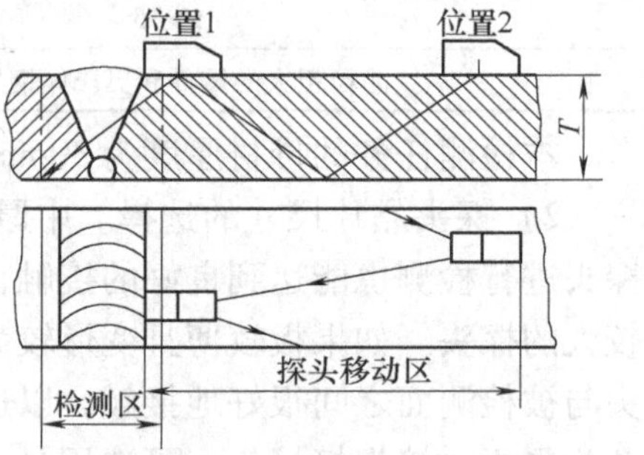

图4-31　检测区和探头移动区

探头的移动区与检测方法和母材的厚度有关。当采用一次反射法检测时，探头移动区大于或等于1.25P，即

$$P=2TK$$

或

$$P=2T\tan\beta$$

式中　P——跨距（mm）；

T——母材厚度（mm）；

K——探头 K 值；

β——探头折射角（°）。

当采用直射法检测时，探头移动区应大于或等于0.75P。

该焊接接头采用直射法和一次反射法检测，则探头的移动区域为：$2.5KT=2.5\times2.5\times30\text{mm}=187.5\text{mm}$。

6. 耦合剂的选择

耦合的好坏决定着超声能量传入工件的声强透射率高低。在焊缝检测中，常用的耦合剂材料有水、甘油、机油、变压器油、化学糨糊和润滑脂等。

1）在焊缝自动检测系统中常常采用水作为耦合剂，因为水的流动性好，传输方便，价格便宜，但是水容易流失，也容易使焊缝生锈，有时不宜润湿工件。使用时可加入润湿剂和防腐剂等。

2）在较小工作量的情况下，焊缝检测可采用甘油作耦合剂。其优点是声阻抗大，耦合效果好；缺点是易吸取空气中的水分，工件形成腐蚀坑、价格较贵。

3）机油和变压器油的附着力、粘度、润湿性都较适当，也无腐蚀性，价格又不贵，因此是最常用的耦合剂。

4）化学糨糊的耦合效果与机油和变压器油差别不大，而且具有较好的水洗性，也是一种常用的耦合剂。

7. 标准试块

超声检测焊接接头用的标准试块是用来校准仪器探头系统性能和检测灵敏度。可利用CSK-ⅠA试块校准仪器系统性能，利用CSK-ⅡA、CSK-ⅢA或CSK-ⅣA试块调节检测灵敏度。

8. 灵敏度设定

根据检测标准JB/T 4730—2005规定，焊接接头的灵敏度曲线可利用CSK-ⅡA、CSK-ⅢA或CSK-ⅣA试块进行设定。根据被检工件的板厚$T=30$mm，利用CSKⅡA或CSK-ⅢA试块设定灵敏度。

1）壁厚为6～120mm的焊接接头，其距离—波幅曲线灵敏度选择见表4-7。

表4-7　距离—波幅曲线的灵敏度（一）　（单位：mm）

试块型式	板厚	评定线	定量线	判废线
CSK-ⅡA	6～46	$\phi2\times40-18$dB	$\phi2\times40-12$dB	$\phi2\times40-4$dB
	>46～120	$\phi2\times40-14$dB	$\phi2\times40-8$dB	$\phi2\times40+2$dB
CSK-ⅢA	8～15	$\phi1\times6-12$dB	$\phi1\times6-6$dB	$\phi1\times6+2$dB
	>15～46	$\phi1\times6-9$dB	$\phi1\times6-3$dB	$\phi1\times6+5$dB
	>46～120	$\phi1\times6-6$dB	$\phi1\times6$	$\phi1\times6+10$dB

2）壁厚为120～400mm的焊接接头，其距离—波幅曲线灵敏度选择见表4-8。

表4-8　距离—波幅曲线的灵敏度（二）

试块型式	板厚/mm	评定线	定量线	判废线
CSK-ⅣA	>120～400	$\phi d-16$dB	$\phi d-10$dB	ϕd

注：d为横孔直径，单位为mm，见表4-4。

3）检测横向缺陷时，应将各线灵敏度均提高6dB。

4）若工件的表面耦合损失和材质衰减与试块不同，应进行传输修正。

该工件的厚度为30mm，可选用CSK-ⅢA试块调节灵敏度，则其灵敏度设定为：评定线灵敏度为$\phi1$mm×6mm－9dB；定量线灵敏度为$\phi1$mm×6mm－3dB；判废线灵敏度为$\phi1$mm×6mm＋5dB。

二、操作步骤

1. 被检测面的准备

在超声检测探头移动部位，必须要有良好的表面粗糙度。对于粗糙的表面或者局部脱落的氧化皮，应采用机械打磨处理，直到露出金属光泽和平整光滑（新轧制的钢板氧化皮没有脱离，可以不用打磨）。通过耦合探头能平滑地移动。

2. 确定检测范围

焊接接头在检测之前，可在检测面上划出 0.5P 和 1.0P 的声程检测范围线，避免扫查范围不够而造成缺陷漏检。同时，根据探头和声程检测线的位置关系，对回波的判定很有帮助。

3. 横波探头入射点和 K 值的测定

（1）斜探头入射点和前沿长度的测定　利用 CSK-ⅠA 试块测定斜探头的入射点和前沿长度。

1）在 CSK-ⅠA 试块上 25mm 宽的检测面上涂耦合剂，然后将探头在 R100 弧面的圆心附近前后平稳地移动，找到圆弧面的最高反射波。

2）用尺测量探头前端至 R100 端面距离 L，如图 4-32 所示。

3）斜探头入射点至探头前端部的距离 L_0 为

$$L_0 = 100\text{mm} - L$$

此时，R100 圆弧的圆心所对应探头上的点就是该探头的入射点。

入射点测量应进行三次，取平均值，误差 < 0.5mm。

（2）斜探头 K 值的测定　斜探头的 K 值常用 ⅡW 试块或 CSK-ⅠA 试块上的 ϕ50mm 和 ϕ1.5mm 横孔来测定。根据探头的折射角大小不同，在不同的位置进行 K 值的测定。当折射角为 35°～60°时，将探头置于 A 位置附近进行测定；当折射角为 60°～75°时，将探头置于 B 位置附近进行测定；当折射角为 75°～80°时，将探头置于 C 位置附近进行测定。这里以 C 位置的测定为例说明 K 值的测试方法。

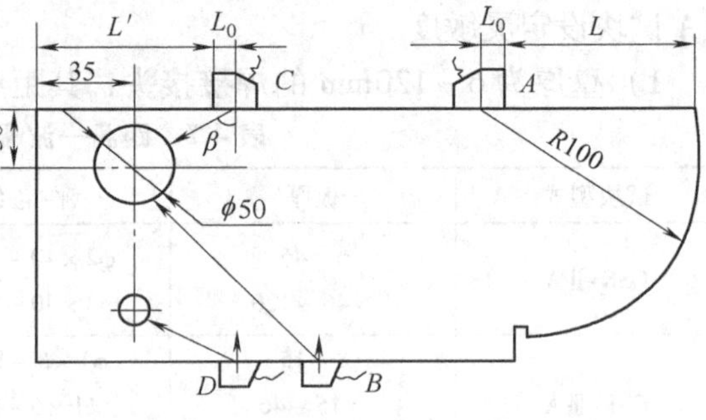

图 4-32　入射点与 K 值测定

1）将探头对准 ϕ50mm 孔的圆弧面平稳地前后移动，当主声束扫查至圆弧面且其延长线通过圆心时，找到 ϕ50mm 孔圆弧面的最高反射波。

2）测量探头前端至试块端部距离 L'，如图 4-32 所示。利用下式求出 K 值的大小，即

$$K = \frac{L' + L_0 - 35}{30}$$

4. 超声检测仪扫描速度的校准

根据被检测工件的厚度为 30mm，则检测最大声程为 60mm，为保证检测时能清晰地分辨缺陷回波，选择深度 1∶1 调节扫描速度。

5. 距离—波幅曲线的绘制及检测灵敏度选择

利用 CSK-ⅢA 试块绘制距离—波幅曲线，根据板厚及标准，该产品的检测灵敏度设定为：评定线 ϕ1mm×6mm－9dB，定量线 ϕ1mm×6mm－3 dB，判废线 ϕ1mm×6mm＋5dB。

1）仪器系统灵敏度校准。探头对准 CSK-ⅢA 试块上深度为 10mm 的 ϕ1mm×6mm 横孔，找到最高回波，将回波高度调到 80% 波高，记录此时的仪器的增益值。固定增益旋钮和衰减器，分别检测深度为 20mm、30mm、40mm、50mm、60mm 的 ϕ1mm×6mm 横孔，找到最高回波，并在面板上标记相应波峰对应的点②、③、④、⑤、⑥，然后连接点①、②、③、④、⑤、⑥得到一条 ϕ1mm×6mm 的参数曲线，形成基准灵敏度曲线。

2）经参数输入得到评定线 $\phi1mm\times6mm-9dB$，定量线 $\phi1mm\times6mm-3dB$，判废线 $\phi1mm\times6mm+5dB$。

3）扫查灵敏度的设定。扫查灵敏度不低于最大声程处的评定线灵敏度。

6. 缺陷扫查

（1）对接焊接接头纵向缺陷粗检测扫查方式

1）扫查方式。采用全面锯齿形扫查方式进行扫查，如图4-33所示。探头在前后移动的范围内应保证扫查到全部焊接接头截面，在保证探头垂直焊缝作前后移动的同时，还应作10°~15°的摆动。探头的每次扫查覆盖率应大于探头晶片直径的15%，左右移动间距≤D（D为晶片直径）。

2）扫查速度。探头移动速度一般不大于150mm/s。

3）扫查灵敏度。不得低于评定线灵敏度。

4）缺陷标记。在全面扫查过程中，发现缺陷要随时在焊缝上进行标记，以便于对其进行精确测量。

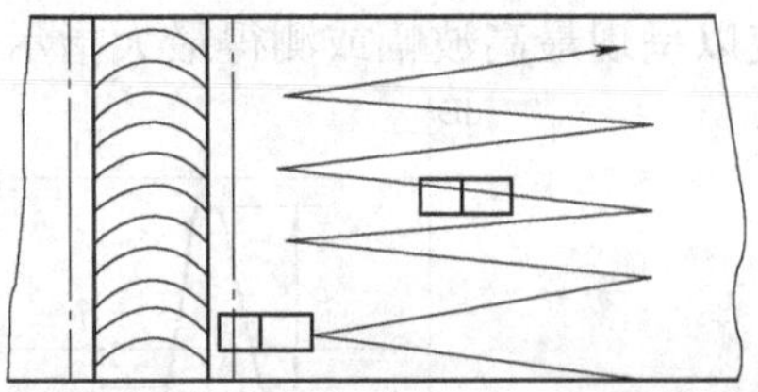

图4-33 锯齿形扫查

（2）对接接头精确检测 采用定量灵敏度针对全面扫查发现的缺陷或异常部位，作如下扫查：

1）垂直于焊接接头方向前后移动，用以判定真伪缺陷或缺陷的平面和深度位置。

2）沿焊接接头方向左右移动扫查，测量缺陷的指示长度。

3）根据需要作定点转角扫查，用以判定缺陷的形状和类型。

（3）横向缺陷的扫查 横向缺陷宜采用平行扫查和斜平行扫查。

1）平行或斜平行扫查。将探头放置在对接焊接接头同一面的两侧并将探头平行于焊缝或与焊缝轴线呈15°~45°左右的角度作前后移动扫查，如图4-34所示。探头在焊缝边缘顺着焊缝前后扫查，主要检测母材热影响区及其附近部位的横向缺陷。探头与焊缝轴线呈15°~45°的扫查，主要是检测焊缝部位的横向缺陷。

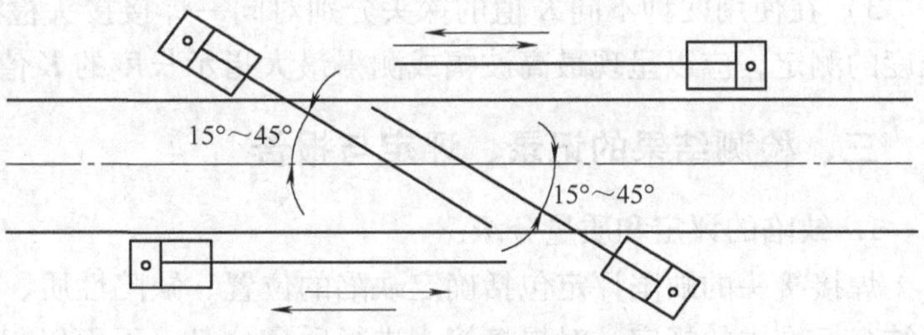

图4-34 平行扫查及斜平行扫查

2）焊缝上的平行扫查。对磨平余高的焊缝，将探头放置在焊缝上并沿焊缝方向扫查。此时，声束轴线与裂纹界面垂直，扫查焊缝横向缺陷。

7. 缺陷位置的测定

焊接接头中发现缺陷以后，首先要确定缺陷是否在焊缝上，再根据缺陷最大反射波幅在时基线上的位置，确定缺陷的水平位置与垂直深度。确定缺陷是否在焊缝上，可采用如下的方法。

首先确定缺陷到探头的入射点的水平距离 l_f。用直尺测量出缺陷波幅度最大时探头入射点到焊缝边缘的距离 l 及焊缝的宽度 a，如果 $l<l_f<l+a$，则缺陷在焊缝上；如果 $l_f<l$ 或 $l_f>l+a$，则缺陷不在焊缝中，不属于焊接缺陷，如图4-35所示。

采用数字式超声波探伤仪时，缺陷的位置可通过示波屏上的读数确定。

缺陷指示长度的测试采用 6dB 法进行测定，如图 4-36 所示。找到缺陷最高回波后，将回波高度调为基准波高 80%，向左移动探头，当缺陷的回波高度降为 40% 时，标注出探头中心的位置 S_1。再将探头移动到最高回波位置，向右移动探头，当缺陷的回波高度降为 40% 时，标注出探头中心的位置 S_2。则 S_1 与 S_2 之间的距离为缺陷的指示长度。

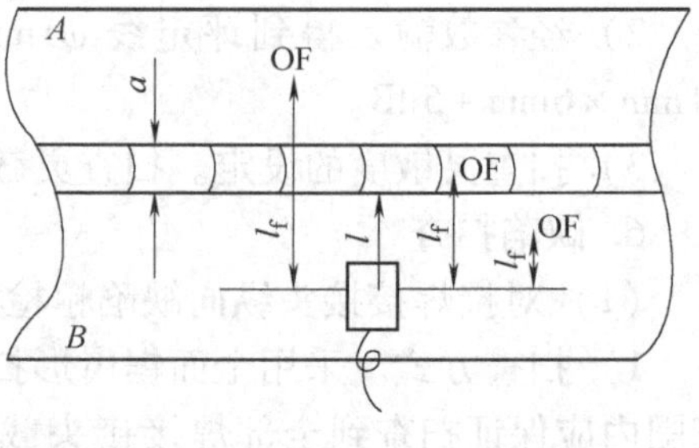

图 4-35 焊缝检测缺陷位置的确定

测长时应注意的几个问题：

1）在对接焊接接头单面双侧或双面双侧检测，缺陷回波的幅度或其指示长度的测定，应以呈现最高波幅或测得最大指示长度的焊缝那一侧为准。

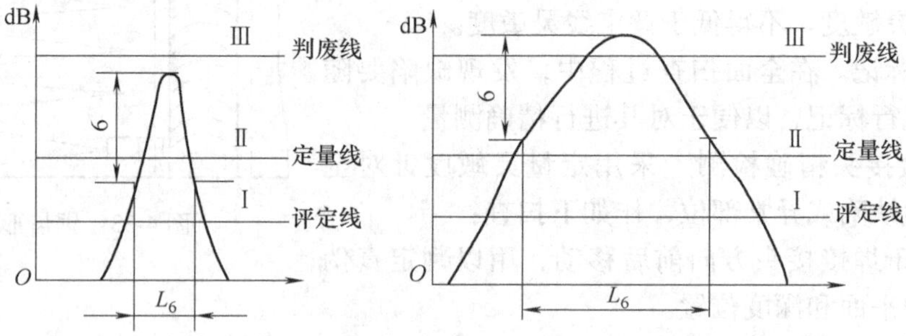

图 4-36 6dB 法测量缺陷指示长度示意图

2）一次波和二次波检测，缺陷回波的幅度或其指示长度的测定，应以呈现最高波幅或测得最大指示长度的那一次波为准。

3）在使用两种不同 K 值的探头分别对同一焊接接头检测时，缺陷回波的幅度或其指示长度的测定，应以呈现最高波幅或测得最大指示长度的 K 值探头为准。

三、检测结果的记录、评定与报告

1. 缺陷的评定和质量分级

焊接接头的缺陷评定包括确定缺陷的位置、缺陷性质、缺陷幅度和缺陷的指示长度，然后结合标准中的规定，对焊接接头进行质量分级。下面以 JB/T 4730. 3—2005 标准进行质量评定。

（1）缺陷评定 超过评定线的信号应注意其是否具有裂纹等危害性缺陷特征，如有怀疑时，应采取改变探头 K 值、增加检测面、观察动态波形并结合结构工艺特征作判定，如对波形不能判断时，应采取如下方式：

1）缺陷指示长度小于 10mm 时，按 5mm 计。

2）相邻两缺陷在一直线上，其间距小于其中较小的缺陷长度时，应作为一条缺陷处理，以两缺陷长度之和作为其指示长度（间距不计入缺陷长度）。

（2）质量分级 焊接接头质量分级按表 4-9 的规定进行。

超声检测发现反射波幅超过Ⅰ区的缺陷以后，首先要判断缺陷是否位于焊缝中或在焊缝截面的位置，之后判断缺陷是否具有裂纹、未熔合等危害性缺陷特征。如为危害性缺陷则直接评定为最低质量级别。如不是危害性缺陷，则确定缺陷的最大反射波幅在距离—波幅曲线上的区域，并对缺陷指示长度进行测定。缺陷的幅度区域和指示长度确定之后，需要结合相关标准的规定，评定质量级别。

表 4-9 焊接接头的质量分级 （单位：mm）

等级	板厚 T	反射波幅（所在区域）	单个缺陷指示长度 L	多个缺陷累计长度 L'
Ⅰ	6～400	Ⅰ	非裂纹类缺陷	
	6～120	Ⅱ	$L=T/3$，最小为 10，最大不超过 30	在任意 $9T$ 焊缝长度范围内 L' 不超过 T
	>120～400		$L=T/3$，最大不超过 50	
Ⅱ	60～120	Ⅱ	$L=2T/3$，最小为 12，最大不超过 40	在任意 $4.5T$ 焊缝长度范围内 L' 不超过 T
	>120～400		最大不超过 75	
Ⅲ	6～400	Ⅱ	超过Ⅱ级者	超过Ⅱ级者
		Ⅲ	所有的缺陷	
		Ⅰ、Ⅱ、Ⅲ	裂纹等危害性缺陷	

注：1. 母材板厚不同时，取薄板侧厚度值注。
2. 当焊缝长度不足 $9T$（Ⅰ级）或 $4.5T$（Ⅱ级）时，可按比例折算。当折算后的缺陷累计长度小于单个缺陷指示长度时，以单个缺陷指示长度为准。

2. 填写检测报告

焊接接头检测的超声检测报告见表 4-10。

表 4-10 焊接接头超声检测报告

产品名称	对接焊接接头	产品编号	01	材质	16MnR
规格	600mm×500mm×30mm	检测时机	焊后	检测数量	10
坡口形式	X 型	表面状态	打磨	焊接方法	自动焊+手工焊
仪器型号	HS610e	仪器编号	1	探头型号	2.5P13×13K2
实测 K 值	2.1	探头前沿	12mm	试块种类	CSK-ⅠA/CSK-ⅢA
检测方法	横波检测	检测面	单面双侧	检测区域	42mm
扫查方式	锯齿形扫查	探头移动区	≥187 mm	探头移动速度	≤150mm/s
耦合剂	工业糨糊	表面补偿	3dB	扫描调节	声程 1:1
扫查灵敏度	ϕ1mm×6mm−9dB	技术等级	B 级	距离波幅曲线	判废线 ϕ1mm×6mm+5dB 定量线 ϕ1mm×6mm−3dB 评定线 ϕ1mm×6mm−9dB
检测标准	JB/T 4730—2005		检测比例	100%	
验收标准	JB/T 4730—2005		合格级别	Ⅰ级	

检测结果

焊缝编号	焊缝长度/mm	检测部位	检测长度/mm	缺陷记录									评定级别	备注
				序号	反射波深度 h/mm	波幅/dB	区域	S/mm	S_1/mm	S_2/mm	x/mm	长度/mm		

（续）

焊缝编号	焊缝长度/mm	检测部位	检测长度/mm	缺陷记录									评定级别	备注
				序号	反射波深度 h/mm	波幅/dB	区域	S/mm	S_1/mm	S_2/mm	x/mm	长度/mm		

编制： 资格： 年　月　日	审核： 资格： 年　月　日	签发： 资格： 年　月　日	检测专用章 年　月　日

【任务评价】

中厚板对接焊接接头的超声检测评分标准见表4-11。

表4-11　对接焊接接头超声检测评分标准

考核项目	考核要求	配分	评分标准	扣分	得分
熟悉检测标准	1）熟悉检测标准 2）正确使用检测标准	10	1）对检测标准不熟悉，选用错误扣5分 2）不能正确使用检测标准，对标准不清晰扣5分		
正确设计检测工艺	1）根据被检工件正确选用超声波探伤仪 2）正确选用探头型式及规格 3）正确选择灵敏度试块 4）正确设定检测灵敏度 5）正确设定扫描速度 6）正确设定检测区域 7）正确选用扫查方式 8）正确选用检测面 9）正确填写检测工艺卡	20	1）检测方法选择错误扣2分 2）探头选错误扣2分 3）试块选错误扣2分 4）耦合剂选错误扣1分 5）扫描速度设定错误扣2分 6）灵敏度设定错误扣2分 7）扫查方式错误扣2分 8）检测参数设计错误扣4分 9）示意图绘制错误扣2分 10）检测时机选错误扣1分。		
超声检测操作	1）设定检测参数 2）调节扫描速度 3）调节灵敏度 4）能识别缺陷波并确定缺陷的位置及当量尺寸	40	1）检测参数设定错误扣5分 2）扫描速度调节错误扣5分 3）灵敏度调节错误扣5分 4）扫查方式错误扣5分 5）不能正确区分缺陷波扣5分 6）缺陷的位置错误扣5分 7）缺陷漏检扣5分 8）多检出缺陷扣5分		
缺陷的评定及填写检测报告	1）正确记录检测的结果 2）正确绘制缺陷位置示意图 3）根据检测结果正确地进行质量评定 4）完整、正确地填写检测报告	20	1）检测结果填写错误扣5分 2）缺陷位置示意图绘制不准确扣5分 3）质量评定错误扣5分 4）检测报告填写不完整扣3分 5）检测报告卷面不整洁扣2分		
团队合作能力	能与同学进行合作交流，并解决操作时遇到的问题	10	不能与同学进行合作，并不能解决操作时遇到的问题扣10分		
合计		100			

任务三　板材的超声检测

【学习目标】

1）掌握板材的超声检测的方法。

2）能根据被检件确定检测条件，对扫描速度和灵敏度进行设定，进行缺陷的定位与定量，并根据检测结果进行板材（钢板、复合钢板）质量级别的评定。

3）独立完成典型板材的超声检测的操作及出具检测报告。

【任务描述】

有一批钢板，用于制作三类容器，材料为16MnR，主要技术参数：设计压力为1.8MPa，设计温度为50℃，规格为2400mm×1200mm×40 mm，炉批号为WG2011210的钢板，要求进行抽查20%超声检测，执行JB/T 4730—2005标准，Ⅱ级合格。

【设备与器材】

一、钢板用标准试块

图4-37、图4-38所示为标准JB/T 4730.3—2005中规定的钢板检测标准试块CBⅠ、CBⅡ。其中CBⅠ标准试块主要用于双晶直探头检测厚度不大于20mm的钢板检测的灵敏度调节；CBⅡ标准试块用于单晶直探头检测厚度大于20mm的钢板检测的灵敏度调节。

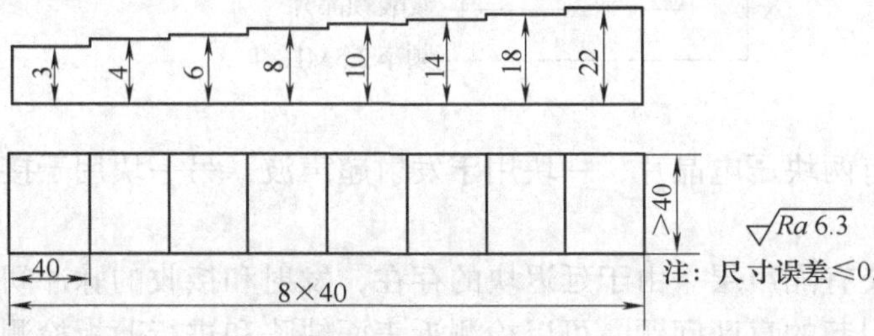

图4-37　CBⅠ标准试块

CBⅡ试块的规格、尺寸及用途见表4-12。

表4-12　CBⅡ标准试块的规格、尺寸及用途

试块编号	被检钢板厚度	检测面到平底孔的距离 s	试块厚度 T
CBⅡ-1	>20～40	15	≥20
CBⅡ-2	>40～60	30	≥40
CBⅡ-3	>60～100	50	≥65
CBⅡ-4	>100～160	90	≥110
CBⅡ-5	>160～200	140	≥170
CBⅡ-6	>200～250	190	≥220

二、板材检测常用的探头

由于板材的内部缺陷大多平行于检测面，因此，板材检测时常用直探头。

1. 单晶直探头

声束垂直于被探工件表面入射的探头称为直探头，可发射和接收纵波。单晶直探头结构如图 4-39 所示。主要用于中厚板材的检测。

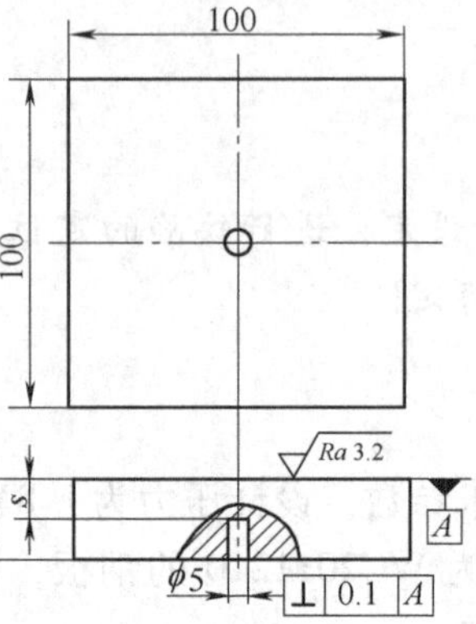

图 4-38　CB Ⅱ 标准试块

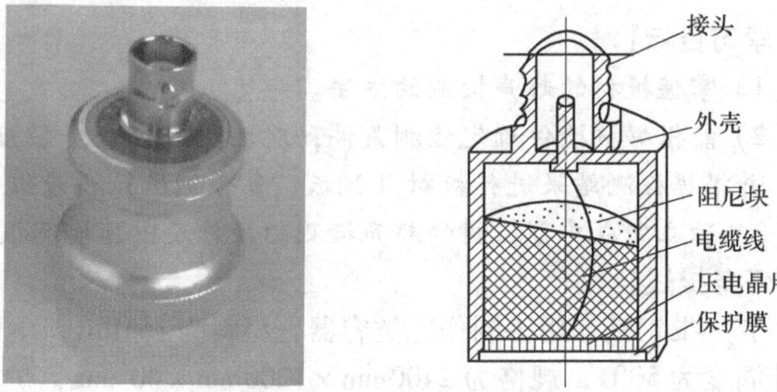

图 4-39　纵波单晶直探头的结构

纵波单晶直探头的主要参数是工作频率、晶片材料和晶片尺寸。直探头的型号标注举例：

2.5　B　20　Z

- Z —— 直探头
- 20 —— 圆晶片直径 20mm
- B —— 钛酸钡晶片
- 2.5 —— 频率 2.5MHz

2. 双晶直探头

纵波双晶直探头有两块压电晶片，一块用于发射超声波，另一块用于接收超声波。结构如图 4-40 所示。

在两个晶片中间夹有隔声层。由于延迟块的存在，发射和接收的脉冲间总有一定的时间间隔，避免了始脉冲引起的盲区问题，可以检测近表面缺陷和进行薄板检测。

双晶探头的晶片可以相向倾斜，从而形成一个菱形声束会聚区。只有菱形区内与检测面平行的缺陷，其反射波才能被探头接收到。变更双晶探头的入射角，就可以改变菱形声束会聚区的位置和形状。当入射角增大时，菱形声束会聚区就向试件的上表面移动，菱形区的深度范围也变小。反之，当入射角减小时，菱形声束会聚区向试件内部移动，菱形区的深度范围变大。

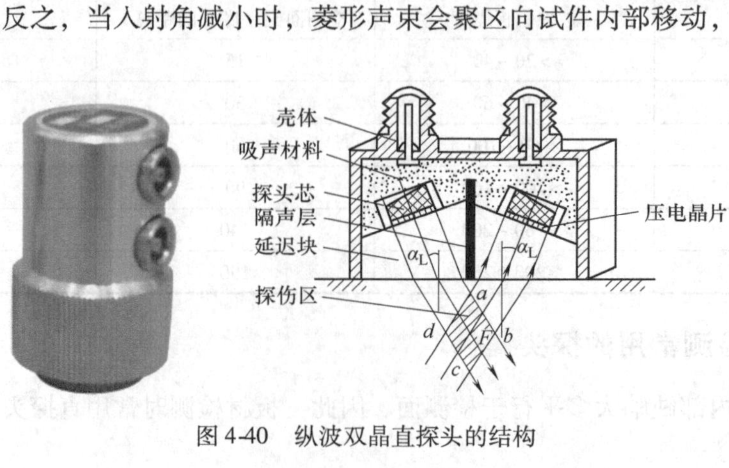

图 4-40　纵波双晶直探头的结构

双晶直探头的主要参数有工作频率、晶片尺寸、晶片材料、声束会聚区的范围等。

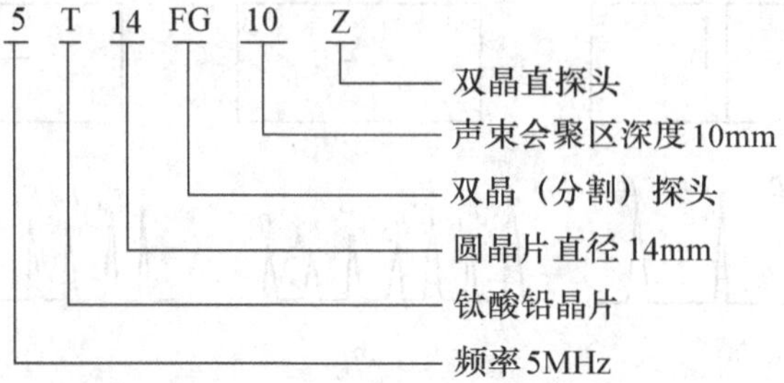

➢【相关知识】

一、钢板加工及常见缺陷

普通板材是由板坯经轧制而成的，板坯则可用浇注法或由坯料轧制或锻造制成。普通钢板包括碳素钢、低合金钢及奥氏体不锈钢板等。若按厚度分类，可分为薄板和厚板，GB/T 2970—2004《厚钢板超声波检验方法》将板厚在 6mm 以下的板材称为薄板，厚度大于 6mm 以上的板材称为厚板。

板材中常见的缺陷有分层、折叠、裂纹、白点等。其中，折叠、重皮、裂纹是产生在钢板表面的缺陷，折叠和重皮较常见，裂纹较少见。白点多出现在厚度大于 40mm 的钢板中。分层、非金属夹杂物是产生在钢板内部的缺陷。分层、非金属夹杂物也是钢板中常见缺陷，分层缺陷大都呈平面状，平行于钢板表面。较小的分层、非金属夹杂物类缺陷存在于钢板中一般是允许的，但分层、非金属夹杂物类的缺陷存在于板材焊接坡口处会使板材在焊接时产生缺陷。因此，板材坡口处的位置从焊接角度考虑要求较为严格。

二、板材常用的检测方法

对中厚钢板一般采用纵波垂直入射法进行检测，当采用垂直入射法检测时，耦合方式有直接接触法和水浸法，采用的探头是聚集或非聚集的单晶直探头、双晶直探头。

1. 纵波直探头直接接触法检测

直接接触法检测是探头通过薄层耦合剂与工件接触进行检测的方法。当探头位于钢板中的完好位置时，示波屏上只有始波和多次底波，且多次底波间的距离相等，无缺陷波出现，如图 4-41a 所示。当工件中存在小缺陷时，示波屏上缺陷回波与底波共存，底波有所下降，如图 4-41b 所示。当工件中存在大缺陷时，示波屏上出现缺陷波的多次反射，底波明显降低或消失，如图 4-41c 所示。

当钢板厚度较薄且存在小缺陷时，各次底波之前的缺陷波开始几次逐渐升高，然后再逐渐降低，如图 4-42 所示。这种现象的产生是由于不同反射路径的声波互相叠加造成的，因而称为叠加效应。图 4-42 中的 F_1 只有一条路径，F_2 比 F_1 多三条路径，F_3 比 F_1 多五条路径，路径多，叠加的能量多，缺陷回波高，但路径增多，衰减也增大，当衰减的影响比叠加效应的影响大时，缺陷回波开始降低，这就是缺陷波升高到一定程度后又逐渐降低的原因。

在钢板检测中，若出现叠加效应，一般根据 F_1 来评价缺陷，当板材厚度 <20mm 时，为了减少近场区的影响，以 F_2 评价缺陷。

如果板材面积很大时，由于探头有效声束宽度有限，检测效率较低。当检测表面粗糙

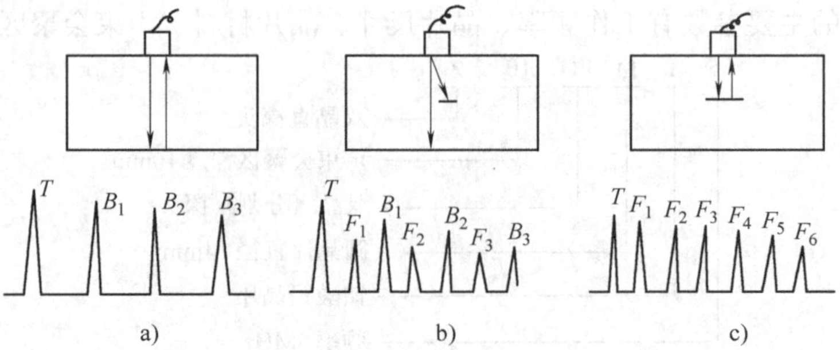

图 4-41　钢板多次反射法检测

a）无缺陷　b）小缺陷　c）大缺陷

时，大面积的检测使探头磨损严重，耦合情况不稳定，影响检测结果的可靠性。所以，直接接触法检测更适合于小面积检测或抽查等情况下使用。

2. 纵波垂直入射水浸法检测

水浸法中探头与钢板不直接接触，而是通过一层水来耦合。局部水浸法钢板检测如图 4-43 所示。

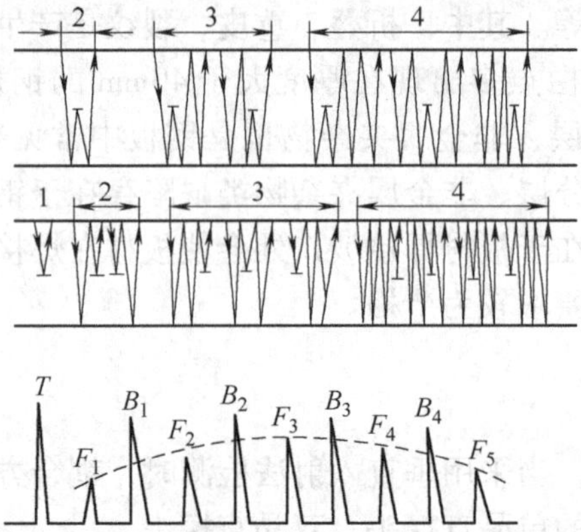

图 4-42　小缺陷叠加效应形成的典型波形

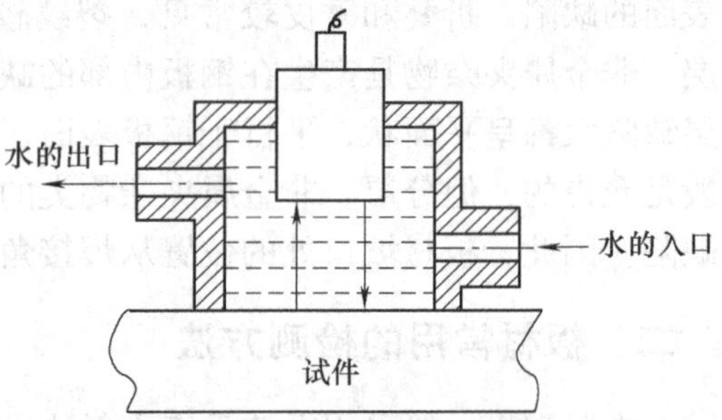

图 4-43　局部水浸法示意图

由于水/钢界面（钢板上表面）多次回波与钢板底面多次回波互相干扰，不利检测。可通过调整水层厚度，可使水/钢界面回波分别与钢板多次底波重合，这时示波屏上波形就会变得清晰利于检测，这种方法称为多次重合法，如图 4-44 所示。当界面二次回波与钢板一次底波重合时称为一次重合法。当界面二次回波分别与第二、第三、第四次钢板底波重合时称为二次重合法、三次重合法、四次重合法，依此类推。

根据钢和水中的声速，可得各次重合法水层厚度 H 与钢板厚度 δ 的关系，即

$$H = n\frac{c_{水}}{c_{钢}}\delta \approx n\frac{\delta}{4}$$

式中　n——重合波次数，如 $n=1$ 为一次重合法，$n=2$ 为二次重合法。

$c_{水}$、$c_{钢}$——水中的声速、钢中的声速。

例如，用水浸法检测厚度为 40mm 的钢板时，若采用四次重合法检测，则其水层厚度为

$$H = n\frac{\delta}{4} = 4 \times \frac{40}{4}\text{mm} = 40\text{mm}$$

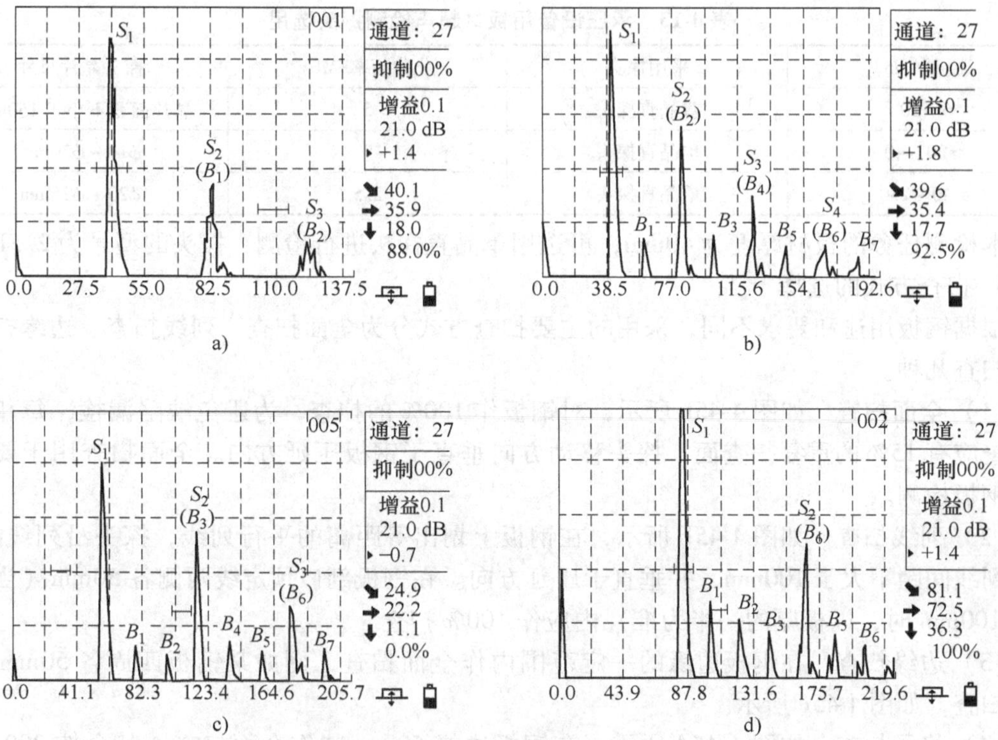

图 4-44 水浸多次重合法

a）一次重合法 b）二次重合法 c）三次重合法 d）四次重合法

应用水浸多次重合法检测时，可以减小近场区的影响，也可以根据多次底波衰减情况来判断缺陷严重程度，一般常用四次重合法。

➢【任务实施】

一、板材检测工艺

1. 检测方法的选择

根据检测标准，钢板检测应采用纵波直探头法进行检测，可采用水浸法和直接接触法，检测面和检测方向是在任一轧制钢板表面的垂直入射检测。这里可选用直接接触法检测。

2. 探头的选择

探头的选择包括探头频率、直径和结构形式的选择。

由于钢板晶粒比较细，为了获得较高的分辨力，宜选用较高的频率，探头的频率一般为 2. 5 ~5 MHz。

钢板面积大，为了提高检测效率，宜选用较大直径的探头。对于厚度较小的钢板，为避免大探头近场区长度大对检测的不利影响，探头的直径不宜过大，一般探头的直径范围为 $\phi10 \sim \phi25$mm。

探头的结构形式主要根据板厚来确定：当板厚大于 20mm 时，可选用单晶直探头；板厚较薄（6 ~20mm）时，为减小盲区，可选用双晶直探头。

为了提高检测效率，钢板生产厂一般选择多探头多通道检测。

承压设备用板材超声检测一般可根据表 4-13 选用探头。

表 4-13　承压设备用板材超声检测探头选用

板厚/mm	采用探头	公称频率/MHz	探头晶片尺寸
6～20	双晶直探头	5	晶片面积不小于 150mm^2
>20～40	单晶直探头	5	ϕ14～ϕ20mm
>40～250	单晶直探头	2.5	ϕ20～ϕ25mm

本检测任务的板材厚度为 40mm，可选用单晶直探头进行检测，探头的型号为 2.5P20Z。

3. 扫查方式的选择

根据钢板用途和要求不同，采用的主要扫查方式分为全面扫查、列线扫查、边缘扫查和格子扫查几种。

（1）全面扫查　如图 4-45a 所示，对钢板作 100% 的扫查，为避免缺陷漏检，每相邻两次扫查应有 15% 的重复扫查面，探头移动方向垂直于钢板压延方向。全面扫查用于要求较高的钢板检测。

（2）列线扫查　如图 4-45b 所示，在钢板上划出等距离的平行列线，探头沿列线扫查，一般列线间距不大于 100mm，并垂直于压延方向。在钢板剖口预定线两侧各 50mm（当板厚超过 100mm 时，以板厚的一半为准）内应作 100% 扫查。

（3）边缘扫查　在钢板边缘的一定范围内作全面扫查，例如某钢板四周各 50mm 内作全面扫查，如图 4-45c 所示。

（4）格子扫查　如图 4-45d 所示，在钢板边缘 50mm 内作全面扫查，其余按 200mm × 200mm 的格子线扫查。

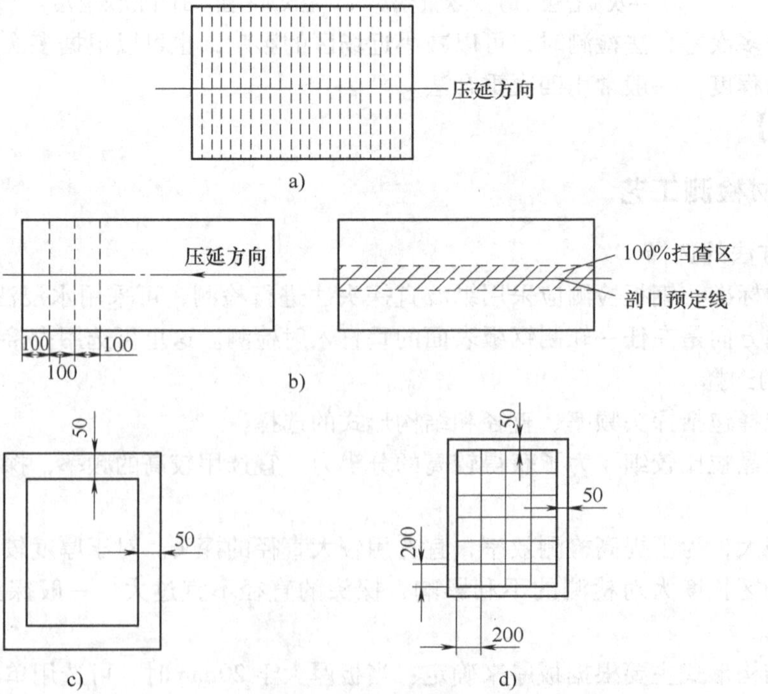

图 4-45　钢板检测扫查方式

a）全面扫查　b）间隔 100mm 列线扫查　c）边缘扫查　d）200mm × 200mm 格子扫查

JB/T 4730.3—2005 标准中规定：探头沿垂直于钢板压延方向，间距不大于 100mm 的平行线进行扫查。在钢板剖口预定线两侧各 50mm（当板厚超过 100mm 时，以板厚的一半为准）内应作 100% 扫查。

4. 试块的选用及灵敏度的设定

板材检测使用的标准试块有 CBⅠ阶梯试块、CBⅡ平底孔试块。其中 CBⅠ阶梯试块用于板厚小于等于 20mm 钢板检测，CBⅡ平底孔试块适用于板厚大于 20mm 的钢板检测。当板厚不小于三倍近场区时，且板材上下两个表面平行也可取钢板无缺陷完好部位的第一次底波来校准灵敏度，其结果与平底孔试块校准灵敏度的要求相一致。

本检测任务可选用平底孔试块 CBⅡ-1 调节检测灵敏度。按 JB/T 4703.3—2005 标准规定，板厚大于 20mm 时，应将 CBⅡ试块中 ϕ5mm 平底孔第一次反射波高调整到满刻度的 50% 作为基准灵敏度。

5. 扫查速度的选择

为了防止漏检，手工检测时扫查速度应在 0.2m/s 以内，要根据所使用仪器的脉冲重复频率和响应速度调节扫查速度，液晶显示屏和其他响应速度较慢的仪器，应使用较小的扫查速度。

水浸自动检测系统的最大扫查速度与要求检出的最小缺陷尺寸、所检钢板的板厚和超声检测仪器限定的脉冲重复频率有关。

在检测时超声脉冲之间的间隔时间，至少应大于超声在材料中传播时间（脉冲在材料中往返所需时间）的 60 倍，只有这样才能避免前一个脉冲的多次回波的干扰，避免形成幻象波。但脉冲最大重复频率还应根据板厚决定。在高速扫查时，脉冲重复频率应该足够高，但至少是超声脉冲在板中传播时间的 3 倍，以便最小尺寸的缺陷信号能够显示。

6. 表面补偿

标准试块表面粗糙度 Ra 值为 3.2μm，而钢板表面状况为轧制，因此应进行表面补偿，根据经验，可补偿 4dB。

7. 扫描速度的设定

采用直探头检测时，利用纵波的声程来调节扫描速度。钢板检测时的检测范围一般根据板厚来确定，用接触法检测板厚 30mm 以下的钢板时，应能看到 B_{10}，检测范围调至 300mm 左右。板厚在 30 ~ 80mm 时，应能看到 B_5，检测范围为 400mm 左右。板厚大于 80mm 时，可适当减少底波的次数，但检测范围仍要保证在 400mm 左右。本检测任务的板厚为 40mm，应能看到 B_5，检测范围为 200mm 左右，可将扫描速度调节为 1:2。

二、操作指导

1. 探伤面的准备

清除影响超声检测的氧化皮、锈蚀和油污。可用钢丝刷清除钢板表面的氧化皮、锈蚀等，用有机溶剂清理钢板表面的油污。

2. 扫描速度的调节

利用无缺陷处的钢板底面回波调节扫描速度，将探头对准 $T = 40$mm 的钢板，找到其底面回波 B_1、B_2，调整微调和脉冲移位旋钮，使底波 B_1、B_2 分别对准 20 和 40，这时扫描速度调为 1:2。

3. 灵敏度的调节

将探头对准 CBⅡ-1 试块中距检测面 15mm 处的 ϕ5mm 平底孔，找到最高反射回波，将回波高度调为满刻度的 50%，作为基准检测灵敏度。

4. 扫查检测

将探头放置在钢板上间距不大于 100mm 列线扫查，坡口预定线周边 50mm 宽度范围内进行 100% 扫查，探头移动间距小于晶片尺寸，并保证有 15% 的重叠，探头的移动速度不大于 150m m /s。

5. 缺陷的识别与测定

（1）缺陷识别　在钢板检测中应根据缺陷波和底波来判别钢板中的缺陷情况，满足下列条件之一的均作为缺陷予以标识和记录：

1）缺陷第一次反射波 $F_1 \geqslant 50\%$。

2）第一次底波 $B_1 < 100\%$，第一次缺陷反射波 F_1 与第一次底波 B_1 之比 $F_1/B_1 \geqslant 50\%$。

3）第一次底波 $B_1 < 50\%$。

（2）缺陷的测定　检测中达到要求记录水平的缺陷应测定其位置、大小，并估判缺陷的性质。

1）缺陷位置测定。根据缺陷波对应的水平分度值和扫描速度确定缺陷的深度，根据发现缺陷时探头的位置确定缺陷的平面位置。

2）缺陷大小的测定。一般使用绝对灵敏度法测定缺陷的大小，在板材超声检测中常按下述方法测定缺陷的范围和大小。

① 检出缺陷后，应在它的周围继续进行检测，以确定缺陷范围。

② 用双晶直探头确定缺陷的边界范围或指示长度时，探头的移动方向应与探头的隔声层相垂直，并使缺陷波高下降到基准灵敏度条件下显示屏满刻度 25%，或使缺陷第一次反射波波高与底面第一次反射波波高比为 50%。此时探头中心的移动距离即为缺陷的指示长度，探头中心即为缺陷的边界点。两种方法测定的结果以较严重者为准。

③ 用单直探头确定缺陷的边界范围或指示长度时，移动探头，使缺陷第一次反射波波高下降到基准灵敏度条件下显示屏满刻度 25% 或使缺陷第一次反射波波高与底面第一次反射波波高比为 50%。此时探头中心移动的距离即为缺陷的指示长度，探头中心即为缺陷的边界点。两种方法测得的结果以较严重者为准。

④ 按底面第一次反射波（B_1）波高低于满刻度 50% 确定的缺陷在测定缺陷的边界范围或指示长度时，移动探头（单直探头或双直探头）使底面第一次反射波升高到显示屏满刻度的 50%。此时探头中心的移动距离即为缺陷的指示长度，探头中心点即为缺陷的边界点。

此外在测定缺陷大小时还应注意叠加效应的识别。所谓叠加效应，是指在薄板中当缺陷较小时，缺陷反射波从第一次开始，第二次、第三次反射波逐渐增高，增高到一定程度以后的反射波又逐渐降低的现象。

3）缺陷性质的识别。根据缺陷反射波和底波特点来估计缺陷的性质。

分层：缺陷波形陡直，底波明显下降或完全消失。

折叠：不一定有缺陷波，但始波脉冲加宽，底波明显下降或消失。

白点：波形密集、互相彼连，移动探头此起彼伏、十分活跃，重复性差。

三、检测结果的记录、评定与报告

1. 根据检测结果进行板材检测的缺陷评定及质量分级

JB/T 4703. 3—2005 标准根据缺陷的性质、指示长度、指示面积来进行缺陷的评定与质量分级，规定如下：

（1）缺陷的评定

1）缺陷的指示长度的评定规则。单个缺陷按其指示长度的最大长度作为该缺陷的指示长度。若单个缺陷的指示长度小于 40mm 时，可不作记录。

2）单个缺陷指示面积的评定规则。单个缺陷的指示面积 = 缺陷的指示长度 × 缺陷的指示宽度（与长度方向垂直的最大尺寸）。

① 一个缺陷按其指示面积作为该缺陷的单个指示面积。

② 多个缺陷其相邻间距小于 100mm 或间距小于相邻较小缺陷的指示长度（取其最大值）时，以各缺陷面积之和作为单个缺陷指示面积。

③ 指示面积不计的单个缺陷见表 4-14。

3）缺陷面积百分比的评定规则。在任一 1m × 1m 的检测面积内，按缺陷面积所占百分比来确定。如钢板面积小于 1m × 1m 时，可按比例折算。

（2）质量分级

1）钢板质量分级见表 4-14。

2）在剖口预定线两侧各 50mm（当板厚超过 100mm 时，以板厚一半为准）内，缺陷的指示长度大于或等于 50mm 时，应评为Ⅴ级。

3）在检测过程中，检测人员如确认钢板中有白点、裂纹等危害性缺陷存在时，应评为Ⅴ级。

表 4-14 钢板质量分级

等级	单个缺陷指示长度/mm	单个缺陷指示面积/cm^2	在任一 1m × 1m 检测面积内存在的缺陷面积百分比（%）	以下单个缺陷指示面积不计/cm^2
Ⅰ	<80	<25	≤3	<9
Ⅱ	<100	<50	≤5	<15
Ⅲ	<120	<100	≤10	<25
Ⅳ	<150	<100	≤10	<25
Ⅴ	超过Ⅳ级者			

2. 填写检测报告

根据检测结果，填写表 4-15 中的检测报告。

【任务评价】

板材超声检测评分标准见表 4-16。

表 4-15　钢板超声检测报告

产品名称	筒体板材	产品编号	01	材质	16MnR
规格	2400mm×1200mm×40mm	检测时机	轧制后	检测数量	1
表面状态	轧制	热处理状态	—	炉批号	WG2010356
仪器型号	HS610e	仪器编号	1	探头型号	2.5P20Z
试块种类	CBⅡ-2	检测面	轧制面	检测方法	直探头纵波
扫查方式	列线扫查	耦合剂	机油	表面补偿	4dB
扫描线调节	深度 1:2	检测灵敏度	ϕ5mm 平底孔一次波高 50%	底波次数	5
检测标准	JB/T 4730.3—2005		检测比例	20%	
验收标准	JB/T 4730.3—2005		合格级别	Ⅱ级	

检测结果	缺陷返修情况说明
1）本产品质量最终评为：□符合 □不符合标准要求 2）检测位置及缺陷情况详见报告附图	1）本产品返修部位共计　处，其中最高返修次数　次，返修率　%，一次合格率　% 2）超标缺陷部位□未返修。返修后经复验，则评为：□合格　□不合格 3）返修部位及缺陷情况详见报告附图

钢板编号	缺陷记录								
	序号	$F_1 \geqslant 50\%$	$B_1 < 100\%$ 时 $F_1/B_1 \geqslant 50\%$	$B_1 < 50\%$	缺陷指示长度/mm	缺陷指示面积/mm^2	1m×1m 检测面积内存在的缺陷面积百分比（%）	缺陷深度/mm	评定级别

检测：	审核：	签发：	检测专用章
资格： 年　月　日	资格： 年　月　日	资格： 年　月　日	年　月　日

表 4-16　板材超声检测评分标准表

考核项目	考核要求	配分	评分标准	扣分	得分	备注
检测设备及器材的选用	1）根据被检工件正确选用超声波探伤仪 2）正确选用探头型式及规格 3）确定调节仪器扫描速度及灵敏度的器材	20	1）探头型式选错扣 5 分 2）探头规格选错扣 10 分 3）调节仪器扫描速度及灵敏度的器材选错扣 5 分			
超声检测操作	1）能正确调节仪器（扫描速度） 2）能独自调节灵敏度（试块法） 3）能识别缺陷波并确定缺陷的位置及当量尺寸	30	1）仪器调节错误扣 5 分 2）灵敏度调节错误扣 5 分 3）扫查时不能正确区分缺陷波扣 5 分 4）不会确定缺陷的位置扣 5 分 5）不能正确地确定缺陷的当量尺寸扣 10 分			

（续）

考核项目	考核要求	配分	评分标准	扣分	得分	备注
缺陷的识别与记录	1）正确记录检测的结果 2）正确绘制缺陷位置示意图 3）正确填写检测报告	20	1）检测结果填写错误扣5分 2）缺陷位置示意图绘制不准确扣5分 3）检测报告填写错误扣10分			
钢板的质量评定	1）能根据单个缺陷的指示长度评定钢板的质量等级 2）能根据单个缺陷指示面积评定钢板质量等级 3）能根据面积百分比评定钢板的质量等级 4）能根据检测结果综合评定钢板的质量等级	20	1）不能正确地根据单个缺陷指示长度评定钢板质量等级扣5分 2）不能正确地根据单个缺陷指示面积评定钢板质量等级扣5分 3）不能根据面积百分比评定钢板质量等级扣5分 4）不能对钢板的质量等级进行综合的评定扣5分			
团队合作能力	能与同学进行合作交流，并解决操作时遇到的问题	10	不能与同学进行合作，并不能解决操作时遇到的问题扣10分			
	合计	100				

综合训练

一、判断题

1. 只要有作机械振动的波源就能产生机械波。( )

2. 当介质质点受到交变剪切应力作用时，产生切变形变，从而形成纵波。( )

3. 超声波在同一固体材料中，传播纵波、横波时声阻抗都相同。( )

4. 在普通钢焊缝检测时，母材与填充金属声阻抗相差很小，若没有任何缺陷，是不会产生界面回波的。( )

5. 超声波倾斜入射到界面在第一临界角时，第二介质中只有折射横波。( )

6. 为使工件中只有单一横波，斜探头入射角应选择为第一临界角或第二临界角。( )

7. 超声波的扩散衰减主要取决于波阵面的形状，与传播介质的性能无关。( )

8. 超声波探伤仪根据显示形式不同可分为A型显示、B型显示和C型显示三种。( )

9. 超声波探头又称为换能器，它的作用是电能和声能的转换。( )

10. 焊接接头超声波检测用斜探头，当楔块底面后部磨损较大时，其折射角将变大。( )

11. 纵波双晶直探头检测工件时，对位于菱形声束会聚区内缺陷的检测灵敏度高。( )

12. 横波扫描速度校准方法有三种：水平调节法、声程调节法和深度调节法。( )

13. 钢板常用的扫查方式有全面扫查、列线扫查、边缘扫查、格子线扫查。( )

14. 由于板材在轧制过程中，缺陷往往沿压延方向延伸，因此探头移动方向应与压延方向平行。( )

15. 在焊接接头超声检测中，根据在试块上测得的数据绘制而成的距离—波幅曲线，若要计入表面补偿 3dB，则应将三条线同时上移 3dB。（　　）

16. 板材检测时，探头的结构形式主要根据板厚来确定，当板厚大于 20mm 时，可选用单晶直探头。（　　）

17. 焊接接头检测时的检测区的宽度为焊缝本身加上焊缝两侧各相当于母材厚度 30% 的一段区域，这个区域最小为 5mm，最大为 10mm。（　　）

18. 应用水浸多次重合法检测时，二次界面回波与四次底波重合的方法称为四次重合法。（　　）

19. CSK-ⅢA 试块中的规则反射体为 $\phi 2\text{mm} \times 40\text{mm}$ 的长横孔。（　　）

20. 采用 B 级检测技术对母材厚度为 8 ~ 46mm 的对接焊接接头检测时，一般用一种 K 值探头，采用直射波法和一次反射波法在对接焊接接头的双面双侧进行检测。（　　）

二、选择题

1. 波动过程中，波在单位时间内所传播的距离称为（　　）。

A. 波长　　B. 周期　　C. 波速　　D. 频率

2. 频率 f 在（　　）范围内的机械波称为超声波。

A. $f \leqslant 20000\text{Hz}$　　B. $f < 20000\text{Hz}$　　C. $f \geqslant 20000\text{Hz}$　　D. $f > 20000\text{Hz}$

3. 哪种类型波在固体、液体、气体介质中均能传播（　　）。

A. 横波　　B. 纵波、横波

C. 纵波　　D. 纵波、横波、表面波

4. 在相同的声压下，材料的声阻抗越大，质点振动速度就越小，因此声阻抗表示（　　）。

A. 超声场中介质对质点振动的阻碍作用

B. 超声场中材质的晶粒对超声波的衰减作用

C. 反射波和透过波的声能分配比例

D. 以上都对

5. 在同一界面上，声强透过率 T 与声压反射率 r 之间的关系是（　　）。

A. $T = r^2$　　B. $T = 11 - r^2$　　C. $T = 1 + r$　　D. $T = 1 - r$

6. 超声波倾斜入射到异质界面时，不可能发生（　　）。

A. 反射　　B. 折射　　C. 波型转换　　D. 端角反射

7. 在同一介质中，纵波反射角（　　）横波反射角。

A. 大于　　B. 等于　　C. 小于　　D. 以上都不一定对

8. 第二临界角是（　　）。

A. 折射纵波等于 90°时横波入射角

B. 折射横波等于 90°时的纵波入射角

C. 折射纵波等于 90°时的纵波入射角

D. 入射纵波接近 90°时的折射角

9. 由材料晶粒粗大而引起的衰减属于（　　）。

A. 扩散衰减　　B. 散射衰减　　C. 吸收衰减　　D. 介质吸收

10. A 型显示中，横坐标显示是（　　）。

A. 反射波幅度大小　　B. 探头移动距离

C. 反射波传播时间（或距离）　　D. 缺陷尺寸大小

11. 下列（　　）是脉冲反射式超声波探伤仪中接收部分旋钮。

A. 深度粗调旋钮　　B. 频率选择旋钮

C. 延迟旋钮　　D. 工作方式选择旋钮

12. 以下哪一条，不属于数字超声波探伤仪的优点（　　）。

A. 控制和接收信号处理和显示采用数字化　B. 频带宽

C. 可记录存储信号　　D. 仪器有计算和距离—波幅曲线自动生成

13. 根据波型不同，探头分为（　　）。

A. 接触式探头和水浸探头　　B. 纵波探头和横波探头

C. 聚焦探头和非聚焦探头　　D. 单晶探头和双晶探头

14. 探头上“2.5P13×13K2”中“2”的含义是（　　）。

A. 探头的工作频率为2MHz　　B. 探头的*K*值为2

C. 探头的种类为2　　D. 以上都不是

15. 超声检测的单探头法难以检出的缺陷是（　　）。

A. 与波束轴线垂直的片状缺陷　　B. 立体型缺陷

C. 与波束轴线平行的片状缺陷　　D. A和B

16. 钢板超声检测主要应采用（　　）。

A. 纵波直探头　　B. 表面波探头　　C. 横波直探头　　D. 聚焦探头

17. 在对接焊接接头超声检测中，选择探头*K*值的依据是（　　）。

A. 使声束能扫查到整个焊接接头截面

B. 使声束中心线尽量与主要危险缺陷垂直

C. 保证有足够的检测灵敏度

D. 以上同时考虑

18. 利用CSK-ⅠA标准试块，通过超声探伤仪调节微调和水平旋钮，使*R*50mm、*R*100mm两个最高回波的前沿分别对准显示屏水平固定标尺的2.5和5刻度处，此时声程按（　　）显示定位。

A. 1∶2　　B. 1∶1　　C. 1∶2.5　　D. 1∶1.25

19. 在焊接接头检测过程中，垂直于焊接接头方向前后移动探头，主要用于（　　）。

A. 测量缺陷的指示长度

B. 判定真伪缺陷或确定缺陷的平面和深度位置

C. 用以判定缺陷的形状、方向和类型

D. 用以判定缺陷的大小

20. 在对接焊接接头中，选择何种频率的探头主要考虑下列（　　）因素。

A. 检测面表面粗糙度、材质、晶粒大小

B. 超声检测的穿透能力、分辨力

C. 检测精确度、检测速度

D. 以上都应考虑

21. 在钢板水浸法检测时，四次重合波法是（　　）。

A. 第四次界面回波 S_4 与第二次底面回波 B_2 重合。

B. 第四次底面回波 B_4 与第二次界面回波 S_2 重合。

C. 第四次底面回波 B_4 与第一次界面回波 S_1 重合。

D. 第四次底面回波 B_4 与第四次界面回波 S_4 重合。

22. 用充分探头，采用三次重合法检测 $T = 60$mm 的厚钢板，水层厚度应调节为(　　) mm。

A. 60　　B. 30　　C. 45　　D. 22. 5

三、问答题

1. 什么是超声波？产生超声波的必要条件是什么？在超声检测中应用了超声波的哪些主要性质？

2. 什么叫波型转换？其转换时各种反射和折射波方向遵循什么规律？

3. 什么叫超声波衰减？简答衰减的种类和原因。

4. 使用试块时应注意些什么？

5. 焊缝检测如何选择探头的 K 值？

6. 焊接接头超声检测中，扫描速度的调节方法有哪几种？

7. 什么是距离—波幅曲线？简答对接焊接接头超声检测所采用的距离—波幅曲线的组成及作用。

8. 何谓超声场？有何特征？超声场的特征值有哪些？

9. 焊接接头超声检测常用的试块有哪些？有何用途？

10. 什么是扫描速度？焊接接头超声检测时，扫描速度的调节方法有哪几种？

11. 焊缝超声检测测长时，应注意哪些事项？

12. 焊缝超声检测灵敏度检测设定时的三要素是什么？

13. 焊缝超声检测时，作平行或斜平行扫查的目的是什么？

14. 斜探头的主要性能指标有哪些？

15. 钢板中常见的缺陷有哪些？钢板检测时为什么采用直探头？

项目五 磁粉检测

磁粉检测可用于铁磁性材料和零部件的表面与近表面缺陷的检测，并具有很高的检测灵敏度，是控制产品的重要手段之一。

任务一　磁粉检测基础

➢【学习目标】

1）熟悉磁现象，掌握磁力线的特性。

2）掌握磁场中的基本物理量的定义。

3）掌握磁粉检测的原理及特点。

一、磁场与磁力线

磁体间的相互作用是通过磁场来实现的。所谓磁场，就是具有磁力作用的空间。磁场存在于被磁化物体或通电导体的内部和周围，它是由运动电荷形成的。磁场的特征是对运动电荷（或电流）具有作用力，在磁场变化的同时也产生电场。

1. 磁力线

为了形象地表示磁场的大小、方向和分布情况，可以用假想的磁力线来反映磁场中各点的磁场强度和方向。用小磁针来描述的条形磁铁的磁力线分布，如图 5-1 所示。

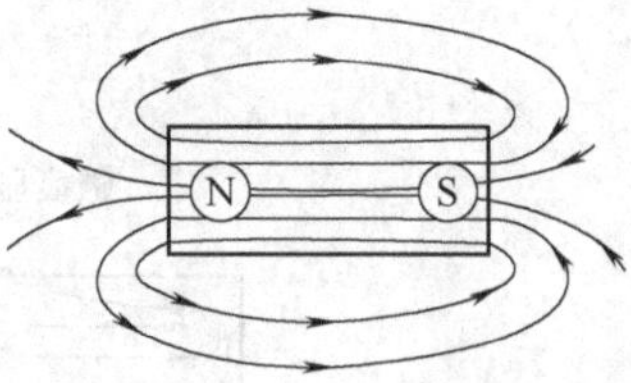

图 5-1　条形磁铁的磁力线分布

小磁针在磁力的作用下都有一定的取向，小磁针 N 极的指向就代表磁场的方向，顺着许多小磁针排列的方向，可以画出磁力线的分布。磁力线上每点的切线方向都与该点的磁场方向一致。单位面积上的磁力线数目与磁场的大小成正比，因此，可用磁力线的疏密程度反映磁场的大小，磁力线密的地方磁场大，磁力线稀的地方磁场就小。磁力线具有以下特性：

1）磁力线是具有方向性的闭合曲线。在磁体内，磁力线是由 S 极到 N 极；在磁体外，磁力线是由 N 极出发，穿过空气进入 S 极的闭合曲线。

2）磁力线互不相交。

3）磁力线可描述磁场的大小和方向。

4）磁力线沿磁阻最小路径通过。

2. 磁场

（1）圆周磁场　马蹄形磁铁如图5-2a所示，具有N极和S极。在磁铁外部，磁力线从N极出发穿过空气进入S极；在磁铁内部，磁力线从S极到N极闭合，它的两极能吸引铁磁性材料。

将上述磁铁弯曲，使两磁极靠得很近，如图5-2b所示，磁极间距变小，磁力线离开磁极N，穿过空气又重新进入磁极S，产生漏磁场，漏磁场能强烈地吸附磁粉。

将磁铁两端再弯曲，使两极贴合形成一圆环，如图5-2c所示，此时磁铁内既无磁极又不产生漏磁场，因而不能吸引铁磁性材料，但在磁铁内包容了一个圆周磁场或已被周向磁化。

如果已周向磁化的零件存在与磁力线垂直的裂纹，则在裂纹两侧立即产生N极和S极，形成漏磁场，吸附磁粉形成磁痕，显示出裂纹缺陷，有裂纹处漏磁场分布及磁痕显示如图5-2d所示。

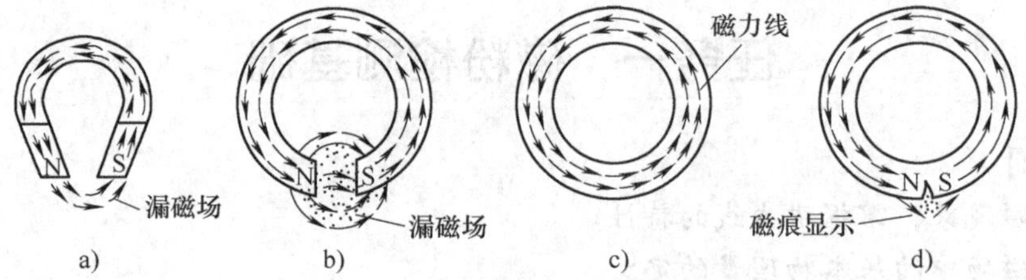

图5-2　用马蹄形磁铁描述圆周磁场

a）磁感应方向　b）两磁极空间漏磁场分布　c）两极熔合后的磁力线

d）有裂纹处漏磁场分布及磁痕显示

（2）纵向磁化　如果将马蹄形磁铁校直为条形磁铁，则其两端是N极和S极。条形磁铁的两极能强烈地吸附磁粉，说明该条形磁铁已被纵向磁化，如图5-3a所示。

如果磁力线被不连续性或裂纹阻断而在其两侧形成N极和S极，则会产生漏磁场，如图5-3b和图5-3c所示，吸附磁粉形成磁痕，从而显示出不连续性或裂纹，这就是磁粉检测的基础。

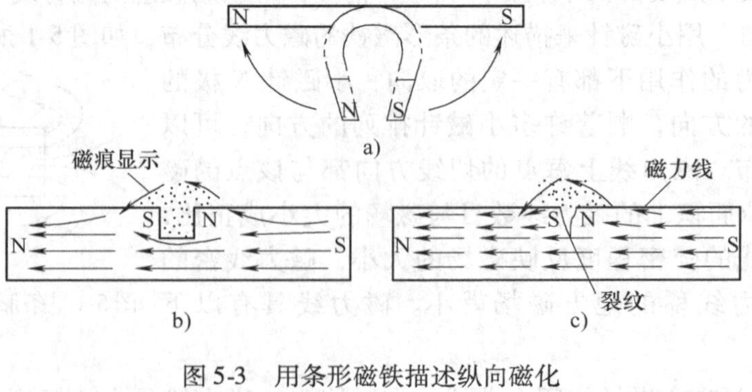

图5-3　用条形磁铁描述纵向磁化

a）马蹄形磁铁被校直成条形磁铁后N极和S极的位置　b）具有机加工槽的条形磁铁产生的漏磁场及磁痕显示　c）纵向磁化裂纹产生的漏磁场及磁痕显示

二、磁场中的基本物理量

（1）磁场强度　磁场强度是磁场给定点的强度，是表征磁场大小和方向的物理量。磁场强度符号用H来表示，磁场强度的单位是用稳定电流在空间产生磁场的大小来规定的，在SI单位制中，安［培］/米（A/m），它的意义为：一根载有直流电流I的无限长直导线，在离导线轴线为r的地方所产生的磁场强度为

$$H = \frac{1}{2\pi r} = \frac{I}{\pi D} \tag{5-1}$$

在CGS单位制中，磁场强度的单位是奥［斯特］（Oe），其换算关系为

$$1\text{A/m} = 4\pi \times 10^{-3}\text{Oe} \approx 0.0125\text{Oe}$$

$$1\text{Oe} = (1/4\pi) \times 10^{3}\text{A/m} = 79.5775\text{A/m} \approx 80\text{A/m}$$

（2）磁通量　磁通量简称磁通，它是垂直穿过某一截面的磁力线条数，用符号Φ表示，如图5-4所示。在CGS单位制中，磁通的单位是麦［克斯韦］（Mx），1麦［克斯韦］（Mx）表示通过1根磁力线，在SI单位制中，磁通的单位是韦［伯］Wb，其换算关系为

$$1\text{Wb} = 10^{8}\text{Mx}$$

$$1\text{Mx} = 10^{-8}\text{Wb}$$

在均匀磁场中，当磁感应强度方向垂直于截面S时，通过该截面S的磁通量表示为

$$\Phi = BS \tag{5-2}$$

式中　B——磁感应强度（T）；

Φ——磁通量（Wb）；

S——磁力线垂直穿过的单位面积（m^2）。

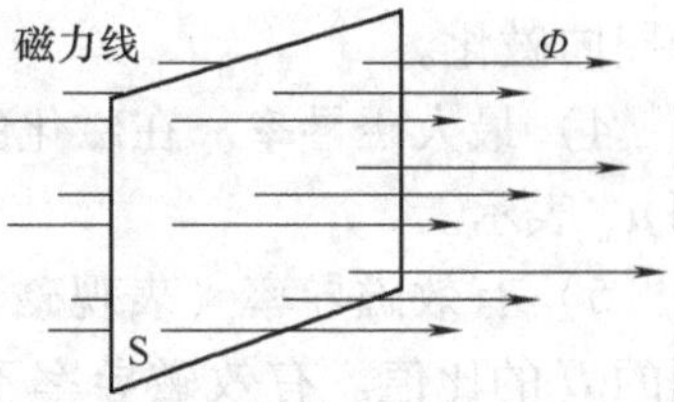

图5-4　垂直通过某截面的磁力线条数

（3）磁感应强度　垂直穿过单位面积上的磁通量（或磁力线条数）称为磁感应强度，用符号B表示。

$$B = \frac{\Phi}{S} \tag{5-3}$$

将原来不具有磁性的铁磁性材料放入外加磁场内，便得到磁化，除了原来的外加磁场外，在磁化状态下铁磁性材料自身产生一个感应磁场，这两个磁场叠加起来的总磁场，称为磁感应强度，用符号B表示。通常把铁磁性材料中的磁力线上每点的切线方向代表该点的磁感应强度方向。磁感应强度和磁场强度一样，具有大小和方向，可以用磁力线表示。磁感应强度大小也等于垂直穿过单位面积上的磁通量，所以磁感应强度又称为磁通密度。在SI单位制中，磁感应强度的单位是特［斯拉］（T），在CGS单位制中，磁感应强度的单位是高［斯］（Gs），其换算关系为

$$1\text{T} = 10^{4}\text{Gs}$$

$$1\text{Gs} = 10^{-4}\text{T}$$

在CGS单位制中，磁感应强度B用垂直通过每平方厘米截面的磁力线的条数来表示，如每平方厘米通过1根磁力线称为1高［斯］（Gs）。

磁场强度与磁感应强度不同的是，磁场强度只与激励电流有关，与被磁化的物质无关，而磁感应强度不仅与磁场强度有关，还与被磁化的物质有关，如与材料磁导率μ有关系。

（4）磁导率　磁感应强度B与磁场强度H的比值称为磁导率，或称为绝对磁导率，用符号μ表示。磁导率表示材料被磁化的难易程度，它反映了材料的导磁能力。在SI单位制中磁导率的单位是亨［利］每米（H/m）。磁导率μ不是常数，而是随磁场大小不同而改变的变量，有最大值和最小值。

1）真空磁导率。在真空中，磁导率是一个不变的恒定值。用 μ_0 表示，称为真空磁导率，$\mu_0 = 4\pi \times 10^{-7}$ H/m。在 CGS 单位制中，$\mu_0 = 1$。

2）相对磁导率。为了比较各种材料的导磁能力，把任一种材料的磁导率和真空磁导率的比值，叫做该材料的相对磁导率，用 μ_r 表示，μ_r 为一纯数，无单位。

$$\mu_r = \frac{\mu}{\mu_0} \tag{5-4}$$

式中 μ_r——相对磁导率（无单位）；

μ——磁导率（H/m）；

μ_0——真空磁导率（H/m）。

磁粉检测还用到材料磁导率、最大磁导率、有效磁导率和起始磁导率，以下进行简单介绍。

3）材料磁导率。材料磁导率是在磁路完全处于材料内部情况下所测得的 B/H，主要用于周向磁化。

4）最大磁导率。在磁化曲线上，B/H 值最大时对应拐点处的磁导率称为最大磁导率，用 μ_m 表示。

5）有效磁导率（表观磁导率）。有效磁导率是指工件在线圈中磁化产生的 B 与空载线圈的 H 的比值。有效磁导率不完全由材料的性质决定，在很大程度上与零件的形状有关，它对纵向磁化很重要。

6）起始磁导率。在 B 和 H 接近零时测得的磁导率称为起始磁导率，用 μ_a 表示。

（5）磁介质　能影响磁场的物质称为磁介质。各种宏观物质对磁场都有不同程度的影响，因此一般都是磁介质。

磁介质分为顺磁性材料（顺磁质）、抗磁性材料（抗磁质）和铁磁性材料（铁磁质），抗磁性材料又叫逆磁性材料。

1）顺磁性材料。相对磁导率 μ_r 略大于 1，在外加磁场中呈现微弱磁性，并产生与外加磁场同方向的附加磁场，顺磁性材料如铝、铬、锰，能被磁体轻微吸引（如铝 $\mu_r = 1.000021$，空气 $\mu_r = 1.0000036$）。

2）抗磁性材料。相对磁导率 μ_r 略小于 1，在外加磁场中呈现微弱磁性，并产生与外加磁场反方向的附加磁场，抗磁性材料如铜、银、金，能被磁体轻微排斥（如铜的 $\mu_r = 0.999993$）。

3）铁磁性材料。相对磁导率 μ_r 远远大于 1，在外加磁场中呈现很强的磁性，并产生与外加磁场同方向的附加磁场，铁磁性材料如铁、镍、钴及其合金，能被磁体强烈吸引（如工业纯铁的 $\mu_r = 5000$ 左右）。

磁粉检测只适用于铁磁性材料。通常把顺磁性材料和抗磁性材料都列入非磁性材料。

（6）磁畴　任何物质都是由分子和原子组成的，原子是由带正电的原子核和绕核旋转的电子组成，电子不仅绕核旋转，而且还进行自转，而电子自转效应是主要的，产生此效应，相当于一个非常小的电流环，原子、分子等微观粒子内电子的这些运动便形成了分子流，这是物质磁性的基本来源。在铁磁性内部形成自发磁化的小区域，在每个小区域内分子电流的磁矩方向是相同的，所以把铁磁性材料内部自发磁化的小区域称为磁畴，其体积数量级约为 10^{-3} cm^3。在没有外加磁场作用时，铁磁性材料内各磁畴的磁矩方向相互抵消，对外不显示磁性，如图5-5a所示。当把铁磁性材料放到外加磁场中去时，磁畴就会受到外加磁场的作用，一是使磁畴磁矩转动，二是使畴壁（畴壁是相邻磁畴的分界面）发生位移，最后全部磁畴的磁矩方向转向与外加磁场方向一致，如图5-5b所示，磁性材料被磁化。铁磁性材料被磁化后，就变成磁体，显示出很强的磁性。去掉外加磁场后，磁畴出现局部转动，但仍保留一定的剩余磁性，如图5-5c所示。

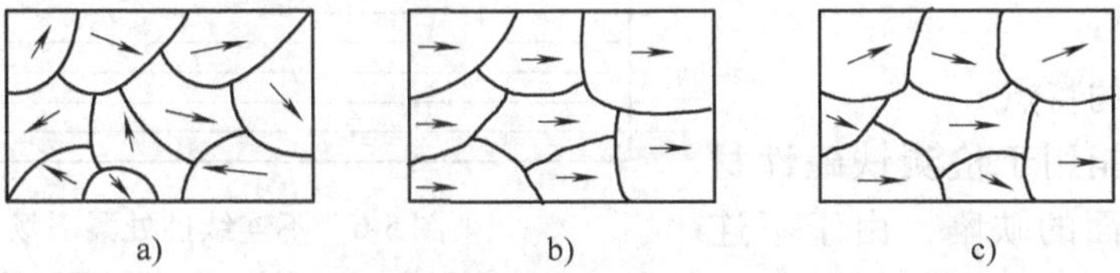

图5-5 铁磁性材料的磁畴方向

a）不显示磁性 b）磁化 c）保留一定磁性

永久磁铁中的磁畴，在一个方向上占优势，因而形成N和S极，能显示出很强的磁性。

在高温情况下，磁体中分子热运动会破坏磁畴的有规则排列，使磁体的磁性削弱。超过某一温度后，磁体的磁性也就全部消失而呈现顺磁性，实现了材料的退磁。铁磁性材料在此温度以上不能再被外加磁场磁化，失去原有的磁性的临界温度称为居里点，或居里温度。从居里点以上的高温冷却下来时，只要没有外磁场的影响，材料仍然处于退磁状态。一些铁磁性材料的居里点见表5-1。

表5-1 铁磁性材料的居里点

材 料	居里点/℃
铁	769
镍	365
钴	1150
铁，硅5%（质量分数）	720
铁，铬10%（质量分数）	740
铁，锰4%（质量分数）	715
铁，钒6%（质量分数）	815

三、磁粉检测的原理及特点

1. 磁粉检测的原理

铁磁性材料制成的工件被磁化，工件就有磁力线通过。如果工件本身没有缺陷，磁力线在其内部是均匀连续分布的。但是，当工件内部存在缺陷时，如裂纹、夹杂、气孔等非铁磁性物质，其磁阻非常大，磁导率低，必将引起磁力线分布发生变化。缺陷处的磁力线不能通过，将产生一定程度的弯曲。当缺陷位于或接近工件表面时，则磁力线不但在工件内部产生弯曲，而且还会穿过工件表面漏到空气中形成一个微小的局部磁场，如图5-6所示，这种由于介质磁导率的变化而使磁通泄漏到缺陷附近空气中所形成的磁场，称为漏磁场。这时如果把磁粉喷撒在工件表面上，磁粉将在缺陷处被吸附，形成与缺陷形状相应的磁粉聚集线，称为磁粉痕迹，简称磁痕。通过磁痕就可将漏磁场检测出来，并能确定缺陷的位置（有时包括缺陷的大小、形状和性质等）。磁痕的大小是实际缺陷的几倍或几十倍，从而容易被肉眼察觉。当工件在相同的磁化条件下，表面磁粉聚集越明显，则反映此处的缺陷离表面越近和越严重。但是，缺陷距表面一定深度或者工件内部时，在工件表面处难以形成漏磁场而被漏检。

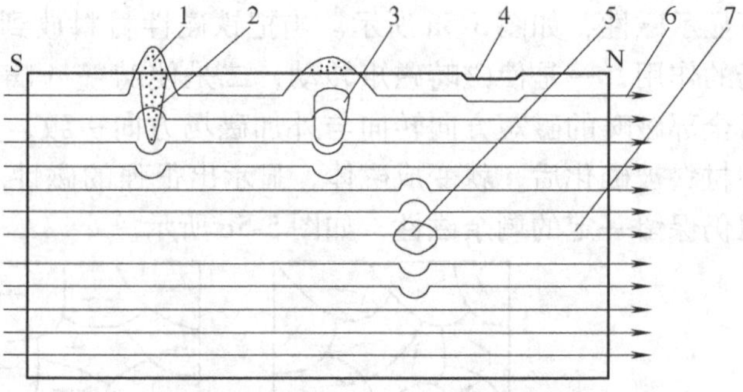

图 5-6　不连续性处漏磁场分布

1—漏磁场　2—裂纹　3—近表面气孔　4—划伤
5—内部气孔　6—磁力线　7—工件

2. 磁粉检测的特点

磁粉检测只能用于检测铁磁性材料的表面或近表面的缺陷，由于不连续的磁痕堆积于被检表面上，所以能直观地显示出不连续的形状、位置和尺寸，并可大致确定其性质。

磁粉检测的灵敏度可检出的不连续宽度可达到 0.1μm，综合使用多种磁化方法，几乎不受工件大小和几何形状的影响，能检测出工件各个方向的缺陷。

任务二　焊缝的磁粉检测

➢【学习目标】

1）了解焊缝磁粉检测常用的检测方法。

2）熟悉磁粉检测行业标准，能独立地完成焊缝磁粉检测工艺的制订。

3）掌握焊缝磁粉检测的操作要点，完成焊缝磁粉检测的操作。

4）根据检测标准，对检测工件进行质量等级评定。

➢【任务描述】

有一锅炉接管，如图 5-7 所示。材料牌号为 20g，两只管子的几何尺寸分别为 ϕ273mm ×14mm 和 ϕ108mm ×8mm，要求采用磁粉检测方法检测两只管子相交角焊缝处表面的缺陷。按 JB/T 4730—2005 标准，验收级别为Ⅱ级。

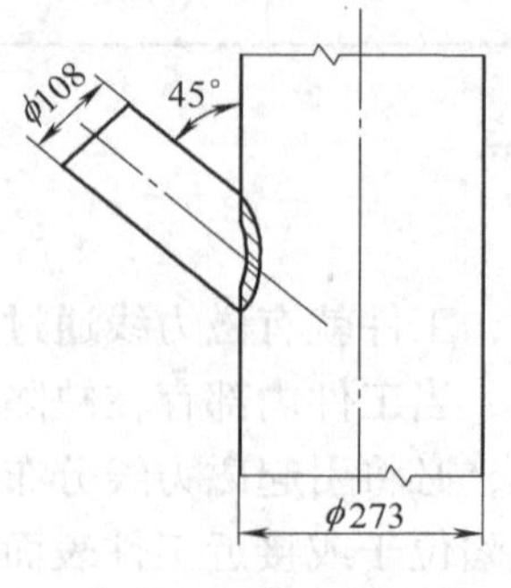

图 5-7　锅炉接管

➢【设备与器材】

一、焊缝磁粉检测的设备

焊缝磁轭法检测常用的检测设备主要有 CJE 交流电磁轭探伤仪、CEE 交直流电磁轭探伤仪，如图 5-8 所示。

CJE 交流电磁轭探伤仪和 CEE 交直流电磁轭探伤仪都是通过改变磁轭方向来检查焊缝的纵向和横向缺陷的。此外，电磁轭探伤仪还可以用于退磁。

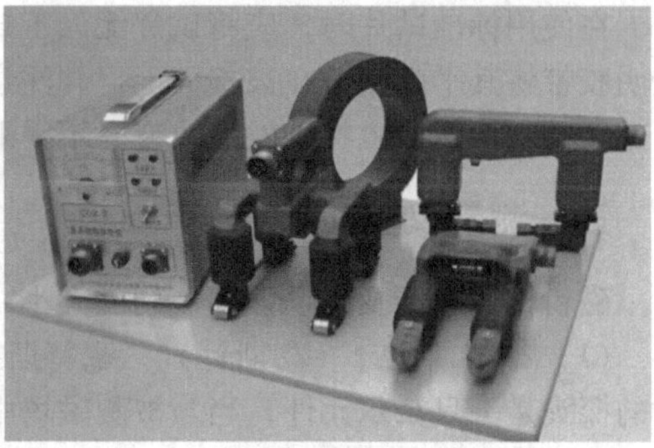

图 5-8　磁粉检测常用便携设备

二、标准试块和试片

磁粉探伤的标准试块和灵敏度试片用于检查探伤设备、磁粉、磁悬液的综合使用性能以及操作者的操作是否正确。此外，还可用于确定被探伤工件表面各点的磁场分布规律，并可用以大致确定合适的磁化电流值。

标准试片在磁粉检测过程中主要有以下的用途：

1）用于检验磁粉检测设备、磁粉和磁悬液的综合性能（系统灵敏度）。

2）用于检测被检工件表面的磁场方向、有效磁化区和大致的有效磁场强度。

3）用于考察所用的探伤工艺规程和操作方法是否妥当。

4）当无法计算复杂工件的磁化规范时，将试片贴在复杂工件的不同部位，可大致确定较理想的磁化规范。

我国使用的标准试片主要有 A1 型、C 型、D 型和 M1 型四种形式。表 5-2 为标准试片常用的规格。磁粉检测时一般应选用 A1-30/100 型标准试片。当检测焊缝坡口等狭小部位，由于尺寸关系，A1 型标准试片使用不便时，一般可选用 C-15/50 型标准试片。为了更准确地推断出被检工件表面的磁化状态，当用户需要或技术文件有规定时，可选用 D 型或 M1 型标准试片。

表 5-2　磁粉探伤标准试片的类型、规格（JB/T 4730—2005）

试片类型	规格：（缺陷槽深/μm）/（试片厚度/μm）（试片边长/mm）		图形和尺寸/mm
A1 型	A1-7/50 A1-15/50 A1-15/100 A1-30/100 A1-60/100		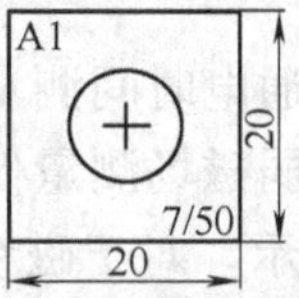
C 型	C-8/50 C-15/50		
D 型	D-7/50 D-15/50		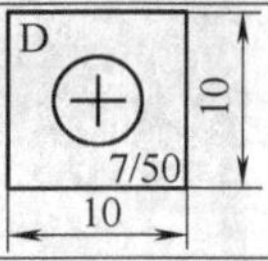
M1 型	ϕ12mm ϕ9mm ϕ6mm	7/50 15/50 30/50	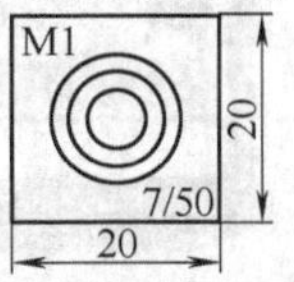

注：C 型标准试片可剪成 5 个小试片分别使用。

在使用标准试片时，应将试片无人工缺陷的面朝外，为使试片与被检面接触良好，可用透明胶带将其平整粘贴在被检面上，并注意胶带不能覆盖试片上的人工缺陷。当标准试片表面有锈蚀、褶折或磁特性发生改变时不得继续使用。

三、测量仪器

磁粉检测中涉及磁场强度、剩磁大小、白光照度、黑光辐照度和通电时间等的测量。

（1）毫特斯拉计（高斯计）　毫特斯拉计是利用霍尔效应制造的测量磁场强度的仪器。它的探头是一只霍尔元件，当与被测磁场中磁感应强度的方向垂直时，霍尔电势差最大，因此，在测量时要转动探头，表头指针的指示值达到最大时读数。国产仪器有 GD-3 型和 CT-3 型毫特斯拉计等。

（2）袖珍式磁强计　袖珍式磁强计主要用于工件退磁后剩磁大小的快速直接测量，也可用于铁磁性材料工件在探伤、加工和使用过程中剩磁的快速测量。使用时，为消除地磁场的影响，工件应沿东西方向放置，将磁强计上有箭头指向的一侧紧靠工件被测部位，指针偏转角度的大小代表剩磁大小。

常见的 XCJ 型袖珍式磁强计有三种规格，即 XCJ-A、XCJ-B 和 LXCJ-C。XCJ-A 有 0 ~ ±10小格（0 ~ ±1mT），XCJ-B 有 0 ~ ±20 小格（0 ~ ±2mT），XCJ-C 有 0 ~ ±5 小格（0 ~ ±0.25mT）。还有 JCZ 型袖珍式磁强计，如图 5-9 所示，其尺寸为 ϕ60mm × 20mm。注意袖珍式磁强计不能用于测量强磁场，也不准放入强磁场影响区，以防精度受到影响。

（3）黑光辐照计　UV-A 型黑光辐照计用于测量波长范围为 320 ~400nm、峰值波长约为 365nm 的黑光的辐照度，如图 5-10 所示。单位是瓦［特］每平方米（W/m^2）或微瓦每平方厘米（$\mu W/cm^2$），$1W/m^2 = 100\mu W/cm^2$。

图 5-9　袖珍式磁强计

黑光辐照计由测光探头和读数单元两部分组成。探头的传感器是硅光电池器件，具有性能稳定的特点，探头的滤光片是特殊研制的优质紫外滤光片，能理想地屏蔽黑光以外的杂光，读数用数字表显示。

（4）通电时间测量器　通电时间测量器（如袖珍式电秒表），用于测量通电磁化时间。

（5）弱磁场测量仪　这是一种高精度仪器，测量精度可达 8×10^{-4} A/m（10^{-5} Oe），如图 5-11 所示。对于磁粉检测来说，它仅用于要求工件退磁后的剩磁极小的场合。

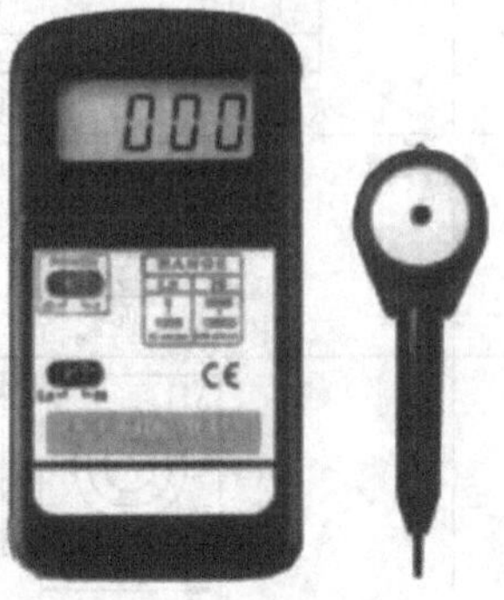

图 5-10　UV-A 型黑光辐照计

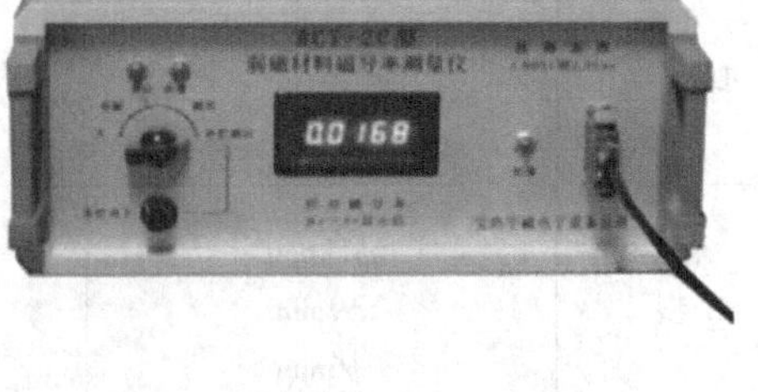

图 5-11　RC-2 型弱磁场测量仪

四、磁粉与磁悬液

磁粉和载液按一定比例混合而成的悬浮液体称为磁悬液。载液是用来悬浮磁粉的液体，磁粉及载液质量的优劣和选择是否恰当，将直接影响磁粉检测的结果。

1. 磁粉

（1）磁粉的种类　磁粉的种类很多，按适用的磁痕观察方式，磁粉分为荧光磁粉和非荧光磁粉；按适用的施加方式，磁粉分为湿法用磁粉和干法用磁粉。

1）荧光磁粉。在黑光下观察磁痕显示所使用的磁粉称为荧光磁粉。

荧光磁粉在黑光照射下，能发出510～550nm 波长范围且对人眼接受最敏感的色泽鲜明的黄绿色荧光，与工件表面颜色的对比度也高，适用于任何颜色的受检表面，容易观察，因而检测灵敏度高，能提高检测速度，荧光磁粉一般只适用于湿法检测。

对在用设备进行磁粉检测时，如果制造时采用高强度钢以及对裂纹（包括冷裂纹、热裂纹和再热裂纹）敏感的材料，或是长期工作在腐蚀介质环境下，有可能发生应力腐蚀裂纹的场合，其内壁宜采用荧光磁粉方法进行检测。对细牙螺纹根部缺陷的检测，也应采用荧光磁粉。

2）非荧光磁粉。在可见光下观察磁痕显示所使用的磁粉称为非荧光磁粉。常用的有四氧化三铁（Fe_3O_4）黑磁粉、γ-三氧化二铁（γ-Fe_2O_3）红褐色磁粉、蓝磁粉和白磁粉，所以也叫彩色磁粉。

（2）磁粉的性能

1）磁特性。磁粉的磁特性与磁粉被漏磁场吸附形成磁痕的能力有关。磁粉应具有高磁导率、低矫顽力和低剩磁的特性。高磁导率的磁粉容易被缺陷产生的微小漏磁场磁化和吸附，聚集起来便于识别。如果磁粉的矫顽力和剩磁大，磁化后，磁粉形成磁极，彼此吸引聚集成团不容易分散开，磁粉也会被吸附到工件表面不易去除，形成过度背景，甚至会掩盖相关显示。若磁粉吸附在管道上，还会使油路堵塞。

2）粒度。磁粉的粒度也就是磁粉颗粒的大小，粒度的大小对磁粉的悬浮性和漏磁场对磁粉的吸附能力都有很大的影响。选择适当的磁粉粒度时，应考虑缺陷的性质、尺寸、埋藏深度及磁粉的施加方式。

在磁粉检测中，一般推荐干法用80～160目的粗磁粉，湿法用300～400目的细磁粉。

3）形状。磁粉有各种各样的形状，如条形、椭圆形、球形或其他不规则的颗粒形状。

球形磁粉能提供良好的流动性，尽管退磁场的影响不容易被漏磁场磁化。但球形磁粉能跳跃着向漏磁场聚集。

为了使磁粉既有良好的磁吸附性能，又有良好的流动性，所以理想的磁粉应由一定比例的条形、球形和其他形状的磁粉混合在一起使用。

4）流动性。为了能有效地检出缺陷，磁粉必须能在受检工件表面流动，以便被漏磁场吸附形成磁痕显示。

5）密度。磁粉的密度对检测结果有一定的影响，因为密度大的磁粉难以被弱的漏磁场吸附，而且在湿法检测中，若磁粉的密度大，则易沉淀、悬浮性差。

6）识别度。识别度是指磁粉的光学性能，包括磁粉的颜色、荧光亮度及与工件表面颜色的对比度。

2. 载液

对于湿法磁粉检测，用来悬浮磁粉的液体称为载液或载体，磁粉检测常用油基载液和水载液，磁粉探伤－橡胶铸型法则使用乙醇载液。

（1）油基载液　常见的 LPW-3 号油基载液的主要技术指标是：

1）闪点。按 GB/T 261—2008 测定时应不低 94℃。

2）运动黏度。按 GB 265—1988 测定，在 38℃时应不大于 3.0mm^2/s，在最低使用温度下应不大于 5.0mm^2/s。

3）荧光。油基载液含有较低的荧光，使用荧光磁粉检测时，不至于干扰荧光磁粉的正常显示。

4）颗粒物。按 SH/T 0093—1991 测定，应不大于 1.0mg/L。

5）总酸值。按 GB/T 258—1977 测定，应不大于 0.15mgKOH/L。

6）气味。应无刺激性和让使用者厌恶的气味。

7）颜色。目测应是水白色油基载液，荧光很低。使用荧光磁粉检测时，不至于干扰荧光磁粉的正常显示。

8）毒性。无毒性。

（2）水载液　水不能单独作为载液使用，因为磁粉检测水载液必须在水中添加润湿剂、防锈剂，必要时还要添加消泡剂，以保证水载液具有合适的润湿性、分散性、防腐蚀性、消泡性和稳定性。

1）润湿性。水磁悬液应能迅速地润湿工件表面，合适的润湿性能可用“水断试验”来确定，pH 值应控制在 8～10。

2）分散性。磁粉能均匀地分散在水载液中，在有效使用期内，磁粉不结团。

3）防腐蚀性。对工件、设备及磁粉本身无腐蚀性。

4）消泡性。能在较短时间内自动消除水载液中的泡沫，以保证检测灵敏度。

5）稳定性。在规定的储存期间，水载液的使用性能不发生变化。

用水作载液的优点是水不易燃、黏度小、来源广、价格低廉，但不适用于在水中浸泡可引起氢脆或腐蚀的某些高强度合金钢和金属材料。

➢【相关知识】

一、焊缝磁粉检测的磁化方法

焊缝磁粉检测常用的磁化方法有磁轭法和交叉磁轭法。

1. 磁轭法

磁轭法用固定式电磁轭两磁极夹住工件进行整体磁化，或用便携式电磁轭两磁极接触工件表面进行局部磁化，用于发现与两磁极连线垂直的缺陷。磁轭法分为整体磁化和局部磁化两种。

（1）整体磁化　如图 5-12 所示，用固定式电磁轭对工件进行整体磁化，实现对工件的磁粉检测。整体磁化法主要适用于形状简单、尺寸较小的工件的磁化。

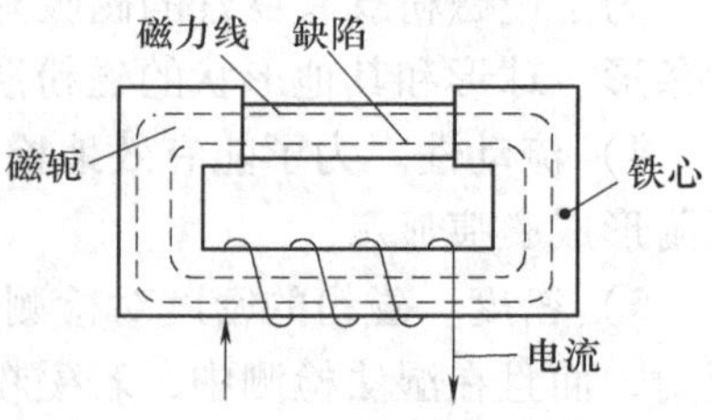

图 5-12　电磁轭整体磁化

（2）局部磁化　用便携式电磁轭的两磁极与工件接触，使工件得到局部磁化，两磁极间的磁力线大体上平行于两磁极的连线，有利于发现与两磁极连线垂直的缺陷，如图 5-13 所示。

便携式电磁轭一般做成活动关节，磁极间距 L 一般控制在 75～200mm 为宜，但最短不得小于 75mm。因为磁极附近 25mm 范围内，磁通密度过大会产生过度背景，有可能掩盖相关显示。在磁路上部磁通量一定的情况下，工件表面的磁场强度随着两极间距 L 的增大而减小，所以磁极间距也不能太大。磁轭法适用于焊接件及各种大、中型工件的局部检验。

2. 交叉磁轭法

电磁轭有两个磁极，进行磁化时只能发现与两极连线垂直的和成一定角度的缺陷，对平行于两磁极连线方向的缺陷则不能发现。使用交叉磁轭进行磁化，可在工件表面产生旋转磁场，如图 5-14 所示。因为在磁化循环的每个周期都能使磁场方向与缺陷延伸方向相垂直，所以一次磁化即可检测出工件表面任何方向的缺陷，检测效率高。

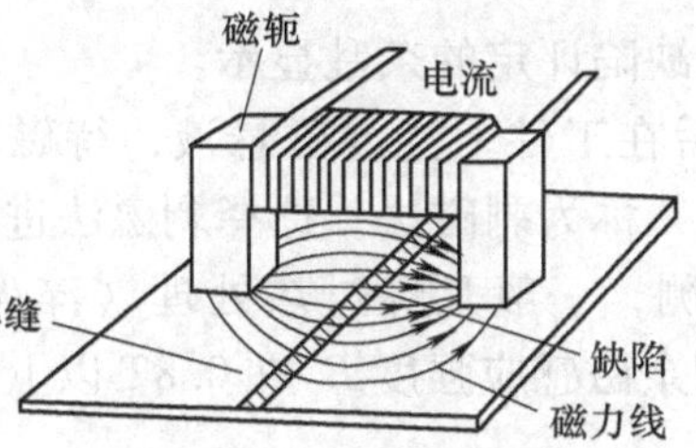

图 5-13　电磁轭局部磁化

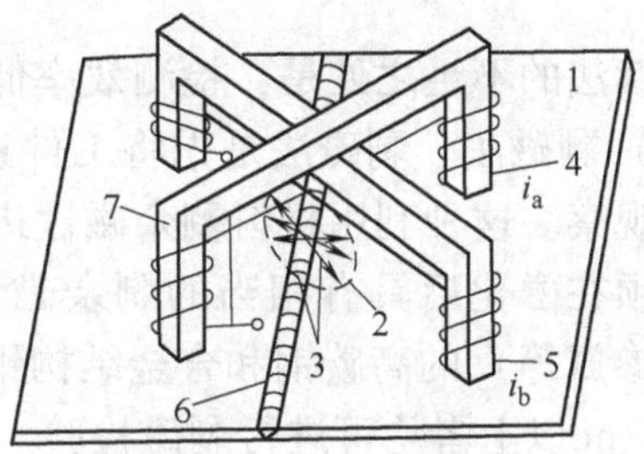

图 5-14　交叉磁轭法

1—工件　2—旋转磁场　3—缺陷　4、5—交流电　6—焊缝　7—交叉磁轭

二、电磁轭法检测的磁化规范

对工件磁化，选择磁化电流值或磁场强度值所遵循的规则称为磁化规范。

采用磁轭法对工件进行磁化时，磁轭对磁化规范的要求是通过磁轭的提升力来反映的。通常用测定电磁提升力来控制其检测灵敏度。磁轭的提升力是指当磁轭磁感应强度峰值 B_m 达到一定大小所对应的磁轭吸引力，可以根据电磁吸引力的大小来求电磁铁所需的安匝或由已知的安匝计算电磁吸引力。磁轭法检测灵敏度可根据标准试片上的磁痕显示和电磁轭的提升力来确定。磁轭磁化时，两磁极间距 L 一般应控制在 75～200mm 之间。当使用磁轭最大间距时，交流电磁轭至少有 45N 的提升力，直流电磁轭至少有 177N 的提升力，交叉磁轭至少有 118N 的提升力。采用便携式电磁轭磁化工件时，其磁化规范应根据标准试片上的磁痕显示来验证；如果采用固定式磁轭磁化工件时，应根据标准试片上的磁痕显示来校验灵敏度是否满足要求。

三、磁粉检测的方法

磁粉检测是以磁粉作显示介质对缺陷进行观察的方法。根据磁化时施加的磁粉介质种类，检测方法分为湿法和干法；按照工件上施加磁粉的时间，检测方法分为连续法和剩磁法。

1. 湿法和干法

磁粉悬浮在油、水或其他液体介质中使用称为湿法。它是在检测过程中，将磁悬液均匀分布在工件表面上，利用载液的流动和漏磁场对磁粉的吸引，显示出缺陷的形状和大小的方法。它适用于检测表面微小缺陷，例如疲劳裂纹、磨削裂纹等。

干法又称干粉法，在一些特殊场合下，不能采用湿法进行检测时，而采用特制的干磁粉按程序直接施加在磁化的工件上，工件的缺陷处即显示出磁痕。干法检测多用于大型铸、锻件毛坯及大型结构件、焊接件的局部区域检查，通常与便携式设备配合使用。

2. 连续法和剩磁法

（1）连续法　连续法又称外加法，是在外加磁场作用下，将磁粉或磁悬液施加到工件上进行磁粉探伤的方法。对工件的观察和检查可在外磁场作用下进行，也可在中断磁场后进行。

连续法的主要优点有：适用于任何铁磁性材料；具有很高的检测灵敏度；能用于复合磁化。

连续法的不足之处是：检测效率低，易出现干扰缺陷评定的杂乱显示。

（2）剩磁法　剩磁法是先将工件进行磁化，然后在工件上浇浸磁悬液，待磁粉凝聚后再进行观察。这种利用材料剩余磁性进行检测的方法，称为剩磁法。选择剩磁法进行检测的工件必须在磁化后具有相当的剩余磁性才能实现检测，一般凡经过热处理（淬火、调质、渗碳、渗氮等）的高碳钢和合金结构钢，其材料的剩余磁感应强度 B_r 在 0.8T 以上，矫顽力在 800A/m 以上者均可进行剩磁检验。

四、磁痕显示分析

磁粉检测的目的是通过磁粉显示来发现不连续性和缺陷的，通常把磁粉检测时磁粉聚集形成的图像称为磁痕。而形成磁粉聚集的原因是各种各样的，工件上所形成的磁痕并不都是由缺陷引起的。由缺陷产生的漏磁场形成的磁痕显示称为相关显示；由工件截面突变和材料磁导率差异产生的漏磁场形成的磁痕显示称为非相关显示；不是由漏磁场形成的磁痕显示称为伪显示。

1. 伪显示

通常，不是由于漏磁而是由不适当的技术或处理引起的磁粉聚集就称为伪显示。出现伪显示的原因主要有：

1）试件表面粗糙（如粗糙的机加工表面、未加工的铸件表面等）导致磁粉滞留。

2）试件表面的氧化皮、锈蚀及覆盖层斑剥处的边缘也会出现磁粉的滞留。

3）表面存在油脂、纤维或其他脏物粘附磁粉形成磁痕显示。

4）磁悬液浓度过大、施加方式不当形成磁粉滞留。

2. 非相关显示

非相关显示不是由缺陷的漏磁引起的，但也是由漏磁场引起的，形成非相关显示的原因很多，一般与工件本身材料、工件的外形结构、采用的磁化规范和工件的制造工艺等因素有关。非相关显示的产生原因、磁痕特征和鉴别方法如下：

（1）磁极和电极附近形成的非相关显示　采用电磁轭检测时，由于磁极与工件接触处，磁力线离开工件表面和进入工件表面都产生漏磁场，而且磁极附近磁感应强度大。同样采用触头法检测时，由于电极附近电流密度大，产生的磁感应强度也大。所以在磁极和电极附近的工件表面上会产生一些磁痕显示。这类磁痕显示的特征是磁极和电极附近的磁痕多而松散，与缺陷产生的相关显示磁痕特征不同，可采用退磁后，改变磁极和电极位置，重新进行检测的方法进行鉴别，如果磁痕不再出现就是非相关显示。

（2）工件截面突变形成的非相关显示　试件内存在孔洞、键槽、齿条的部位由于截面积突变可迫使部分磁力线越出试件形成漏磁场，吸附磁粉，形成非相关显示。这类磁痕显示松散，有一定的宽度，一般都是有规律地出现在同类工件的同一部位。可根据工件的几何形状，找到磁痕显示形成的原因。

（3）磁性能突变　钢锭中出现的枝晶偏析及非金属夹杂物可沿轧制方向延伸形成纤维状组织（流线），流线与基体磁性能有突变即可形成磁痕；金相组织不均匀，由于不同金相组织的磁导率差异形成磁痕；在冷变形后形成的加工硬化区、试件几何形状复杂热加工时冷却速度相差悬殊区、焊接时因温度急剧改变而造成的内应力、使用过的试件上出现应力过大的部位、模锻件的分模面、两种磁导率不同材料的焊接交界处等均可因磁性能突变而形成磁痕。

（4）磁写　当两个已磁化的工件互相接触或用一钢块在一个已磁化的工件上划一下，在接触部位便会产生磁性变化，产生磁痕显示，称为磁写。磁写的磁粉附着发散、模糊不清或是断续出现，可将试件退磁后重新检测。

（5）磁化电流过大　当磁化电流过大时，在工件截面突变的极端处，磁力线并不能完全在工件内闭合，在棱角处磁力线容纳不下时会逸出工件表面，产生漏磁场，吸附磁粉形成磁痕。这类磁痕松散，沿工件棱角处分布，或者沿金属流线分布，形成过度背景。可利用退磁后，采用合适规范磁化，判别磁痕。

3. 相关显示

相关显示是由缺陷产生的漏磁场吸附磁粉形成的磁痕显示。相关显示影响工件的使用性能。遇到相关显示，检验人员要确定引起显示的缺陷的类型，再根据验收标准对工件作出验收或拒收的结论。工件中存在的缺陷不同，磁痕的相关显示特征也不同。

（1）原材料缺陷的磁痕显示　原材料的缺陷在材料进行冷、热加工后，可能被扩展，成为新的缺陷。原材料裂纹的磁痕表现为呈线状，显示强烈，磁粉聚集浓密，轮廓清晰，重现性好。多与金属纤维方向一致。图 5-15 所示为原材料的裂纹示意图。

图 5-15　原材料裂纹

（2）焊接缺陷的磁痕显示　焊接缺陷主要有焊接裂纹、焊接气孔、未焊透及夹渣等。

1）焊接裂纹的磁痕显示。焊接裂纹其磁痕特征呈纵向、横向线状、树枝状或星形线辐射状。显示强烈，磁粉聚集浓密，轮廓清晰，大小和深度不一，重现性好。图 5-16 所示为焊接裂纹的磁痕显示。

2）焊接气孔的磁痕显示。焊接气孔有的单独出现，有的成群出现，其典型磁痕显示是近表面气孔比较淡薄，且不大清晰明显，磁痕的浓密程度与气孔深度有关，即使很小较深的表面气孔的显示也比较明显。

3）未焊透的磁痕显示。未熔合和未焊透的磁痕多呈条状，磁粉聚集程度随未焊透部位到表面距离而异，吸附松散，重现性好，如图 5-17 所示。

图 5-16　焊接裂纹的磁痕显示

图 5-17　未焊透的磁痕显示

【任务实施】

一、检测工艺的制订

1. 检测方法的选择

由于检测工件规格较大，要求进行局部检测，宜使用便携式磁粉检测设备，交流电具有趋肤效应，并且应用反差增强剂、非荧光磁悬液配合，对表面微小缺陷的检测灵敏度较高，故选择非荧光交流湿式连续法检测。

2. 磁化方法的选择

被检测工件结构复杂，适用于便携式电磁轭局部磁化法进行磁化。

3. 磁化规范的确定

采用磁轭法对工件进行磁化时，使用提升力试块检测提升力，当使用磁轭最大间距时，交流电磁轭的提升力应≥45N。

4. 有效磁化区的确定

便携式电磁轭，一般做成带活动关节，磁极间距 L 一般控制在 75 ~ 200mm 为宜，但最短不得小于 75mm。因为磁极附近 25mm 范围内，磁感应强度过大会产生过度背景，有可能掩盖相关显示。在磁路上总磁通量一定的情况下，工件表面的磁场强度随着两极 L 的增大而减小，所以磁极间距也不能太大。JB/T 4730. 4—2005《承压设备无损检测　第 4 部分　磁粉检测》规定：磁轭的磁极间距应控制在 75 ~ 200mm 之间检测的有效区域为

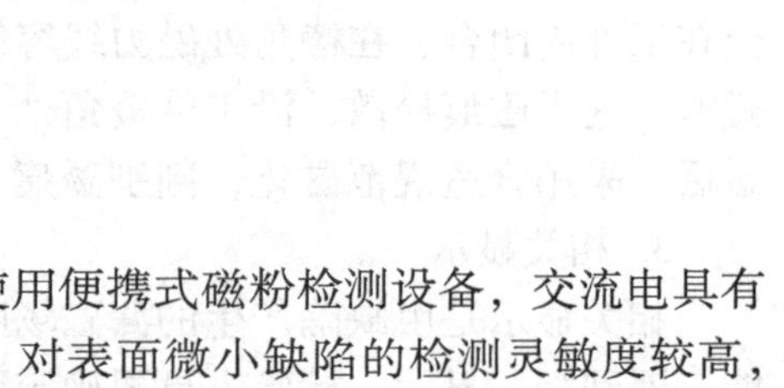

图 5-18　便携式电磁轭磁化的有效磁化区（图中加小点部分）

两极连线两侧各 50mm 的范围内，磁化区域每次应有不少于 15mm 的重叠。欧洲标准 EN1290 也规定便携式电磁轭磁化的有效磁化区如图 5-18 所示的阴影（加小点）部分，面积约为($L-50$mm) × ($L/2$)。有效磁化区最终用标准试片的磁痕显示来确定。

二、操作指导

1. 工件表面预处理

1）清除工件表面油脂、铁锈、飞溅、氧化皮或其他粘附磁粉的物质。

2）被检工件表面粗糙度值 $Ra \leqslant 25\mu m$，否则应打磨。

3）如被检工件表面有涂层，其均匀厚度≤0.05mm 时，合同各方同意可不处理。

4）工件表面喷白色反差增强剂。

2. 综合灵敏度测试

根据工件材质等情况选用 A1 型灵敏度试片，磁化时认真观察磁痕的形成及方向、强弱和大小。

3. 工件磁化

1）调节电磁轭活动关节，保证磁极与工件接触良好。

2）施加反差增强剂，要求薄而均匀。

3）先用磁悬液润湿工件表面，在通电磁化的同时浇磁悬液，停止浇磁悬液后再通电数次，通电时间为 1～3s，停止施加磁悬液至少 1s 后，待磁痕形成并滞留下来时方可停止通电，再进行磁痕观察和记录。

4）磁轭法磁化时应注意两次磁化时方向应大致垂直，并保证合适的磁极间距。间距太小，磁极附近产生的过度背景有可能影响缺陷检出；间距过大，则会使有效磁场强度减弱，检测灵敏度降低。磁轭操作方法如图 5-19 所示。

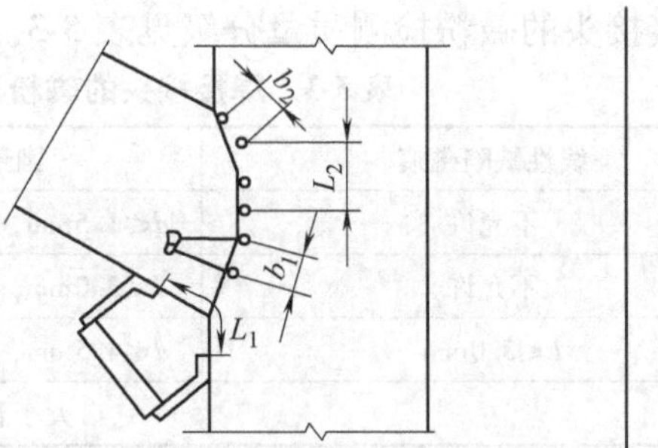

图 5-19 磁轭操作方法

4. 磁痕观察与记录

1）应用白光照度计检测工件表面光照度。被检工件表面可见光照度应不小于 1000lx，并应避免强光和阴影。当现场检测采用便携式设备检测时，被检工件表面可见光照度应不低于 500lx。

2）观察微小缺陷必要时可采用 2～10 倍放大镜。

3）磁痕的记录与保存。记录磁痕一般采用以下方法：

① 照相。照相是用照相摄影器材拍摄下缺陷磁痕作为记录保存的方法，进行拍摄时尽可能拍摄工件的全貌和实际尺寸，也可以拍摄工件的某一特征部位，同时把刻度尺拍摄进去。

② 贴印。贴印是利用透明胶纸粘贴复印磁痕的方法。将工件表面有缺陷部位清洗干净，施加用酒精配制的低浓度黑磁粉磁悬液，在磁痕形成后，轻轻漂洗掉多余的磁粉，待磁痕干后用透明胶纸粘贴复印磁痕显示，贴在记录表格上，并做好磁痕的位置标注，进行

保存。

③ 橡胶铸型法。橡胶铸型法是将显示出来的不连续磁痕用室温硫化硅橡胶进行复印，利用这种方法可对一些难于观察的重要孔穴内的磁痕进行保存。

④ 绘制磁痕草图。在草图上或表格上绘制出缺陷磁痕显示的位置、形状、尺寸和数量等进行保存。

⑤ 可剥性涂层。在工件表面有缺陷磁痕处喷上一层快干可剥性涂层，干后揭下保存。

利用上述方法记录下的磁痕图像，应按规定加以保存。

5. 缺陷磁痕的评定与工件验收

磁粉检测中，相关缺陷的磁痕显示反映了工件材料的有关信息，应根据产品验收技术条件对磁痕的大小、形状和性质给予评定，以确定产品是否合格。

（1）磁痕的分类　JB/T 4730.4—2005 标准对磁痕显示的分类规定如下：

1）长度与宽度之比大于 3 的缺陷磁痕，按条状磁痕处理；长度与宽度之比不大于 3 的磁痕，按圆形磁痕处理。

2）长度小于 0.5mm 的磁痕不计。

3）两条或两条以上缺陷磁痕在同一直线上且间距不大于 2mm 时，按一条磁痕处理，其长度为两条磁痕之和加间距。

4）缺陷磁痕长轴方向与工件（轴类或管类）轴线或母线的夹角大于或等于 30°时，按横向缺陷处理，其他按纵向缺陷处理。

（2）磁粉检测质量分级　磁粉检测质量分为 4 级，其中 Ⅰ 级为质量最高级，Ⅳ 级为质量最低级。焊接接头的磁粉检测质量分级见表 5-3。

表 5-3　焊接接头的磁粉检测质量分级

等级	线性缺陷磁痕	圆形缺陷磁痕（评定框尺寸为 35mm × 100mm）
Ⅰ	不允许	$d \leqslant 1.5$mm，且在评定框内不多于 1 个
Ⅱ	不允许	$d \leqslant 3.0$mm，且在评定框内不多于 2 个
Ⅲ	$L \leqslant 3.0$mm	$d \leqslant 4.5$mm，且在评定框内不多于 4 个
Ⅳ	大于 Ⅲ 级	

注：L 表示线性缺陷磁痕长度（mm）；d 表示圆形缺陷磁痕长径（mm）。

在圆形缺陷评定区内同时存在多种缺陷时，应进行综合评级。对各类缺陷分别评定级别，取质量级别最低的级别作为综合评级的级别；当各类缺陷的级别相同时，则降低一级作为综合评级的级别。

【任务评价】

焊接接头磁粉检测考核评分标准见表 5-4。

表 5-4　焊接接头磁粉检测考核评分标准

序号	考核内容	评分要素	配分	评分标准	扣分	得分
1	准备工作	1）检查材料、设备及工具 2）预清理：对灵敏度试片进行清理擦拭；对试件或零件表面进行清理	10	1）设备、器材选用错误扣 5 分 2）未进行擦拭扣 5 分		

（续）

序号	考核内容	评分要素	配分	评分标准	扣分	得分
2	确定检测工艺	1）结合被检工件的检测要求，确定磁化方法 2）根据磁化方法选用磁悬液 3）根据检测灵敏度要求，选用灵敏度试片 4）确定磁化规范	20	1）磁化方法选择错误扣5分 2）标准试片选择错误扣5分 3）磁悬液选择错误扣5分 4）磁化规范选择错误扣5分		
3	磁粉检测操作	磁化操作： 1）利用灵敏度试片进行灵敏度测试 2）进行提升力测试 3）要进行磁场方向相互垂直的两次磁化 4）要保持合理的磁极间距	20	1）未利用试片进行灵敏度测试扣5分 2）未进行提升力测试扣5分 3）未进行两个方向的磁化扣5分 4）磁化规范不正确扣5分		
		施加磁悬液： 1）施加磁悬液必须润湿试件表面 2）施加磁悬液时要使其能够流动，不得影响已形成的磁痕 3）停止施加磁悬液后方可断电，然后再通电2次	10	未润湿表面扣2分 未能够流动扣2分 影响已形成磁痕扣2分 未在通电或通磁条件下施加扣2分 未按要求操作扣2分		
		磁痕的观察与记录： 1）磁痕的观察应在试件或零件表面上的光照度不小于1000lx的条件下进行 2）能正确地测量磁痕的尺寸 3）采用适当的方法做好原始记录	15	1）没测定光照度或光照度达不到要求扣5分 2）磁痕尺寸测量每错1处扣2分 3）缺陷磁痕记录每错1处扣2分		
		缺陷评定与结论： 根据记录的缺陷性质、尺寸大小，对照执行标准的规定进行正确评定	10	质量等级评定错误扣10分		
		后处理工序： 应试完毕后应将试件或零件表面清理干净	5	未清洗扣5分		
4	团队合作能力	能与同学进行合作交流，并解决操作时遇到的问题	10	不能与同学进行合作交流解决操作时遇到的问题扣10分		
		合计	100			

任务三　轴类工件的磁粉检测

【学习目标】

1）了解轴类工件磁粉检测的检测方法。

2）熟悉磁粉检测行业标准，能独立地完成轴类工件磁粉检测工艺的制订。

3）掌握轴类工件磁粉检测的操作要点，完成磁粉检测的操作。

4）根据检测标准，对检测工件进行质量等级评定。

【任务描述】

某机床传动轴（局部）结构尺寸如图5-20所示。材料牌号为20Cr13，热处理状态为调质处理（1050℃油淬，550℃回火），齿轮表面为淬火处理（860℃油淬）。工件为机加工表面，该工件经磁粉检测后需精加工。工件检测现场白光照度为400lx，现要求按JB/T 4730.4—2005标准确定该机床传动轴（局部）磁粉检测工艺并进行现场操作。

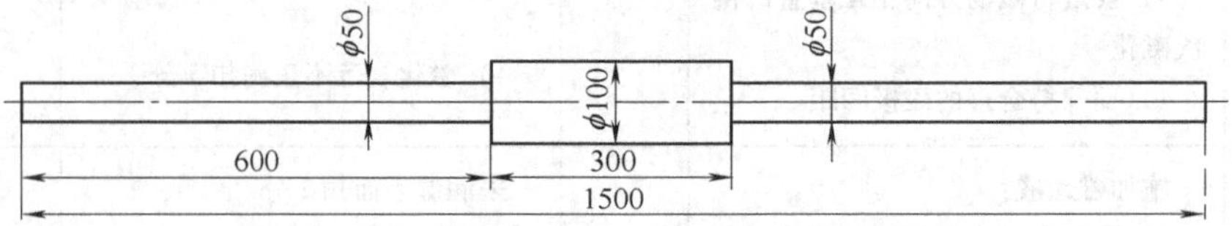

图5-20　传动轴

【设备与器材】

一、磁粉探伤机

1. 固定式磁粉探伤机

固定式磁粉探伤机安装在固定的场所，电流可以是直流电源，也可以是交流电源。额定周向磁化电流一般为1000～10000A。最常见的固定式磁粉探伤机为卧式湿法磁粉探伤机，设有放置工件的床身，可进行包括通电法、中心导体法、感应电流法、线圈法、磁轭法整体磁化或复合磁化等多种磁化方式。图5-21所示为CDG-3000型磁粉探伤机。

无论是一体型，还是分立型磁粉探伤机，它们一般都包括几个主要部分，即磁化电源、工件夹持装置、指示与控制装置、磁粉或磁悬液施加装置、照明装置和退磁装置等。

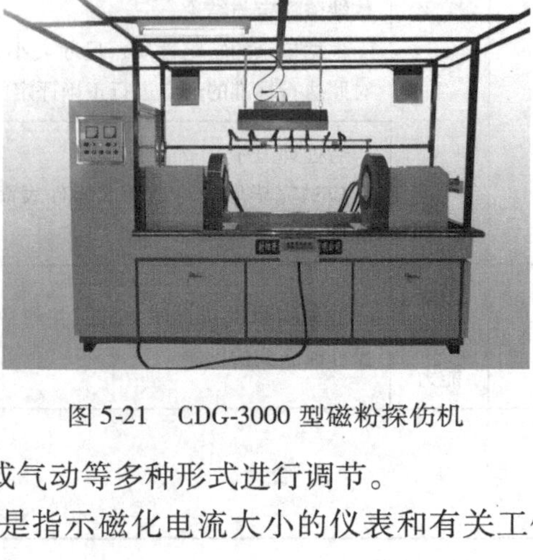

图5-21　CDG-3000型磁粉探伤机

（1）磁化电源　磁化电源是磁粉探伤机的核心部分，它的作用是产生磁场，磁化工件。固定式磁粉探伤机上一般配有螺线管对工件进行纵向磁化，也可用于对工件退磁。

（2）工件夹持装置　固定式磁粉探伤机都有夹持工件的磁化夹头或触头。为了适应不同规格的工件，夹头的间距是可调的，并可用电动、手动或气动等多种形式进行调节。

（3）指示和控制装置　磁粉探伤机的指示装置是指示磁化电流大小的仪表和有关工作

状态的指示灯，主要包括电流表、电压表等。

（4）磁粉和磁悬液施加装置　固定式磁粉探伤机的磁悬液喷洒装置由磁悬液槽、电动泵、软管和喷嘴组成。磁悬液槽用于储存磁悬液，并通过电动泵叶片将槽内磁悬液搅拌均匀，依靠泵的压力使磁悬液通过软管从喷嘴喷洒到工件上。在磁悬液槽的上方装有格栅，用于摆放工件和滴落回收磁悬液。为防止铁屑杂物进入磁悬液槽内，在回流口上装有过滤网。

（5）照明装置　磁粉检测照明装置主要有荧光灯和黑光灯。固定式磁粉探伤机一般已配置相应设备，其他探伤机应另外携带。

使用非荧光磁粉检测时，被检工件表面应有足够的自然光或荧光灯照明。被检工件表面可见光照度应不小于1000lx，并应避免强光和阴影。当现场检测采用便携式设备检测时，被检工件表面可见光照度应不低于500lx。

使用荧光磁粉检测时使用黑光灯照明，被检工件表面的黑光辐照度应大于或等于1000$\mu W/cm^2$，同时环境可见光照度应不大于20lx。

（6）退磁装置　退磁装置应保证被磁化工件上的剩磁减小到不妨碍工件使用的程度。有的退磁装置作分立件单独设置，有的则直接装在探伤机上。

2. 移动式磁粉探伤机

移动式磁粉探伤机是一种分立式的探伤装置，具有较大的灵活性和良好的适应性。它的体积较固定式小，重量比固定式轻，能在许可的范围内自由移动，便于适应不同检查要求的需要。移动式磁粉探伤机主体是一个用晶闸管控制的磁化电源，配合使用的附件为支杆探头、磁化线圈（或电磁轭）、软电缆等。该类型设备的磁化电流和退磁电流从100A到6000A，最高可达到10000A。这类设备一般装有滚轮可推动，或吊装在车上拉到检测现场，主要用于对大型工件进行探伤。图5-22所示为移动式磁粉探伤机。

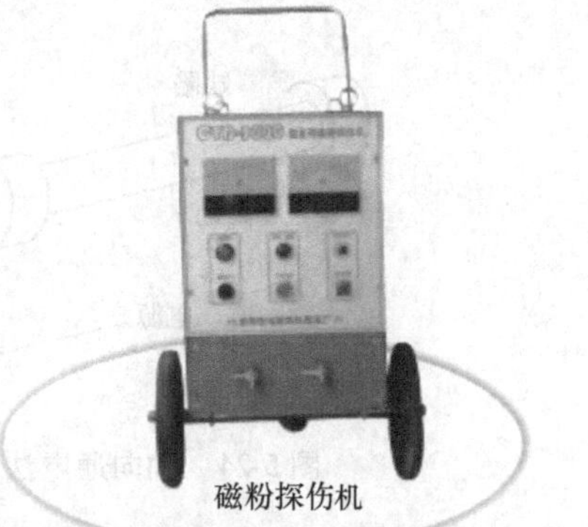

图5-22　移动式磁粉探伤机

二、磁场指示器

磁场指示器是用电炉铜焊条将8块低碳钢片与铜片焊在一起的磁场方向指示装置，用于表示被检工件表面磁场方向、有效检测区以及磁化方法是否正确的一种粗略校验工具，但不能作为磁场强度及其分布的定量指示，如图5-23所示。

使用时将指示器铜面朝上，八块低碳钢面朝下紧贴被检工件，用连续法给指示器铜面施加磁悬液，观察磁痕可以了解试验工件表面上磁场的方向，由于这种试块刚性较大，不可能与工件表面（尤其是曲面）很好贴合，难以模拟出真实工件表面状况，所以不能作为磁场强度大小及磁场分布的定量依据。

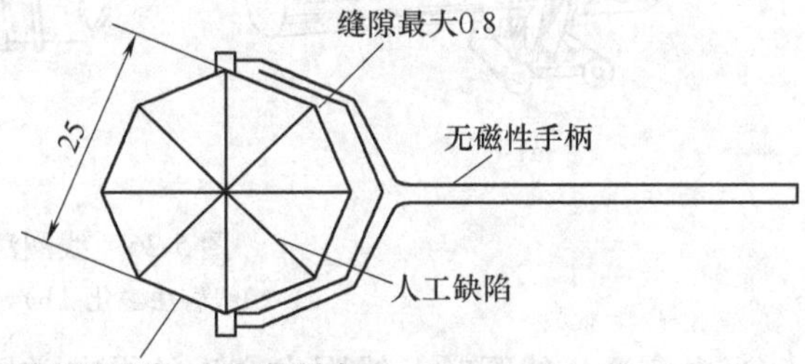

图5-23　磁场指示器

➢【相关知识】

一、轴类工件磁粉检测的磁化方法

轴类工件的特点是工件长和宽的比值较大，常以压延拉伸或锻造成形，在锻造成形过程中，钢锭中的气泡、夹杂物等一般都被拉长变细，折叠、拉痕等也呈纵向分布，沿轴向延伸。因此，这类工件检测时主要以轴向通电法为主。如果加工过程中可能产生横向缺陷（如淬火裂纹、磨削裂纹等），则可辅以线圈法或磁轭法等纵向磁化的方法。

1. 轴向通电法

轴向通电法是将工件夹于探伤机的两磁化夹头之间，使电流从被检工件上直接流过，在工件的表面和内部产生一个闭合的周向磁场，用于检查与磁场方向垂直、与电流方向平行的纵向缺陷。图 5-24 所示是轴向通电法最常用的磁化方法之一。图 5-25 所示方法不适用大电流磁化。

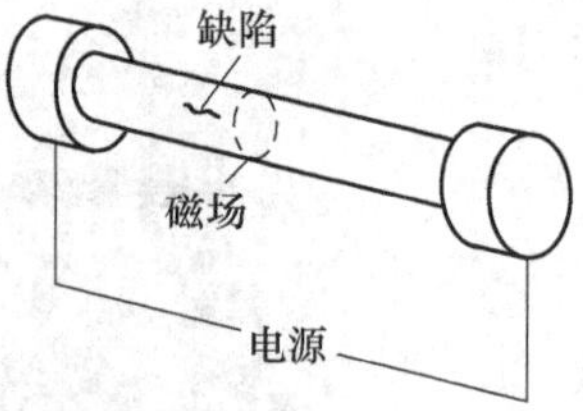

图 5-24　轴向通电法

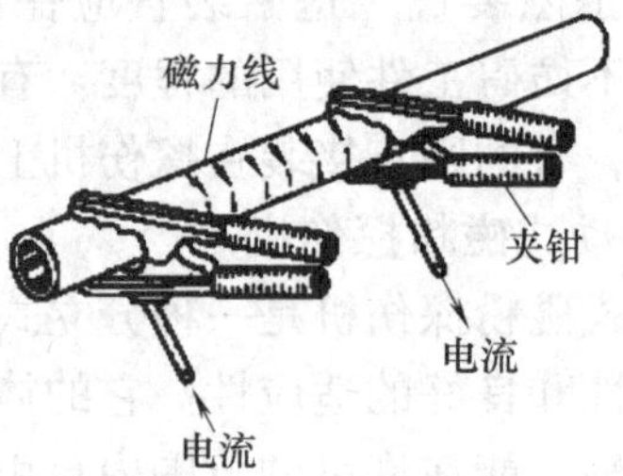

图 5-25　夹钳通电法

轴向通电法适用于实心和空心工件的焊缝、机加工件、轴类工件、管子、铸钢件和锻钢件的磁粉检测。

2. 线圈法

线圈法是将工件放在通有电流的螺线管中或根据工件形状的不同缠绕电缆形成的线圈中进行磁化的方法，如图 5-26 所示。

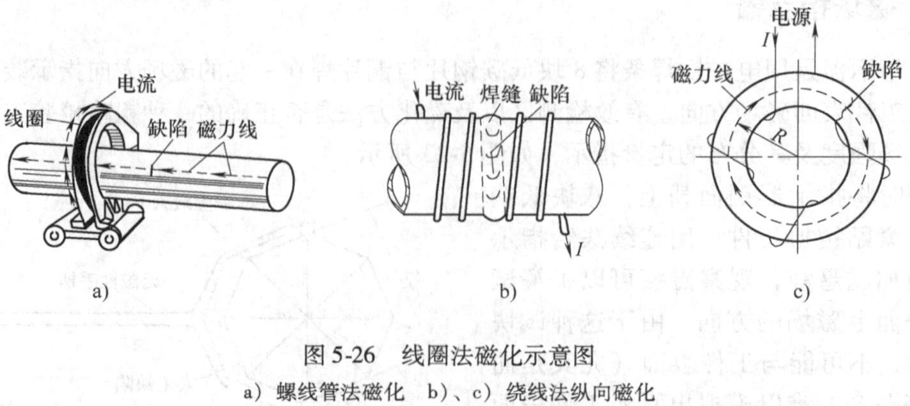

图 5-26　线圈法磁化示意图

a）螺线管法磁化　b）、c）绕线法纵向磁化

当电流通过线圈时，线圈中产生的纵向磁场将使线圈中的工件感应磁化。能发现工件上沿圆周方向上的缺陷，即与线圈轴线垂直方向上的横向缺陷。利用短螺线管线圈进行磁化

时，形成的磁场是一个不均匀的纵向磁场，工件在磁场中得到的是不均匀的磁化。距螺线管中心越近，磁场越弱，因此，工件磁化时应将工件放在靠近其内壁处。对于长工件，应分段磁化每一个有效磁化区，并应有10%的有效磁场重叠。同时，将工件围绕平行于线圈中心轴线的方向转动，进行多次磁化。对于不能放进螺线管的大型工件，可采用绕电缆法磁化。

二、轴类工件磁化规范

轴类工件常用的磁化方法为中心导体法和线圈法，这里主要介绍这两种磁化方法磁化规范。

1. 轴向通电法磁化规范

（1）通电圆柱导体的磁场强度计算　当电流流过圆柱导体时，产生的磁场是以导体中心轴线为圆心的同心圆，如图5-27所示。

通电圆柱导体表面的磁场强度可由安培环路定律推导，若采用SI单位制，因圆周对称，则通电圆柱导体表面的磁场强度的计算公式为

$$H = \frac{I}{2\pi R} \tag{5-5}$$

式中　H——磁场强度（A/m）；

I——电流（A）；

R——圆柱导体半径（m）。

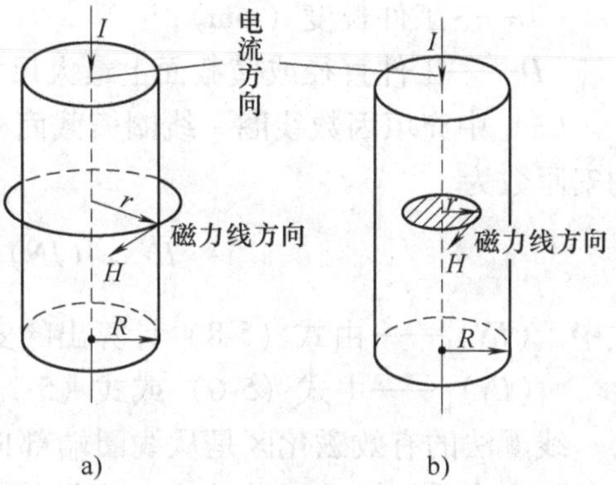

图5-27　通电圆柱导体的磁场
a）导体外的磁场　b）导体内的磁场

（2）轴向通电法的磁化规范　采用轴向通电法对工件进行磁化时，其磁化规范可由表5-5确定。

表5-5　轴向通电法的磁化规范

检测方法	磁化电流计算公式	
	AC	FWDC
连续法	$I=(8\sim15)D$	$I=(12\sim32)D$
剩磁法	$I=(25\sim45)D$	$I=(25\sim45)D$

注：1. I为磁化电流（A）；圆柱形直径D为工件直径（mm）。
2. 对于非圆柱形工件，D为工件横截面上最大尺寸（mm）。

2. 线圈法磁化规范

线圈法磁化按线圈横截面积与被检工件横截面积的比值可分为低充填因数法、中充填因数法和高充填因数法。

（1）低充填因数线圈法磁化规范　线圈横截面面积与被检工件横截面面积之比$Y\geqslant10$时，称为低充填因数。

1）当工件偏心放置时，线圈的安匝数为

$$IN = \frac{45000}{L/D}(\pm 10\%) \tag{5-6}$$

2）当工件正中放置于线圈中心时，线圈的安匝数为

$$IN = \frac{1690R}{6(L/D)-5}(\pm 10\%) \tag{5-7}$$

当 $L/D>2$ 时，可应用上式进行计算。若 $L/D\leqslant 2$ 时，应在工件两端连接与被检工件材料接近的磁极块，使 $L/D>2$。若 $L/D\geqslant 15$ 时，仍按 15 计算。

（2）高充填因数线圈　线圈横截面积与被检工件横截面积之比 $Y\leqslant 2$ 时，线圈的安匝数为

$$IN=\frac{35000}{(L/D)+2}(\pm 10\%) \tag{5-8}$$

式中 I——施加在线圈上的磁化电流（A）；

N——线圈匝数；

R——线圈半径（mm）；

L——工件长度（mm）；

D——工件直径或横截面上最大尺寸（mm）。

（3）中充填因数线圈　线圈横截面积与被检工件横截面积之比 $Y>2$ 且 $Y<10$ 时，线圈的安匝数为

$$IN=(IN)_{\mathrm{h}}\frac{10-Y}{8}+(IN)_{\mathrm{l}}\frac{Y-2}{8} \tag{5-9}$$

式中 $(IN)_{\mathrm{h}}$——由式（5-8）计算出的安匝数；

$(IN)_{\mathrm{l}}$——由式（5-6）或式（5-7）计算出的安匝数。

线圈法的有效磁化区是从线圈端部向外延伸 150mm 的范围内，超过 150mm 之外区域，磁化强度应采用标准试片确定。当被检工件太长时，应进行分段磁化，且应有一定的重叠区。重叠区应不小于分段检测长度的 10%。检测时，磁化电流应根据标准试片实测结果来确定。

➢【任务实施】

一、检测工艺的制订

1. 检测方法的选择

该工件属于轴类工件，主要以轴向通电法为主。如果加工过程中可能产生横向缺陷（如淬火裂纹、磨削裂纹等），则可辅以线圈法或磁轭法等纵向磁化的方法。工件表面为机加工表面，表面粗糙度值较低，非荧光磁粉检测能满足灵敏度要求。采用交流湿连续法检测，对工件表面微小缺陷检测灵敏度高，与固定式设备配合使用，磁悬液可回收，操作方便，检测效率高。综上所述，此工件应选择非荧光交流湿连续轴向通电法和线圈法进行检测。

2. 检测设备与器材的选用

由于该工件选用轴向通电法和线圈法进行检测，可选用固定式磁粉探伤机进行检测，这里选用 CDG-3000 型磁粉探伤机，其线圈直径为 300mm，线圈匝数 N 为 5。

根据工件检测灵敏度的要求，选用 A1 型标准试片检验磁粉检测设备、磁粉和磁悬液的综合性能，了解被检工件表面有效磁场强度和方向、有效检测区以及磁化方法是否正确。

3. 磁化规范的制订

（1）轴向通电法磁化规范的制订　查表 5-5，交流连续法轴向通电法磁化规范为 $I=(8\sim15)D$，因为本工件截面尺寸不等，所以磁化时应先用小规范 I_1 磁化小直径，后用大规范

I_2 磁化大直径。

$$I_1 = (8 \sim 15)D_1 = [(8 \sim 15) \times 50]\text{A} = 400 \sim 750\text{A}$$

$$I_2 = (8 \sim 15)D_2 = [(8 \sim 15) \times 100]\text{A} = 800 \sim 1500\text{A}$$

（2）线圈法磁化规范的制订　根据线圈直径与工件的规格确定线圈法磁化规范。工件为不等径轴，则线圈法磁化规范根据轴的直径不同，分别进行设定。

1）细轴部分的磁化规范。由传动轴的尺寸可知，$L=1500\text{mm}$，$D=50\text{mm}$，则 $L/D=30$。$Y=\dfrac{S}{S_1}=\dfrac{300^2}{50^2}=36$；$Y=36>10$，为低充填因数。选用偏心放置法进行磁化，则其磁化规范为：

$IN=\dfrac{45000}{L/D}=\dfrac{45000}{30}=1500$，因为 $N=5$，所以 $I=\dfrac{1500}{5}\text{A}=300\text{A}$。

2）粗轴部分的磁化规范。粗轴部分的尺寸为 $L=1500\text{mm}$，$D=100\text{mm}$，则 $L/D=15$。$Y=\dfrac{S}{S_1}=\dfrac{300^2}{100^2}=9$，代入中充填因数线圈公式中，得

$$IN=(IN)_\text{h}\frac{10-Y}{8}+(IN)_1\frac{Y-2}{8}=0.125(IN)_\text{h}+0.875(IN)_1$$

$$(IN)_1=\frac{45000}{L/D}=\frac{45000}{15}=3000$$

$$(IN)_\text{h}=\frac{35000}{(L/D)+2}=\frac{35000}{17}=2058.82$$

因为 $IN=0.125\times2058.82+0.875\times3000=2650.73$，且 $N=5$，所示 $I=(2650.73/5)\text{A}=530.15\text{A}$

二、操作指导

1. 工件表面预处理

1）清除工件表面油脂、铁锈、氧化皮或其他粘附磁粉的物质。

2）被检工件表面粗糙度值 $Ra\leqslant25\mu\text{m}$，否则应打磨。

3）如被检工件表面有涂层，其均匀厚度≤0.05mm 时，合同各方同意可不处理。

4）磁粉检测前先将表面润湿，如果出现“水断”现象，说明表面处理不合格，应重新处理。

2. 工件表面光照度测量

JB/T 4730.4—2005 标准规定：非荧光磁粉检测时，缺陷磁痕的评定应在可见光下进行，通常工件被检表面可见光照度应大于或等于 1000lx；由于条件所限无法满足时，可见光照度可适当降低，但不得低于 500lx。

该工件检测现场表面光照度为 400lx，需要增加照明使工件表面光照度大于或等于 1000lx。

3. 磁悬液浓度测定

为了正确进行磁粉探伤，需要定期测试磁悬液的浓度：

1）检测前将探伤机的喷液系统运行 20min 以上，使磁悬液得到充分搅拌达到均匀。

2）检验频率为每班两次，上、下班各一次并作相应记录。

3）取磁悬液 100mL 放入磁悬液测淀管，静置 30min。

4）读出测淀管内底部的磁粉沉积量，检查磁悬液是否在规定的浓度范围内，非荧光磁粉：1.0～2.4mL/100mL。

4. 综合灵敏度测试

本工件检测时选用 A1 型标准试片且表面无锈蚀、褶皱及磁特性发生改变，标准试片使用时，首先将标准试片无人工缺陷的面朝外，为使试片与被检面接触良好，可用透明胶带将其平整粘贴在被检面上，并注意胶带不能覆盖试片上的人工缺陷，然后施加磁悬液并磁化，当试片显示清晰磁痕时，证明综合灵敏度满足本工件检测要求。

5. 工件磁化

（1）轴向通电法磁化　先用磁化夹头夹紧工件后自锁，选择磁化开关为“周向”。使电压至一定值时，踩动脚踏开关，检查纵向电流表是否达到规定指示值。未达到或超过时，应重新调节电压后再进行检查，使磁化电流达到规定值。先用磁悬液润湿工件表面，在通电磁化的同时浇磁悬液，停止浇磁悬液后再通电数次，通电时间为 1～3s，停止施加磁悬液至少 1s 后，待磁痕形成并滞留下来时方可停止通电，再进行磁痕观察和记录。操作要点为湿连续法宜用浇法和喷法，液流要微弱，以免冲刷掉缺陷上已形成的磁痕显示，但不能采用刷涂法。

（2）线圈法磁化　线圈法磁化与通电磁化方法相同，选择磁化开关为“纵向”，所观察电流表为指示面板下部中间的纵向电流表。

6. 磁痕观察与记录

锻造件的缺陷主要有锻造裂纹、锻造折叠、白点。

（1）锻造裂纹的磁痕显示特征　锻造裂纹的形成与工件材料的冶金缺陷有关，也与锻造时的工艺处理不当有关，磁痕特征是大多呈现没有规则的线状，具有尖锐的根部或边缘，磁痕浓密清晰，呈折线或曲线状，多出现在变形比较大的部位或边缘。擦去磁痕后再重新磁化，磁痕重新出现。图 5-28 所示为锻造裂纹的显示图片。

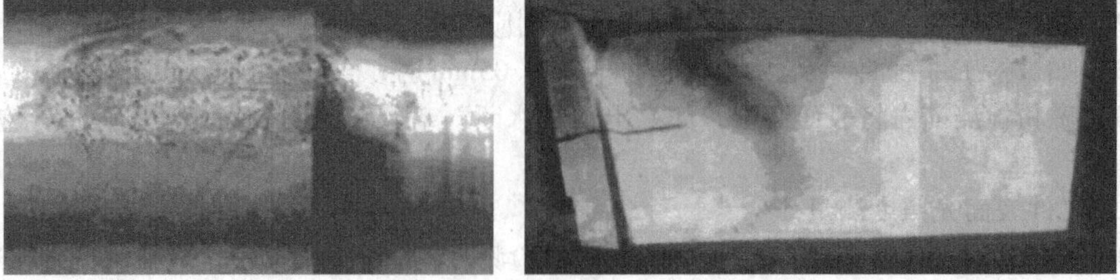

图 5-28　锻造裂纹

（2）锻造折叠的磁痕显示特征　锻造折叠是一部分金属被卷折或重叠在另一部分金属上，即金属间被紧紧挤压在一起但仍未熔合的区域。可发生在工件表面的任何部位，并与工件表面呈一定角度。其产生原因如下：

1）由于模具设计不合理形成的折叠，磁痕呈纵向直线状，多出现在倒角部位。

2）由于锻造时打击过猛形成的折叠，磁痕呈纵向弧形线。折叠的磁痕一般不浓密清晰，如图 5-29 所示。

（3）白点的磁痕显示特征　钢材经锻压或轧制加工时，冷却过程中氢气析不出钢液而进入钢中微隙并且结合成分子状态，它和钢相变时所产生局部应力相结合，形成巨大的局部压力，在达到钢的破裂程度以上时使钢产生内部破裂形成白点。白点的磁痕特征表现为：在横断面上，白点磁痕呈锯齿状或短曲线状，形似幼虫样。磁痕吸附浓厚而紧密，轮廓清晰，中部粗大，两端尖细略成辐射状分布。在纵向剖面上，磁痕沿轴向分布，类似发纹，但磁痕略弯，磁粉吸附浓密而清晰。图 5-30 所示为白点的磁痕显示。

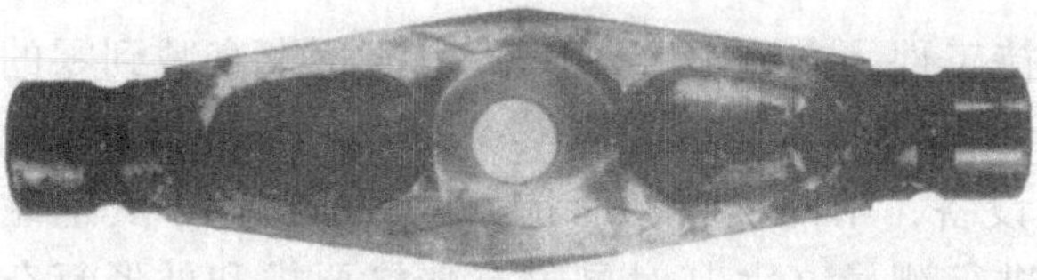

图 5-29　锻造折叠

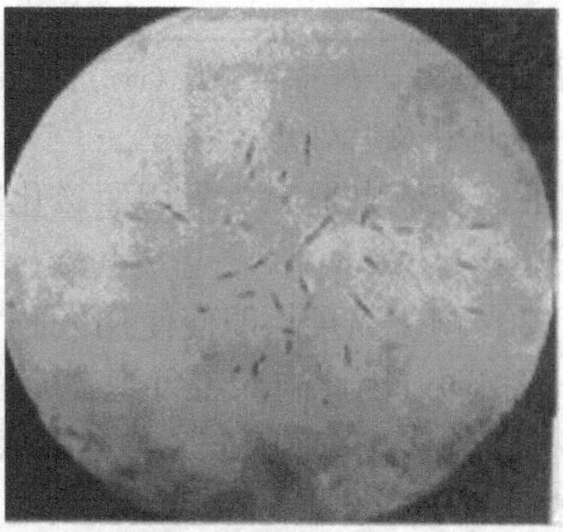

图 5-30　白点（横断面）

（4）淬火裂纹磁痕显示特征　工件淬火冷却时产生的裂纹称为淬火裂纹，它是由于钢在高温快速冷却时产生的热应力和组织应力超过钢的抗拉强度时引起的开裂，所以，它一般都产生在工件的应力集中部位，如孔、键槽、尖角及截面突变处。淬火裂纹比较深，尾端尖，呈直线或弯曲线状，磁痕显示浓密清晰，如图 5-31 所示。

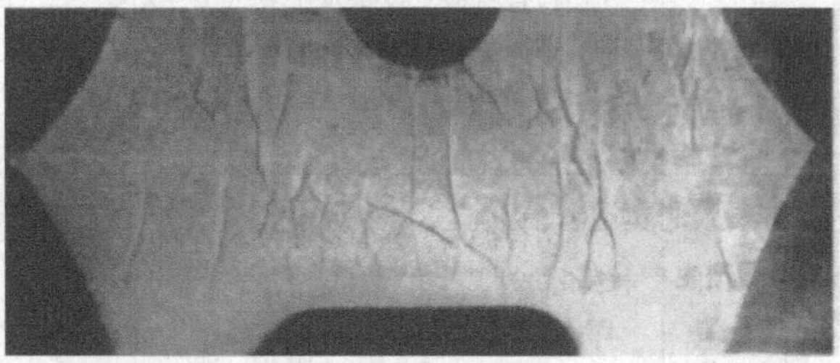

图 5-31　淬火裂纹

（5）表面淬火裂纹　表面淬火时由于加热冷却均匀而产生喷水应力裂纹。磁痕呈网状或平行分布，也有单个分布的，面积一般较大。

将观察到的结果可利用照相法、橡胶铸型法、绘制磁痕草图法等进行记录。

7. 缺陷磁痕的评定与工件验收

按工件检测的技术要求 JB/T 4730. 4—2005 标准Ⅰ级合格，JB/T 4730. 4—2005 标准磁粉检测质量分级规定如下：

（1）不允许存在的缺陷

1）不允许存在任何裂纹和白点。

2）紧固件和轴类零件不允许任何横向缺陷显示。

（2）受压加工部件和材料磁粉检测质量分级　受压加工部件和材料磁粉检测质量分级见表 5-6。

在圆形缺陷评定区内同时存在多种缺陷时，应进行综合评级。对各类缺陷分别评定级别，取质量级别最低的级别作为综合评级的级别。当各类缺陷的级别相同时，则降低一级作为综合评级的级别。

表 5-6　受压加工部件和材料磁粉检测质量分级

等级	线性缺陷磁痕	圆形缺陷磁痕（评定框尺寸为 $2500mm^2$，其中一条矩形边长最大为 150mm）
Ⅰ	不允许	$d \leq 2.0$mm，且在评定框内不多于 1 个
Ⅱ	$l \leq 4.0$mm	$d \leq 4.0$mm，且在评定框内不多于 2 个
Ⅲ	$l \leq 6.0$mm	$d \leq 6.0$mm，且在评定框内不多于 4 个
Ⅳ	大于Ⅲ级	

注：l 表示线性缺陷磁痕长度（mm）；d 表示圆形缺陷磁痕长度（mm）。

8. 退磁及后处理

（1）交流电退磁　采用两磁化夹头夹持工件，交流电（50Hz）电流逐渐衰减到零的衰减法退磁。

（2）剩磁测量　即使使用同样的退磁设备，不同材料、形状和尺寸的工件，其退磁效果仍不相同。因此应对工件退磁后的剩磁进行测量（尤其对剩磁有严格要求和外形复杂的工件）。剩磁测量采用 JCZ 型袖珍式磁强计测量。剩磁应不大于 0.3mT。

➢【任务评价】

磁粉检测任务评价考核标准见表 5-7 所示。

表 5-7　磁粉检测任务考核标准

序号	考核内容	评分要素	配分	评分标准	扣分	得分
1	准备工作	1）检查材料、设备及工具 2）预清理：对灵敏度试片进行清理擦拭；对试件或零件表面进行清理	10	1）设备、器材选用错误扣 5 分 2）未进行擦拭扣 5 分		
2	确定检测工艺	1）结合被检工件的检测要求，确定磁化方法 2）选择标准试片 3）确定轴向通电法的磁化规范 4）确定线圈法的磁化规范	20	1）磁化方法选择错误扣 5 分 2）标准试片选择错误扣 5 分 3）轴向通电法磁化规范选择错误扣 5 分 4）线圈法磁化规范选择错误扣 5 分		
3	磁粉检测操作	磁化操作： 1）利用灵敏度试片进行灵敏度测试 2）采用线圈法纵向磁化零件时，零件的轴线应尽量与线圈轴线平行 3）采用通电法磁化时，应注意防止打火烧伤	20	1）未利用试片进行灵敏度测试扣 5 分 2）线圈与工件不平行扣 5 分 3）磁化规范设置不正确扣 5 分 4）采用通电法时形成打火花烧伤扣 5 分		
		施加磁悬液： 1）施加磁悬液必须润湿试件表面 2）施加磁悬液时要使其能够流动，不得影响已形成的磁痕 3）停止施加磁悬液后方可断电，然后再通电 2 次	10	未润湿表面扣 2 分 未能够流动扣 2 分 影响已形成磁痕扣 2 分 未在通电或通磁条件下施加扣 2 分 未按要求操作扣 2 分		

（续）

序号	考核内容	评分要素	配分	评分标准	扣分	得分
3	磁粉检测操作	磁痕的观察与记录： 1）磁痕的观察应在试件或零件表面上的光照度不小于1000lx的条件下进行 2）能正确地测量磁痕的尺寸 3）采用适当的方法做好原始记录	15	1）没测定光照度或光照度不达到要求扣5分 2）磁痕尺寸测量每错1处扣2分 3）缺陷磁痕记录每错1处扣2分		
		缺陷评定与结论： 根据记录的缺陷性质、尺寸大小，对照执行标准的规定进行正确评定	10	质量等级评定错误扣10分		
		后处理工序： 应试完毕后应将试件或零件表面清理干净	5	未清洗扣5分		
4	团队合作能力	能与同学进行合作交流，并解决操作时遇到的问题	10	不能与同学进行合作交流解决操作时遇到的问题扣10分		
		合计	100			

综合训练

一、判断题

1. 当电流通入直长的圆柱形导体时，导体中心的磁场强度最小。（　　）

2. 用交流电和直流电磁化同一钢棒，若磁化电流值相同，钢棒表面的磁场强度也相同。（　　）

3. 磁性和非磁性实心导体以外的磁场强度的分布规律是相同的。（　　）

4. 对于有限长螺线管，在线圈横截面上，靠近线圈内壁的磁场强度比线圈中心强。（　　）

5. 无限长螺线管内部磁场分布是均匀的，且磁场只存在于线圈内部，磁力线方向与线圈的中心轴线平行。（　　）

6. 交叉磁轭形成的磁场与交流电磁轭形成的磁场相同，但提升力要求不同。（　　）

7. 交叉磁轭旋转磁场不适用剩磁法检测。（　　）

8. 交叉磁轭磁场在四个磁极内侧分布是均匀的，在外侧分布是不均匀的。（　　）

9. 工件磁化时，如果不产生磁极就不会产生退磁场。（　　）

10. 开路磁化不产生退磁场，闭路磁化产生退磁场。（　　）

11. 用相同的磁场强度磁化工件时，L/D值大的工件产生的退磁场大。（　　）

12. 磁化尺寸相同的钢管和钢棒，钢管比钢棒产生的退磁场大。（　　）

13. 交流电因有趋肤效应，所以交流电比直流电磁化同一工件时的退磁场大。（　　）

14. 组合装配件应分解后再进行磁粉检测。（　　）

15. 采用干法时，应确认检测面和磁粉已完全干燥，然后再施加磁粉。（　　）

16. 湿法用磁粉粒度一般比干法小。（　　）

17. 连续法检测中，磁粉或磁悬液的施加必须在磁化过程完成后进行。（　　）

18. 用连续法检测时，为保证磁化效果应至少反复磁化两次，停施磁悬液至少1s后才可停止磁化。（　　）

19. 剩磁法检测中磁悬液的施加是在工件磁化且移去外磁场以后进行的。（　　）

20. 采用剩磁法时，磁悬液应在通电结束后再施加，一般通电时间为2～3s。（　　）

二、选择题

1. 通电圆柱导体的表面磁场强度的计算公式为（　　）。

A. $H=I/2\pi R$　　B. $H=2\pi R/I$　　C. $H=2\pi/IR$　　D. $H=2R/\pi I$

2. 同样大小的电流通过两根尺寸相同的导体时，一根是磁性材料，一根是非磁性材料，则其周围的磁场强度是（　　）。

A. 磁性材料的较强　　B. 非磁性材料的较强

C. 随材料磁导率变化　　D. 相同

3. 直径为25mm和50mm的棒材，使用相同的电流磁化，其表面磁场（　　）。

A. 两工件磁场相同　　B. 直径为50mm的棒材磁场较强

C. 直径为25mm的棒材磁场较弱　　D. 直径为25mm的棒材磁场较强

4. 用中心导体法磁化钢管，最大磁感应强度在（　　）。

A. 中心导体外表面　　B. 中心导体内部

C. 钢管内表面　　D. 钢管外表面

5. 直流电通过线圈时产生纵向磁场，其方向可用下述法则确定（　　）。

A. 左手定则　　B. 右手定则　　C. 欧姆定律　　D. 安培定律

6. 按照"右手定则"，工件表面的纵向缺陷，可通平行于缺陷方向的电流检测出来。这是因为（　　）。

A. 电流方向与缺陷一致　　B. 磁场与缺陷垂直

C. 如何通电都一样　　D. 磁场平行于缺陷

7. 在线圈横截面上磁场强度最强处在（　　）。

A. 线圈内壁　　B. 线圈外壁　　C. 线圈中心　　D. 线圈端头

8. 当线圈横截面积与被检工件截面之比大于2并小于10时称为（　　）。

A. 低充填因数线圈　　B. 中充填因数线圈

C. 高充填因数线圈　　D. 无限长螺线管

9. 对于交叉磁轭，当两相磁轭的几何夹角 α 与两相磁轭及磁化电流的相位差 φ 均为（　　）时，在磁极所在的几何中心点将形成圆形旋转磁场。

A. 0°　　B. 180°　　C. 90°　　D. 270°

10. 退磁场的大小说法错误的是（　　）。

A. 与外加磁场强度有关

B. 与工件 L/D 值有关

C. 与工件的几何形状有关

D. 交流电比直流电磁化同一工件时的退磁场大

11. 下列说法不正确的是（　　）。

A. 交流电比直流电产生的退磁场小　　B. 外加磁场越大，退磁场越大

C. 工件 L/D 值越大，退磁场越大　　D. 直径相同的钢管比钢棒退磁场小

12. 检测细微的表面裂纹时，最佳的方法是（　　）。

A. 干法交流电　　B. 干法直流电　　C. 湿法交流电　　D. 湿法直流电

13. 干法优于湿法的地方是（　）。

A. 对细微表面裂纹检测灵敏度高　　B. 检测工件温度较高时

C. 可采用剩磁法检测　　D. 特别适用于批量工件检测

14. 先将工件进行磁化，然后在工件上浇浸磁悬液，待磁粉凝聚后再进行观察的检测方法叫做（　　）。

A. 连续法　　B. 湿法　　C. 剩磁法　　D. 干法

15. 下列关于磁粉检测叙述正确的是（　　）。

A. 先磁化工件，后浇浸磁悬液的方法叫做连续法

B. 低矫顽力材料制成的工件可以用剩磁法检测

C. 荧光磁粉与非荧光磁粉比较，一般说前者的磁悬液浓度要高

D. 连续法较剩磁法具有更高的灵敏度

16. 一般低碳钢、低合金钢以及处于退火状态或热变形后的工件，（　　）检测。

A. 用剩磁法进行　　B. 只能采用连续法进行

C. 用连续法和剩磁法都可以进行　　D. 用连续法和剩磁法都不可以进行

17. 检测灵敏度最高的是（　　）。

A. 连续法　　B. 剩磁法　　C. 感应法　　D. 脉冲法

18. 可用剩磁法检测的是（　　）。

A. 工件形状不规则　　B. 工件具有高矫顽力

C. 工件易磁化　　D. 工件具有高磁导率

19. 下列关于连续法的叙述中，正确的是（　　）。

A. 铁磁性材料必须用连续法　　B. 磁化电流比剩磁法高

C. 工件被磁化的同时施加磁悬液　　D. 应在停止喷洒磁悬液前切断电流

20. 为了减少芯棒导体的通电电阻，常采用导电良好并具有一定强度的（　　）。

A. 铁棒　　B. 铅棒

C. 瓷棒　　D. 铜棒（铜管）或铝棒

三、问答题

1. 简答用交流电和直流电磁化同一钢棒时，其磁场分布的共同点与不同点。

2. 为什么交叉磁轭必须在移动时才能检测？

3. 简述标准试片的用途。

4. 简答 JB/T 4730.4—2005 标准中磁粉检测操作程序。

四、计算题

1. 一钢棒长500mm，直径60mm，要求钢棒表面切线磁场强度达到3000A/m，问需多大磁化电流？

2. 有一钢制轴，长400mm，直径40mm，使用一段时间后，需检查此轴的疲劳裂纹，选用连续法线圈纵向磁化法，线圈直径为200mm，线圈匝数为20匝，检测标准为JB/T 4730.2—2005，分别计算偏心放置和正中放置所需磁化电流为多少？

3. 有一圆筒形钢制工件，长1500mm，内径260mm，外径300mm，选用连续法线圈纵向磁化法对其进行磁粉检测，检查周向缺陷，线圈匝数为10匝，线圈直径400mm，检测标准为JB/T 4730.4—2005，求磁化电流为多少？

项目六

渗透检测

渗透检测是一种以毛细作用原理为基础的检查非多孔性材料表面开口缺陷的无损检测方法。渗透检测始于20世纪初。20世纪初期，美国工程技术人员对渗透剂进行了大量的试验研究，他们把着色染料加到渗透剂中，增加了缺陷显示的颜色对比度，使显示更加清晰；然后荧光染料也被加入到渗透剂中，并用显像粉显像，在暗室里紫外光照射下观察缺陷显示，显著提高了渗透检测灵敏度，使渗透检测进入崭新的阶段，从此渗透检测与其他无损检测方法一起成为广泛使用的检测手段。

任务一　渗透检测基础

【学习目标】

1）掌握渗透检测的表面化学基础、光学基础知识。

2）掌握渗透检测的原理及应用。

一、渗透检测表面化学基础

1. 表面张力

日常生活中，常见到荷叶上的水珠，玻璃板上的水银珠等，如果没有外力的作用或作用力不大时，总是趋向于自由收缩成球状。如果把玻璃板上的水银压扁后再去除外力，水银又会很快恢复成球状。这种现象说明，在液体表面存在一种力，它作用于液体表面使液体表面收缩，并趋于使表面积达到最小，把这种存在于液体表面，使液体表面收缩的力称为液体的表面张力。

2. 润湿现象

如果把水滴滴在光洁的玻璃板上，水滴会沿着玻璃板慢慢散开，如图6-1所示。即液体在与固体接触时表面有扩散的趋势，且能相互附着，形成玻璃表面的气体（空气）被液体（水）所取代的现象，这种现象称为水润湿了玻璃。相反，如果液体在固体表面不能扩散，而是收缩成球形，且相互不能附着，称为不润湿现象。所以，润湿现象是固体表面上的气体被液体取代的表面及界面现象，有时也是一种液体被另一液体所取代的表面及界面过程。

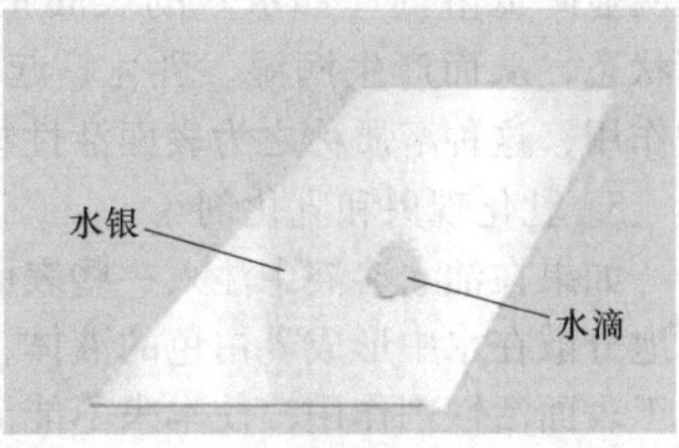

图6-1　润湿现象示意图

3. 毛细现象

取一根很细的玻璃管，把它插在装有水的容器中，由于水能润湿管壁，管内的水面与管外的水面便显示出不同的高度，管内的水面呈凹形并高出容器的水面。若把玻璃管插在装有水银的容器中，由于水银不能润湿玻璃管壁，管内的水银面呈凸形并低于容器的水银面，如图 6-2 所示。

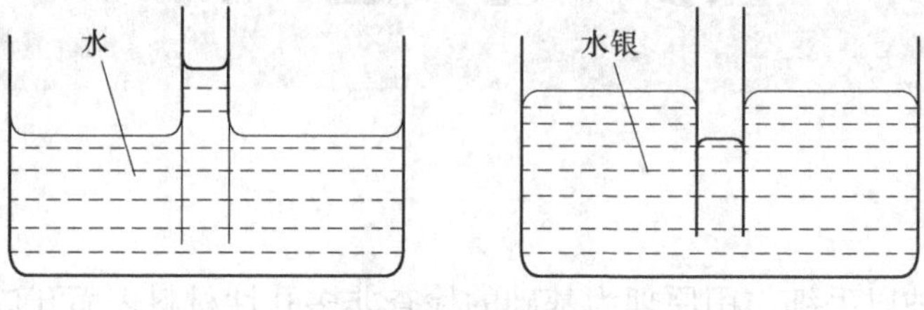

图 6-2 毛细现象

这种润湿液体在毛细管中呈凹面并上升，不润湿液体在毛细管中呈凸面并下降的现象，称为毛细现象。能够发生毛细现象的管子叫毛细管。毛细现象也能发生在如两平板夹缝、棒状空隙和各种形状的开口缺陷处。

4. 表面活性和表面活性物质

把不同的物质溶于水中，会使表面张力发生变化，各种物质水溶液的浓度与表面张力的关系可归纳为三种类型，如图 6-3 所示。

曲线 1 表示：在浓度很低时，表面张力随溶液浓度的增加而急剧下降，但降至一定程度后（此时溶液的浓度仍然很低），下降减慢或不再下降，有的溶液还会出现表面张力最低值的情况（如图中虚线所示）。肥皂、洗涤剂等物质的水溶液就具有这样的特性。

曲线 2 表示：表面张力随溶液浓度的增加而下降，如乙醇、醋酸等物质的水溶液。

曲线 3 表示：表面张力随溶液浓度的增加而上升，如氯化钠、硝酸等物质的水溶液。

因此，仅从降低表面张力这一特性而言，将凡能使溶液的表面张力降低的性质称为表面活性。对水溶液而言，凡是具有曲线 1 和曲线 2 的特性的物质都具有表面活性，把这种物质称为表面活性物质。而对于那些具有曲线 3 的特性的物质则无表面活性，称之为非表面活性物质。

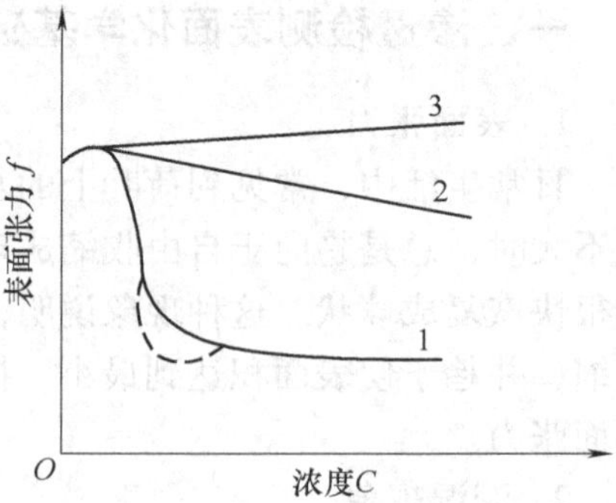

图 6-3 表面张力—浓度关系曲线

当在溶剂（如水）中加及少量的某种溶质时，就能明显降低溶剂（如水）的表面张力，改变溶剂的表面状态，从而产生润湿、乳化、起泡及增溶等一系列的作用，这种溶质称之为表面活性物质。

5. 乳化现象和乳化剂

如果在油水溶液中注入一些表面活性剂并加以搅拌，油就会分成无数微小的液珠球，稳定地分散在水中形成乳白色的液体，即使静置以后也很难分层，这种液体成为乳化液。这种由于表面活性剂作用，使本来不能混合到一起的两种液体能够混合在一起的现象称为乳化现象，具有乳化作用的表面活性剂称为乳化剂。

二、渗透检测的光学基础知识

1. 紫外光

渗透检测时，缺陷的显示痕迹是利用眼睛进行观察的，观察的方式有两种：一种是在白光下观察；另一种是在紫外光的照射下，缺陷显示的痕迹发出明亮的荧光，才可以被人眼观察到。紫外光是一种波长比可见光更短的不见光，荧光渗透检测时所用的紫外光的波长在330～390nm范围内，其中心波长约为365nm。紫外光也叫黑光。

2. 荧光

许多原来在白光下不发光的物质，在紫外线等外辐射源的作用下，能够发光，这种现象称光致发光。不同的物质受辐射后发光的时间有长有短，有些物质当辐射源停止作用后，经过极短的时间就消失了，这种发光称为荧光；有些物质当辐射源停止作用后，经过很长时间（至许多小时）才停止发光，这种发光称磷光。外辐射源停止作用后，立即停止发光的物质称为荧光物质，荧光法渗透探伤时所用的发光物质就为荧光物质。外辐射源停止作用后，仍能继续发光的物质称为磷光物质。

3. 光视效能与对比度

（1）光视效能　渗透检测缺陷的显示痕迹能否被清楚地观察到，用光视效能来衡量，光视效能是观察者相对于背景、外部光等条件下能看到显示的一种特征。人的眼睛在强白光下对光强度的微小差别不敏感，对颜色的对比度差别判别能力很强；在光线较暗的环境中，辨别颜色和颜色对比度的本领很差，但能看见微弱的光源，对黄绿色光具有最好的光视效能。渗透检测采用荧光渗透剂时，在紫外线照射下发黄绿色荧光，因而缺陷显示在暗室里具有最好的光视效能。

（2）对比度　某个显示与围绕这个显示的背景之间的亮度和颜色之差，称为对比度。对比度可用这个显示和围绕这个显示的表面背景之间反射或发射光的相对量来表示，这个相对量称为对比率。在采用着色检验时，红色染料显示与白色染料显像剂背景之间的最高对比率约为6:1。在采用荧光检验时，荧光显示与不发荧光的背景之间的对比率，即使周围环境不可避免有些微弱的白光存在，这个对比率数值仍然可达300:1，甚至达1000:1，在完全暗的情况下，可达无穷大。

三、渗透检测原理

渗透检测是一种以毛细作用原理为基础的检查非多孔性材料表面开口缺陷的无损检测方法。将溶有着色染料或荧光染料的渗透剂施加于工件表面，由于毛细现象的作用，渗透剂渗入到各类开口至表面的微小缺陷中，清除附着于工件表面上多余的渗透剂，干燥后再施加显像剂，缺陷中的渗透剂重新回渗到工件表面上，形成放大了的缺陷显示，在白光下或在黑光灯下观察，缺陷处可呈红色显示或发出黄绿色荧光。目视即可检测出缺陷的形状和分布。

渗透检测是不破坏工件，运用物理、化学、材料科学和工程学理论，评价工程材料、零部件和产品的完整性、连续性及安全可靠性的方法，也是实现质量管理、节约原材料、改进工艺、提高劳动生产率的重要手段，是产品制造和维修中不可缺少的组成部分。

四、渗透检测的优点和局限性

1. 渗透检测的优点

渗透检测可检查非多孔性材料的表面开口缺陷，如裂纹、折叠、气孔、冷隔和疏松等。它不受材料组织结构和化学成分的限制，不仅可以检查有色金属，还可以检查塑料、陶瓷及玻璃等非多孔性材料，检测灵敏度较高；超高灵敏度的渗透检测剂可清晰显示小于 μm 级的缺陷显示。使用着色法时，可在没有电源的场合工作，特别使用喷罐设备，操作简单。采用水洗法时，检查速度快，可检查表面较粗糙的工件，成本较低。显示直观，容易判断，一次操作可检查出任何方向的表面开口缺陷。

2. 渗透检测的局限性

渗透检测也存在一定的局限性，它只能检测工件表面开口缺陷，对被污染物堵塞或经机械处理（如喷丸和研磨等）后开口被封闭的缺陷不能有效地检出。它也不适用于检查多孔性或疏松材料制成的工件和表面过于粗糙的工件。因为检查多孔性材料时，会使整个表面呈现较强的红色（或荧光）背景，以致掩盖缺陷显示；而工件表面过于粗糙时，易造成假显示，影响检测效果。渗透检测只能检出缺陷的表面分布，不能确定缺陷的深度，检测结果受操作者的影响也较大。不同的检测方法也有不同的局限性，检测中应根据不同的检测对象选择具体检测方法。

任务二　水洗型渗透检测

➢【学习目标】

1）了解水洗型渗透检测的特点及应用。

2）能正确地选择和使用水洗型渗透检测的器材。

3）能正确地确定水洗型渗透检测的工艺。

4）能独立地进行水洗型渗透检测的操作。

➢【任务描述】

有一批表面粗糙的小型铸件，要求按 JB/T 4730—2005 的标准进行渗透检测，Ⅱ级合格。试确定其检测材料及检测工艺，并对该铸件按设计的检测工艺进行渗透检测。

➢【设备与器材】

一、渗透检测设备

1. 便携式渗透检测设备

便携式设备也称便携式压力喷罐装置，它是由渗透剂喷罐、去除剂喷罐、显像剂喷罐、擦布（纸巾）、灯、毛刷等所组成。如果采用荧光法还装有紫外线灯。

渗透检测剂（渗透剂、去除剂、显像剂）一般装在密闭的喷罐内使用，喷罐一般由盛装容器和喷射机构两部分组成，其结构如图 6-4 所示。

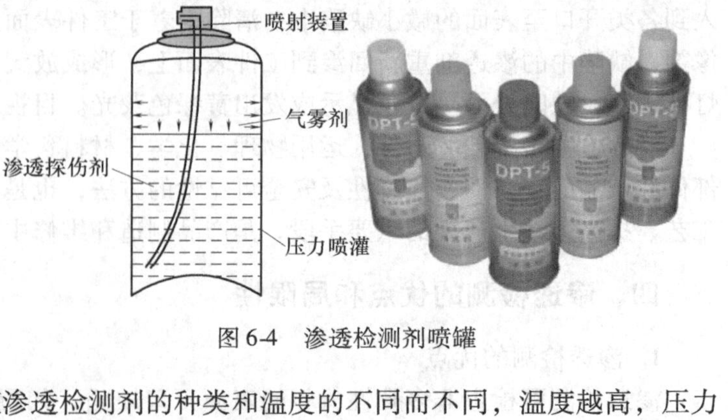

图 6-4　渗透检测剂喷罐

喷罐内装有液化的气雾剂，在罐内形成高压，喷罐内部压力随渗透检测剂的种类和温度的不同而不同，温度越高，压力越大。使用时为了保证检测质量和安全，要注意以下事项：

1）喷嘴应与工件表面保持一定的距离。保证检测剂形成雾化，施加均匀。

2）喷罐要远离火源，以免引起火灾。

3）空罐只有破坏密封后，才可报废。

2. 固定式渗透检测装置

固定式渗透检测装置包括渗透槽、乳化槽、清洗槽、干燥箱、显像槽及检查台等。固定式渗透检测装置可分为整体型和分离型两种，整体型渗透检测装置适用于小型工件的探伤，分离型渗透检测装置适用于大型工件的检测，如图 6-5 和图 6-6 所示。

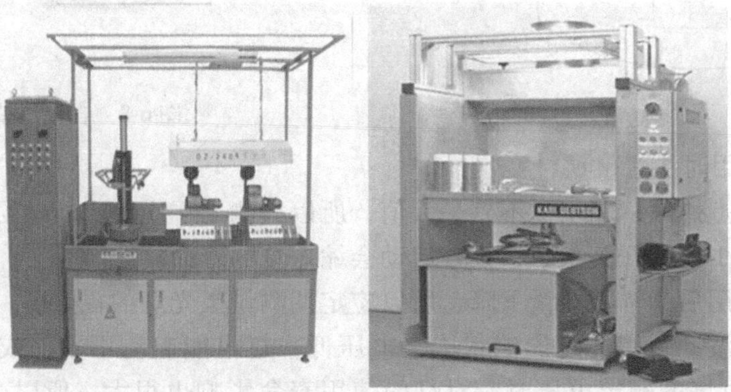

图 6-5　整体式渗透检测装置实例

图 6-6　分离式渗透检测装置实例

二、渗透检测的器材

1. 渗透检测照明装置

进行渗透检测时，着色检测法要在白光下进行观察缺陷显示；进行荧光法检测时，要在黑光灯下进行观察。

（1）白光灯　着色检测时所用的白光灯的光照度应不低于 500lx。在没有照度计测量的情况下，可用 80W 荧光灯在 1m 远处的照度为 500lx 作为参考。

（2）黑光灯　黑光灯是荧光检测时必备的照明装置，它由高压水银蒸气弧光灯、紫外线滤光片（或称黑光滤光片）和镇流器等组成。高压水银蒸气弧光灯的结构如图 6-7 所示。

黑光灯外壳直接用深紫色玻璃制成，又称黑光屏蔽罩。这种玻璃设计制造成能阻挡可见光和短波黑光通过，而仅让波长为 330 ~ 390 nm 的黑光通过。该波长范围的黑光对人眼几乎是无害的。自镇流紫外灯如图 6-8 所示。

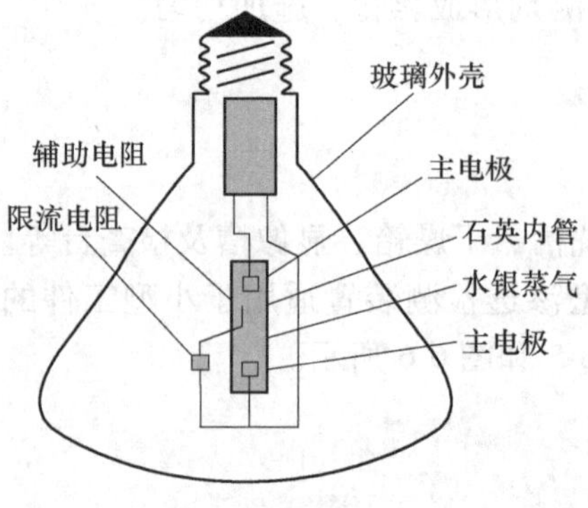

图 6-7　高压水银蒸气弧光灯的结构

图 6-8　自镇流紫外灯

2. 黑光灯使用时注意事项

1）黑光灯刚点燃时，输出达不到最大值，所以检测工作应等 3min 后再进行。

2）要尽量减少灯的开关次数，频繁启动会缩短灯的寿命。

3）黑光灯使用后，辐射能量下降，所以应定期测量黑光灯的辐照度。

4）电源电压波动对黑光灯影响很大，电压低，灯可能起动不了，或使点燃的灯熄灭；当使用的电压超过灯的额定电压时，对灯的使用寿命影响也很大，所以必要时应安装稳压器，以保持电源电压稳定。

5）滤光片如有损坏，应立即调换；滤光片上有脏污应及时清除，因为它影响紫外线的发出。

6）避免将渗透液溅到紫外灯的灯泡上，使灯泡炸裂。

7）不要将紫外灯直对着人眼睛直照。

三、渗透检测中常用的试块

1. 试块及其作用

试块是指带有人工缺陷或自然缺陷的试件，它是用于衡量渗透检测灵敏度的器材，故也称灵敏度试块。渗透检测灵敏度是指在工件或试块表面上发现微细裂纹的能力。

在渗透检测中，试块的主要作用表现在下述三个方面：

（1）灵敏度试验　用于评价所使用的渗透检测系统和工艺的灵敏度及其渗透剂的等级。

（2）工艺性试验　用以确定渗透检测的工艺参数，如渗透时间、温度，乳化时间、温度，干燥时间、温度等。

（3）渗透检测系统的比较试验　在给定的检测条件下，通过使用不同类型的检测材料和工艺的比较，以确定不同渗透检测系统的相对优劣。

应当指出：并非所有的试块都具有上述的所有的功能，试块不同，其作用也不同。

2. 常用试块

（1）铝合金试块　铝合金试块又称 A 型对比试块。铝合金试块尺寸如图 6-9 所示，试块由同一试块剖开后具有相同大小的两部分组成，并打上相同的序号，分别标以 A、B 记号，A、B 试块上均应具有细密相对称的裂纹图形。

铝合金试块适用于在正常使用情况下，检验渗透检测剂能否满足要求，以及比较两种渗

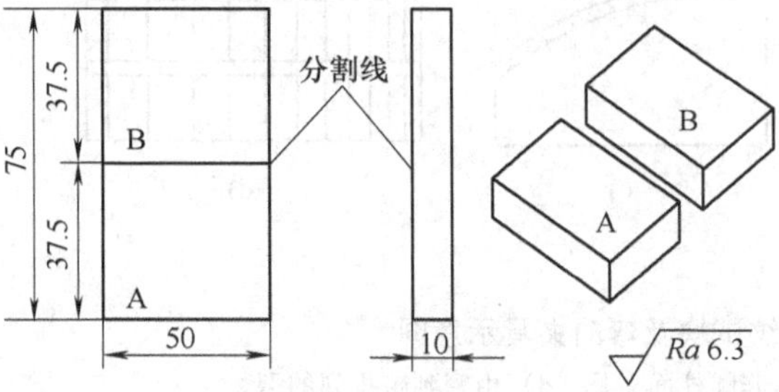

a)

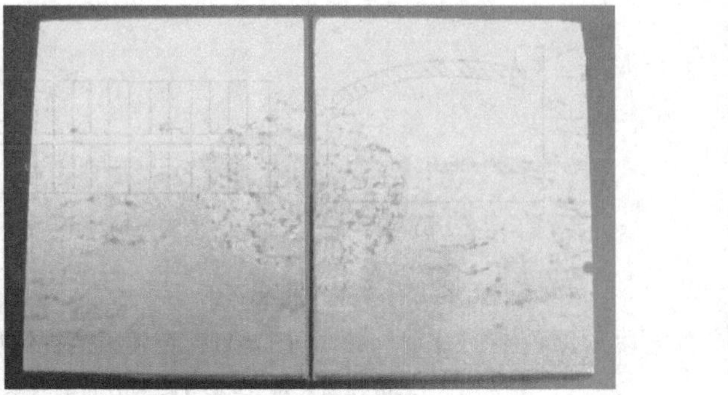

b)

图 6-9 铝合金试块

a）铝合金试块 b）两种渗透检测剂在试块上的检测结果图

透检测剂性能的优劣；也适用于对非标准温度下的渗透检测方法作出鉴定。

这种试块的优点是制作简单，在同一试块上可提供各种尺寸裂纹，且形状似自然裂纹。

这种试块的缺点是试块中所产生的裂纹尺寸不能控制，而且裂纹的尺寸较大，不适用于渗透检测剂的灵敏度的鉴别，试块一经使用后，渗透检测剂会残留在裂纹内，清洗较困难。因为在大气中，铝合金会氧化，在一般情况下，使用次数不多于 3 次。

（2）不锈钢镀铬裂纹试块 不锈钢镀铬裂纹试块又称 B 型试块。具体规格尺寸如图 6-10 所示。该试块为单面镀硬铬的长方形不锈钢，推荐尺寸为 130 mm × 25 mm × 4 mm。不锈钢材料可采用 0Cr18Ni11Ti。

这类试块主要用于校验操作方法与工艺系统的灵敏度。使用前，先按预先规定的工艺程序进行渗透检测，将其拍摄成照片或用塑料制成复制品，再把实际的显示图像与标准工艺图像的复制品或照片进行对比，从而评定操作方法正确与否和确定工艺系统的灵敏度。

（3）黄铜板镀镍铬层裂纹试块

黄铜板镀镍铬层裂纹试块又称 C 型试块。其示意图如图 6-11 所示。

黄铜板镀镍铬层裂纹试块的优点是，通过控制镀层厚度可以控制裂纹深度，改变弯曲的程度可以控制裂纹宽度，尽管事实上操作起来仍有难度。另一个优点是裂纹的尺寸很小，可作为高灵敏度渗透检测剂的性能测定，而且不易堵塞，可以多次重复使用。其缺点是镀层形成光滑镜面使渗透检测剂易于洗去，与实际工件表面状况差异较大，制作也比较困难。

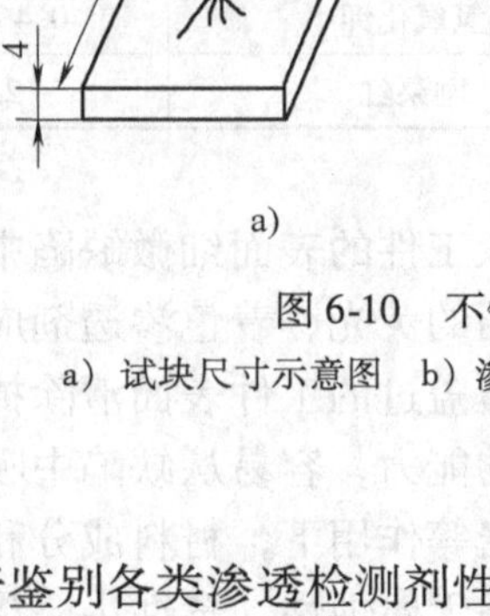

a)

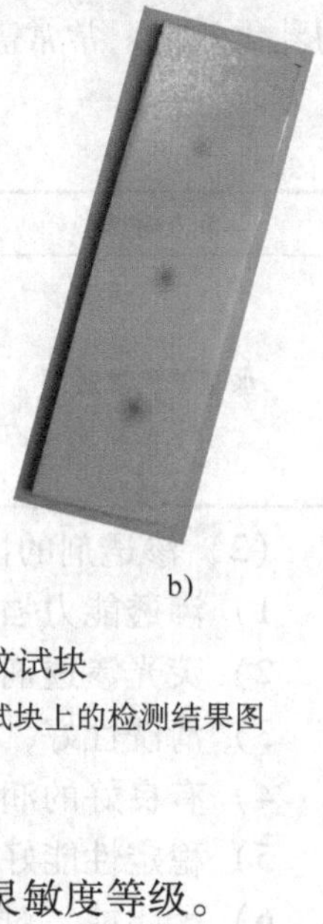

b)

图 6-10 不锈钢镀铬裂纹试块

a）试块尺寸示意图 b）渗透检测剂在试块上的检测结果图

黄铜板镀镍铬层裂纹试块主要用于鉴别各类渗透检测剂性能和确定灵敏度等级。

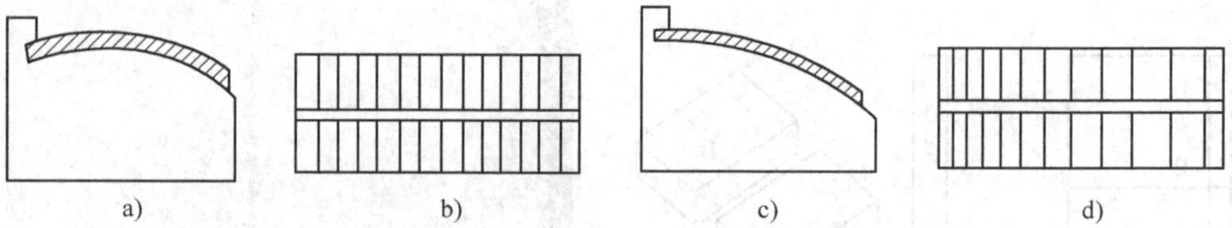

图 6-11 黄铜板镀镍铬层裂纹试块及弯曲夹具示意图
a）圆柱面夹具 b）等距离分布的裂纹 c）非圆柱面夹具 d）由密到疏排列的裂纹

四、水洗型渗透检测材料

水洗型渗透检测材料主要包括渗透剂、去除剂、显像剂三大类。

1. 渗透剂

渗透剂是一种含有着色染料或荧光染料且具有很强的渗透能力的溶剂。它渗入表面开口的缺陷并被显像剂吸附出来，从而显示缺陷的痕迹。

（1）水洗型渗透剂的成分 渗透剂一般由染料、溶剂、乳化剂和多种改善渗透剂性能的附加成分所组成。在实际的渗透剂配方中，一种化学试剂往往同时起几种作用。

1）染料。在渗透液中，常用的染料有着色染料和荧光染料两类。常用的着色染料有苏丹Ⅳ红、刚果红、烛红、油溶红、丙基红等。其中以苏丹Ⅳ红使用最广。荧光型渗透剂中所用的染料多为荧光染料，荧光渗透剂选择在黑光下发黄绿光的染料。

2）溶剂。溶剂在渗透剂中的主要作用是溶解染料和起渗透作用，并且对工件无腐蚀、毒性小。根据化学结构“相似相溶”原则，应尽量选择分子结构与染料相似的溶剂。

3）乳化剂。在水洗型着色液与水洗型荧光剂中，表面活性剂作为乳化剂加入到渗透剂中，使渗透剂容易被水洗。在渗透检测中，在渗透剂中加入一种表面活性剂往往达不到良好的乳化效果，常常需选择两种以上的表面活性剂组合使用。表 6-1 为常用水洗型渗透剂典型配方。

表 6-1 常用水洗型渗透剂典型配方

渗透剂类型	成分	比例	作用
水基着色渗透剂	水	100%	溶剂、渗透剂
	表面活性剂	2. 4g/100mL	—
	氢氧化钾	0. 4 ~ 0. 8g/100mL	中和剂
	刚果红	2. 4g/100mL	染料

（2）渗透剂的性能要求

1）渗透能力强，容易渗入工件的表面细微缺陷中。

2）荧光渗透剂应具有鲜明的荧光，着色渗透剂应具有鲜艳的色泽。

3）清洗性好，容易从被覆盖过的工件表面清除掉。

4）有良好的润湿显像剂的能力，容易从缺陷中吸附到显像剂层表面而显示出来。

5）稳定性能好，在热和光等作用下，材料成分和荧光亮度或色泽能维持较长时间。

6）无腐蚀，对工件和设备无腐蚀性，毒性小，尽可能不污染环境。

2. 去除剂

渗透检测中，用来去除工件表面多余渗透剂的溶剂叫做去除剂。水洗型渗透剂可直接用水去除，水就是一种去除剂。

3. 显像剂

显像剂的作用是将缺陷中的渗透剂吸到工件表面上，形成缺陷显示并加以放大，同时又提供与缺陷显示有较大反差的背景，从而可以提高检测的灵敏度。

（1）干式显像剂　干式显像剂主要指干粉显像剂，是一种白色粉末，如氧化镁、碳酸镁、氧化钛等。干粉显像剂一般与荧光渗透剂配合使用，适用于螺纹及粗糙表面工件的荧光检验。

（2）湿式显像剂　根据配制的方法不同，湿式显像剂可分为水悬浮湿式显像剂、水溶性湿式显像剂和溶剂悬浮湿式显像剂三种。水悬浮湿式显像剂是干粉显像剂按一定比例加入水中配制而成。水溶性湿式显像剂是将显像剂结晶粉末溶解在水中而制成的。溶剂悬浮式显像剂是将显像剂粉末加在挥发性的有机溶剂中配制而成的。常用的有机溶剂有丙酮、苯及二甲苯等，在显像剂中加有限制剂及稀释剂等。这类显像剂一般装在喷罐中与着色渗透剂配合使用。

➢【相关知识】

一、水洗型渗透检测方法的特点及应用

水洗型渗透检测的方法（工件表面多余的渗透剂可直接用水冲洗掉）包括水洗型着色法和水洗型荧光法。着色法的显像方式有溶剂悬浮湿式（非水湿式）和水湿式两种。一般不用干式和自显像，因为这两种方法均不能形成白色背景，对比度低，灵敏度也低。荧光法的显像方式有干式、溶剂悬浮湿式（非水湿式）、水湿式和自显像等。

1. 水洗型渗透检测的特点

（1）水洗型渗透检测的优点

1）对荧光渗透检测，在黑光灯下，缺陷显示有明亮的荧光和高的光视效能；对着色渗透检测，在白光下，缺陷显示出鲜艳的颜色。

2）表面多余渗透剂可以直接用水去除，相对于后乳化型渗透检测方法，具有操作简便、检测费用低等特点。

3）检测周期较其他方法短。能适应绝大多数类型的缺陷检测。

（2）水洗型渗透检测的缺点

1）灵敏度相对较低，对浅而宽的缺陷容易漏检。

2）重复检测时，重复性差，故不宜在复检的场合使用。

3）如清洗方法不当，易造成过清洗；如水洗时间过长，水温高，水压大，都可能将缺陷中的渗透剂清洗掉，降低缺陷的检出率。

4）渗透剂配方相对较复杂。

5）抗水污染的能力弱。

6）酸的污染将影响检测的灵敏度，尤其是铬酸和铬酸盐的影响很大。

2. 水洗型渗透检测的应用

水洗型渗透检测适用于下列情况使用：

1）检验大体积零件。

2）检验开口窄而深的缺陷。

3）检验表面很粗糙（例如砂型铸件）的零件。

4）检验螺纹零件和带有键槽的零件。

5）检验大面积零件。

二、水洗型渗透检测的工艺流程

水洗型渗透检测的工艺流程如图 6-12 所示。

➤【任务实施】

一、铸件的渗透检测工艺

1. 检测方法的选择

由于铸件表面粗糙，形状复杂，渗透检测时清理和去除较困难，故选用水洗型渗透检测的方法进行检测。

2. 渗透检测材料的选择

由于该检测工艺选用水洗型渗透检测的检测方法，可选用着色水洗型渗透剂。

着色渗透检测时，应优先选用溶剂悬浮显像剂，然后是水悬浮显像剂。本检测任务选用溶剂悬浮显像剂。

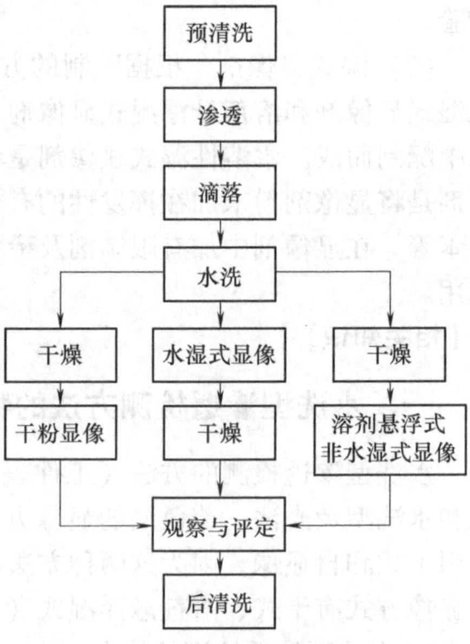

图 6-12　水洗型渗透检测的工艺流程

3. 检测参数的确定

（1）渗透时间　渗透时间是指施加渗透剂到开始乳化处理或清洗处理之间的时间。JB/T 4730—2005 标准规定：在 10 ~ 50℃ 的温度条件下，渗透剂的渗透时间一般不得少于 10min。当温度条件不能满足上述条件时，应对检测方法作出鉴定。但对某些微小的裂纹，如应力腐蚀裂纹，渗透时间较长，有时甚至可达几个小时。

（2）渗透温度　渗透温度对渗透效果有一定的影响，温度过高，渗透剂容易干在工件表面上，给清洗带来困难；同时渗透剂受热后，某些成分分解蒸发，会使渗透剂的性能下降。温度太低，将会使渗透剂变稠，渗透速度受影响。渗透时可将渗透温度控制在 15 ~ 50℃ 范围的上限值。

（3）显像时间　显像时间取决于显像剂的种类、需要检测的缺陷大小以及被检工件温度等，一般不应少于 7min。

4. 渗透剂的施加方法

施加渗透剂的方法有浸涂法、喷涂法、刷涂法和浇涂法等，可根据工件的大小、形状、数量和检测的部位选择。

（1）浸涂法　把整个工件全部浸入渗透剂中进行渗透，这种方法渗透充分，渗透速度快，效率高，适用于大批量的小工件的全面检测。

（2）喷涂法　将渗透剂喷涂在被检部位的表面上。喷涂法操作简单，喷洒均匀，机动灵活，适用于大工件局部检测或全面检测。

（3）刷涂法　采用软毛刷或棉纱布、抹布等将渗透剂刷涂在工件表面上。刷涂法机动灵活，但效率低，适用于大型工件的局部检测和焊接接头检测，也适用于中小工件小批量检测。

本检测任务的检测工件规格较小，可选用浸涂法施加渗透剂。

二、水洗型渗透检测的操作

1. 预清洗

（1）预清洗的范围　JB/T 4730—2005 标准规定，准备工件范围应从检测部位四周向外扩展 25mm。

（2）预清洗的方法　常用的清洗方法有机械清理、化学清洗和溶剂清洗三种方法。

1）机械清理。机械清理主要是清除工件表面的铁锈、飞溅、飞边、涂料等一类覆盖物。常用的方式有抛光、喷砂、喷丸、钢丝刷、砂轮及超声波清洗等。采用机械清理的方法有可能使工件表面产生变形，清理时产生的金属粉末、砂末等可能堵塞缺陷，影响渗透检测的效果，所以工件经机械清理后，一般在渗透检测前应进行酸洗或碱洗。

2）化学清洗。化学清洗包括酸洗和碱洗，主要用来清除工件表面的铁锈、油污等杂质。酸洗（或碱洗）要根据被检金属材料、污染物的种类和工件环境来选择。同时，由于酸、碱对金属有强烈的侵蚀作用，所以在使用时，对清洗液的浓度、清洗的时间都应严格控制，清洗后要进行水淋洗，去除多余的酸液或碱液，以免对工件形成腐蚀。

3）溶剂清洗。溶剂清洗包括溶剂液体清洗和溶剂蒸气除油等方法。主要用来清除各类油、油脂及某些油漆。

溶剂液体清洗采用有机溶剂如汽油、矿物油、酒精（乙醇、甲醇）、三氯乙烷、苯和乙醚等作为清洗剂。溶剂蒸气除油通常是采用三氯乙烯蒸气除油槽装置进行蒸气除油。

2. 渗透

采用浸涂法施加渗透剂，将工件浸没在渗透剂中，保持被检部位完全被渗透剂所覆盖。浸涂后的工件可滴落渗透剂。渗透时间不少于 10min。

3. 去除表面多余的渗透剂

水洗型渗透剂可直接用水去除，可采用 20℃左右的水喷洒在工件表面，喷洒时注意水温不宜低于 10℃，也不宜高于 43℃，水压不得大于 0.34MPa。

4. 干燥

干燥处理的目的是除去工件表面的水分，使渗透剂能充分地渗入缺陷或被回渗到显像剂上。用水清洗的工件，如采用干粉显像或非水基湿显像剂（如溶剂悬浮型湿显像剂），则在显像前，必须进行人工干燥处理。若采用水基湿显像剂（如水悬浮型显像剂），水洗后可直接显像，然后再进行干燥处理。

干燥时应注意温度不要过高，时间不宜过长，否则会将缺陷中的渗透剂烘干，造成施加显像剂后，缺陷中的渗透剂不能回渗到工件表面上来，从而不能形成缺陷显示。干燥温度一般不得超过 50℃，干燥时间不得超过 10min。

5. 显像处理

显像过程是指在工件表面施加显像剂，利用吸附作用和毛细作用原理将缺陷中的渗透剂回渗到工件表面，从而形成清晰可见缺陷显示图像的过程。

水湿式显像可采用浸涂、淋涂或喷涂等方法实现，在实际应用中，多采用浸涂。在施加显像剂之前，应将显像剂搅拌均匀，涂覆后，要进行滴落，然后再放在热空气循环干燥装置中干燥。为防止显像粉末的沉淀，显像过程中，要不定时进行搅拌。

湿式显像法的显像时间是指从显像剂干燥到开始观察的时间。显像时间太长会造成缺陷显示被过度放大，使缺陷图像失真，降低分辨率；显像时间过短，缺陷内渗透剂还没有被回渗出来形成缺陷显示，将造成缺陷漏检。显像时间取决于渗透剂和显像剂的种类、缺陷大小以及被检件的温度。一般显像时间不少于7min。

6. 显示的观察

渗透检验显示的观察一般是在施加显像剂之后进行的，缺陷痕迹的观察主要依靠检验员的视力或辅以5~10倍放大镜进行。

着色检验的显示是在白光源下进行观察的，白光强度要足够，为确保细微的缺陷不漏检，被检零件上的照度应至少达到500lx。荧光渗透检验的缺陷显示要在黑暗的检验室中于黑光灯的照射下观察。为确保足够的对比率，要求暗室内白光照度不应超过20lx，距黑光灯滤光片380mm的工件表面的辐照度不低于1000μW/cm^2。如采用自显像工艺，距黑光灯滤光片150mm的工件表面的辐照度不低于3000μW/cm^2。同时，检验台上不允许放置荧光物质，影响检测灵敏度。

进行观察时，需判别显示的类型，判别缺陷真伪的方法是：用干净的布或棉球沾一点酒精，擦拭显示部位，如果被擦去的是真实缺陷显示，擦拭后，显示能重现。如果被擦去的显示不再重现，一般都是伪显示。对于细微的缺陷，为了提高显示的灵敏度，可在擦拭后撒上少许显像剂粉末，起放大缺陷显示的作用。对确定的缺陷显示要确定其缺陷的性质，并按指定的验收标准，作出合格或拒收的结论，发出检验报告。检测完毕后，对受检工件应加以标识。

7. 后清洗

后清洗的目的是保证渗透探伤后，不发生对受检件的损害或危害，并且去除任何会影响后续处理的残余物。

三、渗透检测缺陷痕迹的解释与评定

1. 显示的解释和分类

渗透检测显示的解释是指对肉眼所见的着色或荧光痕迹显示进行观察和分析，确定痕迹显示产生的原因及类型。

渗透检测显示一般分为三种类型：由真实缺陷引起的相关显示、由工件的结构等原因引起的非相关显示、由表面未清洗干净而残留的渗透剂引起的虚假显示。

（1）相关显示　相关显示是指从裂纹、气孔、夹杂、疏松、折叠及分层等真实缺陷中渗出的渗透剂所形成的显示，它们是判断是否存在缺陷的标志。

（2）非相关显示　这类显示不是由真实缺陷引起的，而是由工件加工工艺、工件结构的外形、工件表面状态等所引起的。非相关显示引起的原因通常可以通过肉眼目视检验来证实，不将其作为渗透检测质量验收的依据。表6-2列出常见非相关显示的种类、位置和特征。

表 6-2　渗透检测常见的非相关显示

种类	位置	特征
焊接飞溅、焊接接头表面波纹	电弧焊的基体金属上	表面上的球状物、表面夹沟
电阻焊的焊接接头上不焊接的边缘部分	电阻焊的焊接接头的边缘	沿整个焊接接头长度、渗透剂严重渗出
装配压痕	压配合处	压配合轮廓
铆接印	铆接处	锤击印
刻痕、凹坑、划伤	各种工件	目视可见
飞边	机加工工件	目视可见

（3）虚假显示　这类显示不是由缺陷或不连续引起的，也不是由工件结构外形或加工工艺等引起的，而是由零件表面渗透剂的污染产生的。

渗透探伤时，要避免虚假显示的产生，就要尽量避免渗透剂的污染现象出现，判断痕迹显示是不是虚假显示，可以用酒精沾湿的棉球擦拭显示痕迹，如果擦拭后，不再显示，即为虚假显示。

2. 缺陷的评定

缺陷的评定是指渗透检测的痕迹显示，经过解释分析，确定痕迹显示的类型后，如果是相关显示，那么要对缺陷的严重程度根据指定的验收标准，作出合格与否的结论。

（1）缺陷痕迹显示的分类　缺陷痕迹显示的分类一般是根据其形状、尺寸和分布状况进行的。不同的工件其渗透检测的质量验收标准不同，对缺陷显示的分类也不相同。通常根据受检工件所使用的渗透检测质量验收标准进行具体的分类。常见的缺陷显示痕迹的分类是根据显示痕迹的形状和分布状态进行的。

1）线性缺陷的显示痕迹。线性缺陷显示痕迹可分为连续线性缺陷显示痕迹和断续线性缺陷显示痕迹两类。连续线性缺陷显示痕迹是由裂纹、冷隔、锻造折叠等缺陷所产生的，通常指长宽比大于 3 的缺陷痕迹显示。断续线性缺陷显示痕迹是指在一条直线或曲线上存在距离较近的缺陷所组成的缺陷显示。如果两个或两个以上的缺陷显示痕迹大致在一条直线上，且相邻两个显示痕迹的间距不大于 2mm 时，就称为断续线性显示痕迹。其长度为各个缺陷的长度和相邻显示痕迹之间的间距长度的总和。

2）圆形缺陷显示痕迹。除线性显示之外的其他缺陷显示，均称为圆形缺陷显示，通常指长度与宽度之比不大于 3 的缺陷痕迹显示。圆形缺陷显示是由表面的气孔、针孔、缩孔或疏松等缺陷引起的。如果表面裂纹比较深，显像时渗出较多的渗透剂，也可能在缺陷处扩散而形成圆形显示。

3）分散显示痕迹和密集型的显示。在一定的面积范围内，存在几个缺陷的显示痕迹为分散状缺陷显示痕迹。如果缺陷痕迹显示最短长度小于 2mm，间距又小于显示痕迹时，则可看做密集型的缺陷显示痕迹；如果缺陷显示中的最短显示长度小于 2mm，而间距又大于显示痕迹时，则可看做单独的缺陷显示。

4）纵（横）的缺陷显示。当缺陷显示的长轴方向与工件轴线或素线的夹角大于或等于 30℃时，按横向缺陷处理，其他则按纵向缺陷处理。

（2）常见缺陷的显示特征　常见的表面缺陷在渗透检测时显示特征是不同的。常见的几种铸造缺陷的显示特征见表 6-3。

表 6-3　渗透检测常见铸造缺陷及其显示特征

缺陷名称	显示特征
铸造裂纹	呈锯齿状和端部尖细；深的裂纹有时甚至呈圆形，用酒精沾湿布擦拭显示部位，外形特征可显现
铸造气孔	表面气孔显示呈圆形、椭圆形或长圆条形，红色色点（或黄绿色荧光亮点），并均匀地向边缘减淡
冷隔	连续或断续的光滑线条
疏松	呈密集点状、密集短条状或聚集块状，每个点、条、块的显示又是由很多个靠得很近的小点显示连成一片形成的

（3）缺陷痕迹显示的等级评定　渗透检测缺陷痕迹显示的等级评定是指对显示的缺陷痕迹进行定位、定量及定性等评定，然后再根据引用的标准或技术文件，作出合格与否的判定。

渗透检测时，缺陷显示的痕迹与显像时间有很大的关系，显像时间太短，缺陷痕迹有可能不会出现；显像时间太长，缺陷痕迹显示可能呈扩散放射状，互相接近的缺陷，显示的图形就像一个缺陷一样，使缺陷显示的图形比实际要大。因此，进行等级分类时，要根据渗透检测说明书上规定最低的显像时间来进行定量。

1）缺陷显示分类。JB/T 4730. 5—2005 对渗透检测的显示分类规定如下：

① 显示分为相关显示、非相关显示和虚假显示。非相关显示和虚假显示不必记录和评定。

② 小于 0. 5mm 的显示不计，除确认显示是由外界因素或操作不当造成的之外，其他任何显示均应作为缺陷处理。

③ 缺陷显示在长轴方向与工件（轴类或管类）轴线或素线的夹角大于或等于 30°时，按横向缺陷处理，其他按纵向缺陷处理。

④ 长度与宽度之比大于 3 的缺陷显示，按线状缺陷处理；长度和宽度之比小于或等于 3 的缺陷显示，按圆形缺陷处理。

⑤ 两条或两条以上的缺陷线性显示在同一条直线上且间距不大于 2mm 时，按一条缺陷显示处理，其长度为两条缺陷显示之和加间距。

2）渗透检测显示的质量分级。JB/T 4730. 5—2005 对渗透检测显示的质量分级规定见表 6-4。

表 6-4　其他部件的质量分级

等级	线性缺陷磁痕	圆形缺陷磁痕 （评定框尺寸为 $2500mm^2$，其中一条矩形边的最大长度为 150mm）
Ⅰ	不允许	d≤1. 5mm，且在评定框内少于或等于 1 个
Ⅱ	L≤4mm	d≤4. 5mm，且在评定框内少于或等于 4 个
Ⅲ	L≤8mm	d≤8mm，且在评定框内少于或等于 6 个
Ⅳ	大于Ⅲ级	

注：L 为线状缺陷长度（mm）；d 为圆形缺陷在任何方向上的最大尺寸（mm）。

3. 渗透检测缺陷的记录和检测报告

对缺陷进行评定后，有时需要将缺陷记录下来，常用的缺陷记录方式有如下三类：

（1）画图标注法 画出工件草图，在草图上标出缺陷的相应位置、形状和大小，并注明缺陷的性质。

（2）粘贴—复制法 可采用透明胶带或塑料薄膜显像剂进行粘贴复制，采用透明胶带复制法时，先清洁显示部位四周，并进行干燥，然后用透明胶带纸轻轻地覆盖在显示痕迹上，再轻压胶带纸，将带有显示痕迹的胶带纸粘贴在薄纸或记录本上；采用可剥塑料薄膜显像剂法进行记录时，采用带有显像剂的可剥离塑料薄膜，显像后，将其剥落下来，贴到玻璃板上保存下来。

（3）照相记录法 在适当光照条件下，用照相机直接把缺陷的痕迹显示拍照下来进行保存。

四、渗透检测报告

渗透检测的结果最终以检测报告的形式作出评定结论，检测报告应能综合反应实际的检测方法、检测工艺、操作情况及检测结论。并经具有任职资格的检测人员审核后签发存档，作一项产品的交工资料。一份完整的检测报告应包括的内容见表6-5。

表6-5 渗透检测报告

试件编号		材质		规格/mm	
检测方法		试块型号		表面状况	
渗透剂型号		清洗剂型号		显像剂型号	
渗透时间/min		清洗时间/min		显像时间/min	
执行标准		合格级别		试件温度/℃	

缺陷序号	S_1/mm	S_2/mm	L_{max}/mm	n	缺陷性质	评定级别	备注

缺陷部位示意图：

说明：示意图应标明缺陷显示的尺寸位置

检测结论		日期	

【任务评价】

水洗型渗透检测任务评价考核标准见表6-6。

表6-6 水洗型渗透检测评价考核标准

序号	考核内容	评分要素	配分	评分标准	扣分	得分
1	准备工作	1）检查材料、设备及工具 2）对工件表面进行预清洗	10	1）未检查扣5分 2）未清理工件表面扣5分		
2	确定检测工艺	1）结合被检工件的检测要求，确定渗透检测方法 2）确定渗透检测系统（渗透剂、清洗剂、显像剂） 3）根据被检工件的规格、检测要求，确定检测剂施加方法 4）确定渗透检测规范（渗透时间、清洗时间、显像时间）	20	1）渗透检测方法选择错误扣5分 2）渗透检测材料选择错误1项扣2分 3）检测剂施加方法选用错误扣5分 4）渗透检测规范选择错误1项扣2分		
		1）施加渗透剂，使之覆盖整个被检表面，在整个渗透时间内始终保持润湿 2）用水喷法去除多余的渗透剂：冲洗时，水束与被检面的夹角以30°为宜，水温为10～40℃，水压应不超过0.3MPa 3）干燥：干燥温度不大于50℃，干燥时间5～10min 4）显像：使用前应充分将显像剂摇匀，不可在同一地点反复多次施加，显像时间应不少于7min	30	1）渗透剂施加方法不对，渗透时间少于10min，扣5分 2）去除多余渗透剂不彻底扣5分 3）干燥时间过长扣5分 4）显像剂施加不均匀扣5分 5）显像时间不足7min扣5分		
3	水洗型渗透检测操作	缺陷显示的观察： 1）缺陷显示的观察应在试件或零件表面上的光照度不小于1000lx的条件下进行 2）能正确地测量缺陷显示的尺寸 3）采用适当的方法做好原始记录	15	1）没测定光照度，或光照度不达到要求，扣5分 2）缺陷显示尺寸测量每错1处扣2分 3）缺陷显示记录每错1处扣2分		
		缺陷评定与结论： 根据记录的缺陷性质、尺寸大小、对照执行标准的规定进行正确评定	10	质量等级评定错误扣10分		
		后处理工序： 应试完毕后应将试件或零件表面清理干净	5	未清洗扣5分		
4	团队合作能力	能与同学进行合作交流，并解决操作时遇到的问题	10	不能与同学进行合作交流解决操作时遇到的问题扣10分		
	合计		100			

任务三 后乳化型渗透检测

➢【学习目标】

1）了解后乳化型渗透检测的特点及应用。

2）能正确地选择和使用后乳化型渗透检测的器材。

3）能正确地确定后乳化型渗透检测的工艺

4）能独立地进行后乳化型渗透检测的操作。

➢【任务描述】

一批镍基合金锻件，结构如图 6-13 所示。规格为 ϕ34mm × 3mm，表面光滑，图样设计要求进行 100% 表面渗透检测，执行检测标准 JB/T 4730.5—2005。检测灵敏度等级为 2 级，Ⅰ级合格。

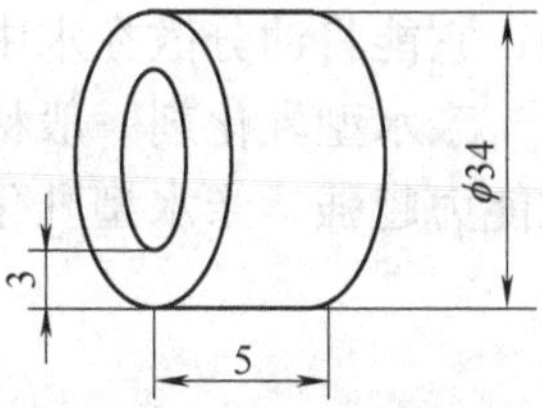

图 6-13 锻件结构示意图

➢【设备与器材】

后乳化型渗透检测的材料主要由渗透剂、乳化剂、去除剂、显像剂组成。

一、渗透剂

1. 后乳化型渗透剂的种类

后乳化型渗透剂可分为后乳化着色渗透剂和后乳化荧光渗透剂。其成分见表 6-7。

表 6-7 典型后乳化型渗透剂配方

渗透剂类型	成分	比例	作用
后乳化型着色渗透剂	苏丹Ⅳ	0.8g/100mL	染料
	乙酸乙酯	5%	渗透剂
	航空煤油	60%	溶剂、渗透剂
	松节油	5%	溶剂、渗透剂
	变压器油	20%	增光剂
	丁酸丁酯	10%	助溶剂
	乙二醇单丁醚	12.5%	稳定剂
	MOA—3	12.5%	乳化剂
	TX—10	25%	乳化剂
	YJP15	4g/L	荧光染料
	PEB	11g/L	荧光增白剂
后乳化型荧光渗透剂	灯用煤油或5号机械油	25%	渗透剂
	邻苯二甲酸二丁酯	65%	互溶剂
	LPE305	10%	润湿剂
	PEB	20g/L	增白剂
	YJP15	4.5g/L	荧光染料

2. 后乳化型渗透剂的选用

根据被检锻件的检测灵敏度要求，可选用后乳化荧光型渗透剂进行检测。

二、乳化剂

乳化剂是后乳化型渗透剂的去除剂，主要作用是乳化不溶于水的渗透剂，使其便于用水清洗。它的组成以表面活性剂为主体。

1. 乳化剂的种类

乳化剂分为亲水型乳化剂和亲油型乳化剂两大类。亲水型乳化剂的乳化形式是水包油型，它能将油分散在水中；亲油型乳化剂是油包水型，它能将水分散在油中。

亲水型乳化剂一般粘度比较高，需用水稀释后才能使用，稀释后的乳化剂含量越高，乳化能力越强。亲水型乳化剂的作用过程如图 6-14 所示。

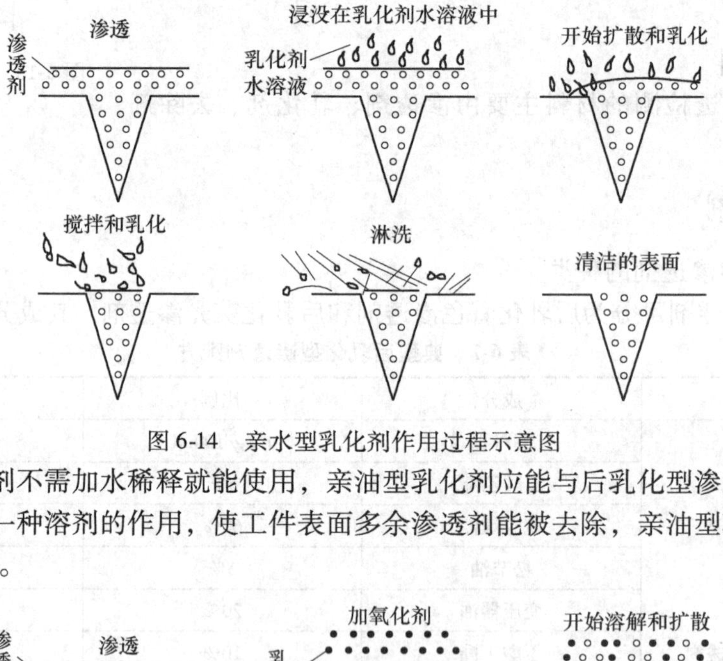

图 6-14　亲水型乳化剂作用过程示意图

亲油型乳化剂不需加水稀释就能使用，亲油型乳化剂应能与后乳化型渗透剂产生足够的相互作用，而起一种溶剂的作用，使工件表面多余渗透剂能被去除，亲油型乳化剂的作用过程如图 6-15 所示。

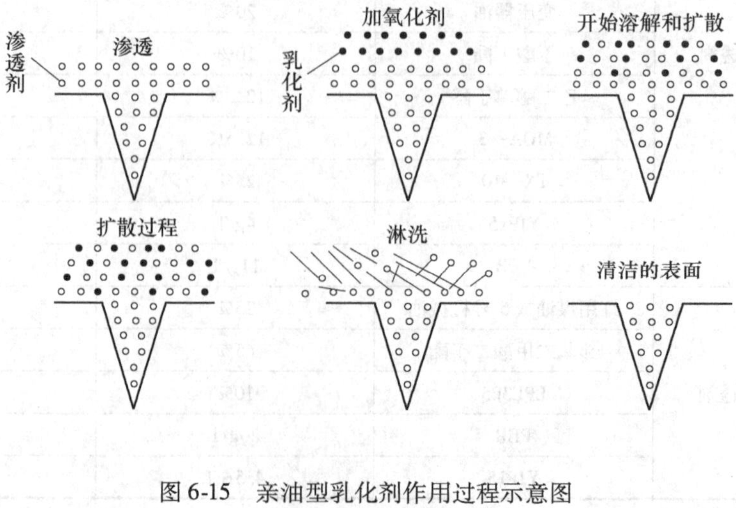

图 6-15　亲油型乳化剂作用过程示意图

2. 乳化剂的选择

由于乳化剂的主要作用是将渗透剂清洗掉，故所选择的乳化剂应具有良好的洗涤作用，进行选择时可根据“相似相溶”原理，选择和被乳化物有相近 H. L. B 值的乳化剂。在实际应用中，因乳化剂和被乳化物的化学结构及两者之间关系等诸多因素的影响，选择乳化剂时除考虑 H. L. B 值外，还应和其他因素结合起来考虑。如乳化剂是离子型，要考虑乳化粒子和乳化剂所带电荷的性质，如果带有相同的电荷时，相互排斥，会使乳液稳定。

3. 乳化剂的性能要求

1）外观（色泽、荧光颜色）上能与渗透剂明显地区别开。

2）受少量水或渗透剂的污染时，不降低乳化去除性能。表面活性与粘度或浓度适中，使乳化时间合理，乳化操作不困难。

3）储存保管中，温度稳定性好，性能不变。

4）对金属及盛装容器不腐蚀变色。

5）对操作者的健康无害，无毒及无不良气味。

6）闪点高，挥发性低，废液及去除污水的处理简便等。

➢【相关知识】

一、后乳化型渗透检测的特点

采用后乳化型渗透检测的方法，多余渗透剂去除时先要用乳化剂进行乳化，再进行水洗清除。按显像的方式可分为后乳化型着色法及后乳化型荧光法两种。

1. 后乳化型渗透检测的优点

1）具有较高的检测灵敏度。由于渗透剂中不含乳化剂，有利于渗透剂渗入表面开口的缺陷中去。另一方面，渗透剂中染料的浓度高，故显示的荧光亮度（或颜色强度）比水洗型渗透剂高，可发现更细微的缺陷。

2）能检出浅而宽的表面开口缺陷。在检测过程中，若严格控制乳化时间，使已渗入到浅而宽的缺陷中去的渗透剂不被乳化，从而不会被清洗掉。

3）渗透时间短。因渗透剂中不含乳化剂，故渗透速度快。

4）抗污染能力强，不易受水、酸和铬酸盐的污染。

5）重复检测的重现性好。因为后乳化型渗透剂不含乳化剂，第一次检测后，残存在缺陷中的渗透剂可以用溶剂或三氯乙烯蒸气清洗掉，因而在第二次检测时，不影响渗透剂的渗入，故缺陷能重复显示。

6）渗透剂中不含乳化剂，故温度变化时，不会产生分离、沉淀和凝胶现象。

2. 后乳化型渗透检测的缺点

1）要进行单独的乳化工序，故操作周期长，检测费用大。

2）必须严格控制乳化时间，才能保证检验灵敏度。

3）要求工件表面有较好的光洁度。表面粗糙的工件，渗透剂不易被清洗掉。

4）大型工件用后乳化型渗透检测比较困难。

二、后乳化型渗透检测的工艺流程

后乳化型渗透检测的工艺流程如图 6-16 所示。

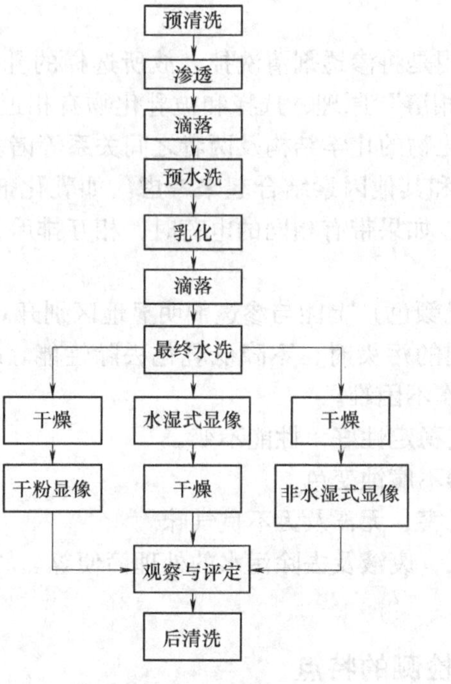

图 6-16　后乳化型渗透检测的工艺流程

➢【任务实施】

一、锻件的渗透检测工艺

1. 检测方法的选择

由于锻件表面较光滑，去除表面多余渗透剂较容易，缺陷更紧密细小，要求使用较高灵敏度的后乳化型渗透检测的方法。

2. 渗透检测材料的选择

由于被检工件表面光滑，缺陷紧密细小，要求使用灵敏度较高的后乳化荧光型渗透剂，先用干式显像剂配合荧光型渗透剂进行检测。

3. 检测参数的确定

（1）渗透时间　JB/T 4730—2005 标准规定：在 10～50℃的温度条件下，渗透剂的渗透时间一般不得少于 10min。

（2）乳化时间　后乳化型渗透检测时，可采用浸涂、喷涂和浇涂的方法施加乳化剂，不能用刷涂法。当工件从乳化槽中取出后，应进行滴落，滴落的时间是乳化时间的一部分，即乳化时间等于施加乳化剂的时间和滴落时间的总和。乳化时间取决于乳化剂和渗透剂的性能及被检工件表面粗糙度。一般应按生产厂的使用说明书和对比试验选取。通常使用油基型乳化剂的乳化时间在 2min 之内，使用水基型乳化剂的乳化时间在 5min 内。

（3）显像时间　显像时间取决于显像剂的种类、需要检测的缺陷大小以及被检工件温度等，一般不应少于 7min。

二、后乳化型渗透检测的操作

1）表面准备。采用喷砂的方法去除表面的氧化皮。

2）预清洗。用10~40℃的温水将被检面清洗干净。

3）干燥。将工件放于干燥箱中进行干燥，干燥时间为5min，被检面温度不得高于50℃。

4）渗透。选用985P12型渗透剂，采用浸涂法施加渗透剂，渗透时间不应少于10min。

5）去除。用水压为0.2MPa的水喷洗被检工件表面，清除多余的渗透剂。

6）乳化及滴落。采用浸涂法进行乳化，乳化剂的型号为9PR12，乳化时间（含滴落时间）不得多于2min。

7）最终水洗。用水温为10~40℃的水冲洗工件表面，水射束与被检面的夹角以30°为宜，水压不应超过0.34MPa，并在黑光灯下观察清洗效果。

8）干燥。在热空气循环烘干装置中进行干燥，干燥时间为5~10min。被检表面温度不得高于50℃。

9）显像。用喷粉箱施加显像剂，显像剂型号为氧化镁粉，显像时间不应少于7min。

10）观察。显像剂施加后7~60min内进行观察，距黑光灯滤光片38cm的工件表面的辐照度大于或等于1000μW/cm²，暗处白光照度应不大于20lx，必要时可用5~10倍放大镜进行观察。

三、锻造缺陷痕迹的解释与评定

1. 锻造缺陷的痕迹显示

（1）折叠的痕迹显示　折叠通常与工件表面结合紧密，渗透剂渗透比较困难，只有露出表面时，才可以发现，折叠的渗透检测痕迹显示呈连续或断续线条或黄绿色荧光亮线条。

（2）白点的迹痕显示　白点多为穿晶裂纹，在横向断口上表现为由内部向外辐射状不规则分布小裂纹。在纵向断口上呈弯曲线状裂纹或银白色的圆形或椭圆形斑点。

2. 锻件渗透检测质量评定

锻件渗透检测显示的质量分级参考JB/T 4730.5—2005。

➢【任务评价】

后乳化型渗透检测任务评价考核标准见表6-8。

表6-8　后乳化型渗透检测任务评价考核标准

序号	考核内容	评分要素	配分	评分标准	扣分	得分
1	准备工作	1）检查材料、设备及工具 2）对工件表面进行预清洗	10	1）未检查扣5分 2）未清理工件表面扣5分		
2	确定检测工艺	1）结合被检工件的检测要求，确定渗透检测方法 2）确定渗透检测系统（渗透剂、清洗剂、显像剂） 3）根据被检工件的规格、检测要求，确定检测剂施加方法 4）确定渗透检测规范（渗透时间、乳化时间、清洗时间、显像时间）	20	1）渗透检测方法选择错误扣5分 2）渗透检测材料选择错误1项扣2分 3）检测剂施加方法选用错误扣5分 4）渗透检测规范选择错误1项扣2分		

（续）

序号	考核内容	评分要素	配分	评分标准	扣分	得分
3	水洗型渗透检测操作	1）施加渗透剂，使之覆盖整个被检表面，在整个渗透时间内始终保持润湿 2）预水洗：用水喷法去除多余的渗透剂，水压应不超过 0.2MPa 左右 3）乳化：采用浸涂法进行乳化，乳化时间不能大于 2min 4）最终水洗：用喷水法去除，水压不超过 0.34MPa 5）干燥：干燥时间不能超过 10min 6）显像：显像时间应不少于 7min	30	1）渗透剂施加方法不对，渗透时间少于 10min 扣 5 分 2）乳化时间超过 2min 扣 2 分 3）最终水洗时没用黑光灯观察扣 3 分 4）干燥时间过长扣 5 分 5）显像剂施加不均匀扣 5 分 6）显像时间不足 7min 扣 5 分		
		缺陷显示的观察： 1）缺陷显示的观察应在试件或零件表面上的黑光灯辐照度大于 $100\mu W/cm^2$，暗处白光照度不大于 20lx 的条件下进行 2）能正确地测量缺陷显示的尺寸 3）采用适当的方法做好原始记录	15	1）没测定光照度，或光照度不达到要求，扣 5 分 2）缺陷显示尺寸测量每错 1 处扣 2 分 3）缺陷显示记录每错 1 处扣 2 分		
		缺陷评定与结论： 根据记录的缺陷性质、尺寸大小，对照执行标准的规定进行正确评定	10	质量等级评定错误扣 10 分		
		后处理工序： 应试完毕后应将试件或零件表面清理干净	5	未清洗扣 5 分		
4	团队合作能力	能与同学进行合作交流，并解决操作时遇到的问题	10	不能与同学进行合作交流解决操作时遇到的问题扣 10 分		
		合计	100			

任务四　溶剂去除型渗透检测

【学习目标】

1）了解溶剂去除型渗透检测的特点及应用。

2）能正确地选择和使用溶剂去除型渗透检测的器材。

3）能正确地确定溶剂去除型渗透检测的工艺。

4）能独立地进行溶剂去除型渗透检测的操作。

【任务描述】

规格为 ϕ108mm×5mm，材质为 0Cr18Ni11Ti，总长为 100m，共 20 个对接焊接接头。接头形式如图 6-17 所示。焊接方法：氩弧焊打底，电弧焊多层多道焊。焊后外表面进行酸洗、钝化处理，整体进行水压试验。检测要求：对接焊接接头外表面 20% 渗透检测抽查，按 JB/T 4730.5—2005 标准，Ⅰ级合格。

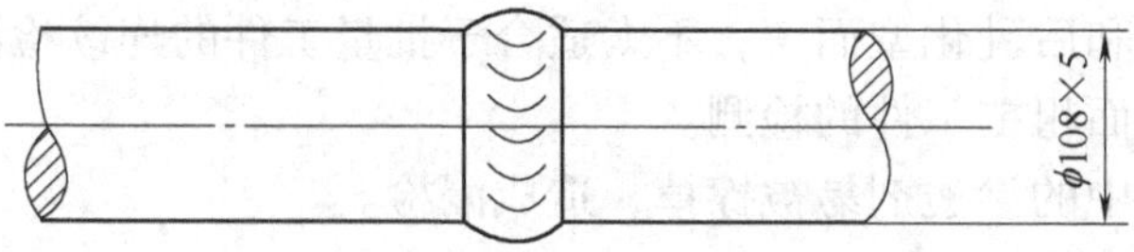

图 6-17 压力管道结构示意图

➢【设备与器材】

所使用的设备与器材为便携式渗透检测压力喷罐、对比试块。溶剂去除型渗透检测的检测材料有溶剂去除型渗透剂、去除剂和显像剂。

溶剂去除型渗透剂有着色渗透剂和荧光型渗透剂两种。着色渗透剂多装在压力喷罐中使用，该类着色渗透剂与溶剂悬浮湿显像剂配合使用，可得到与荧光检验法相似的灵敏度。溶剂去除型着色渗透剂的典型配方见表 6-9。溶剂去除型荧光渗透剂的典型配方见表 6-10。

表 6-9 溶剂去除型着色渗透剂的典型配方

成分	比例	作用
苏丹Ⅳ	1g/100mL	染料
萘	20%（质量分数）	溶剂
煤油	80%（质量分数）	渗透剂

表 6-10 溶剂去除型荧光渗透剂的典型配方

成分	比例	作用
YJP-1	0.25g/100mL	荧光染料
煤油	35%（质量分数）	溶剂、渗透剂
航空煤油	15%（质量分数）	增光剂

➢【相关知识】

一、溶剂去除型渗透检测的特点

溶剂去除型渗透检测方法是目前渗透检测中应用最广泛的方法。表面多余渗透剂可直接用溶剂擦拭去除。它包括着色法和荧光法。

1. 溶剂去除型渗透检测的特点

（1）溶剂去除型渗透检测的优点

1）设备简单。渗透剂、清洗剂和显像剂一般都装在喷罐中使用，故携带方便。

2）操作方便，对单个工件检测速度快。

3）适合于外场和大工件的局部检测，配合返修或对有怀疑的部位，可随时进行局部检测。

4）可在没有水电的场合下进行检测。

5）缺陷污染对渗透检测灵敏度的影响不像对荧光渗透检测的影响那样严重。

6）与溶剂悬浮显像剂配合使用，能检出非常细小的开口缺陷。

（2）溶剂去除型渗透检测的缺点

1）所用的材料多数是易燃和易挥发的，故不易在开口槽中使用。

2）相对于水洗型和后乳化型而言，不太适合于批量工件的连续检测。

3）不太适合于表面粗糙工件的检测。

4）浅而宽的缺陷中的渗透剂易被擦掉，造成漏检。

2. 溶剂去除型渗透检测的应用

溶剂去除型渗透检测方法适用于表面光洁的工件和焊接接头的检测，特别是溶剂去除型着色检测方法，适应于大工件的局部检测、非批量工件的检测和现场检测。

二、溶剂去除型渗透检测法的工艺流程

溶剂去除型渗透检测法的工艺流程如图 6-18 所示。

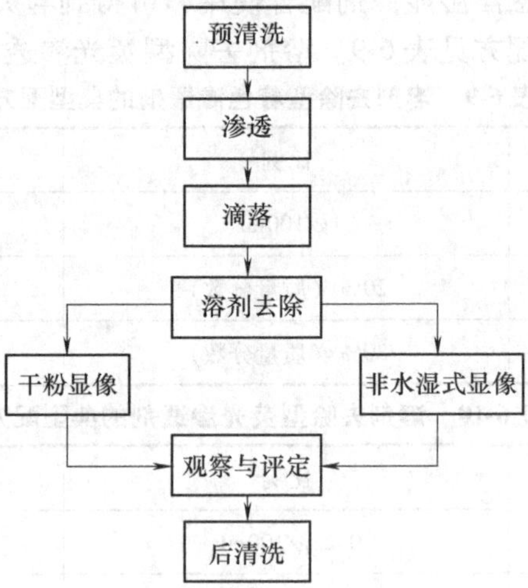

图 6-18　溶剂去除型渗透检测法的工艺流程

➤【任务实施】

一、焊接接头渗透检测工艺

1. 检测方法的选择

焊接接头进行渗透检测时，可选用溶剂去除型着色法，也可采用水洗型荧光法，在灵敏度等级符合检测要求时，也可采用水洗型着色法。这里选用溶剂去除型着色法进行检测。

2. 渗透检测材料的选择

由于该检测工件选用溶剂去除型着色法进行检测，所用的检测材料包括溶剂去除型渗透剂、去除溶剂、溶剂悬浮式显像剂。

3. 检测参数的确定

（1）渗透时间　JB/T 4730—2005 标准规定：在 10 ~ 50℃的温度条件下，渗透剂的渗透时间一般不得少于 10min。

（2）显像时间　显像时间取决于显像剂的种类，需要检测的缺陷大小以及被检工件温度等，一般不应少于 7min。

溶剂去除型渗透检测多采用非水湿式显像（即采用溶剂悬浮显像剂），因而它具有较高的检测灵敏度，渗透剂的渗透速度快，故常采用较短的渗透时间。表 6-11 列出溶剂去除型着色渗透检测推荐的渗透时间。

表6-11 溶剂去除型着色渗透检测推荐的渗透时间（温度16~28℃）

材料	状态	渗透时间/min
各种材料	热处理裂纹	2
	磨削裂纹、疲劳裂纹	10
塑料陶瓷	裂纹、气孔	1~5
刀具或硬质合金刀具	未焊透、裂纹	1~105
铸件	气孔	3~10
	冷隔	10~20
锻件	裂纹、折叠	20
金属滚轧件	缝隙	10~20
焊接接头	裂纹、气孔、夹渣	10~20

二、溶剂去除型渗透检测操作

1. 表面预处理

焊缝及热影响区表面容易粘有焊渣、焊剂、飞溅物、氧化物等污物，在进行着色检测前要进行清理，常用的清理方法是机械清理法。污物清理干净后，再用清洗液清洗焊缝表面的油污，最后用压缩空气吹干。

2. 渗透

由于焊接工件的尺寸一般较大，所以施加渗透剂时，常采用喷涂或刷涂，一般应在焊缝上反复施加3~4次，每次间隔3~5min，小型工件可采用浸涂法。

3. 去除

先用干燥、洁净不脱毛的布或纸按一个方向进行依次擦拭，直至大部分多余渗透剂被去除后，再用蘸有清洗剂的干净不脱毛布或纸进行擦拭，将被检面上多余的渗透剂全部擦净。

4. 干燥

清洗干净的焊缝及热影响区表面可经自然风干或用压缩空气吹干。

5. 显像和观察

利用压缩空气或压力喷罐将溶剂悬浮显像粉均匀地喷洒在焊缝及热影响区表面，显像3~5min后，可用肉眼或借助3~5倍放大镜观察所显示的图像，为发现细微缺陷，可间隔5min观察一次，重复观察2~3次。

6. 后清洗

用湿布擦除被检面显像剂或用水冲洗。避免残留在焊缝上的渗透剂和显像剂会影响随后进行的焊接，使其产生缺陷。

7. 评定与验收

（1）常见的焊接缺陷的显示特征　常见的焊接缺陷的显示特征见表6-12。图6-19所示为焊接接头横向裂纹痕迹显示图；图6-20所示为应力腐蚀裂纹痕迹显示图。

（2）缺陷痕迹显示的等级评定　JB/T 4730.5—2005对渗透检测显示的质量分级规定见表6-13。

表 6-12　渗透检测常见缺陷及其显示特征

缺陷名称	显示特征
焊接裂纹	焊接热裂纹一般呈现曲折的波浪状或锯齿状红色（或明亮的黄绿色） 焊接冷裂纹一般呈直线状红色（或明亮黄绿色）细线条，中部稍宽，两端尖细，颜色逐渐减淡
焊接气孔	表面气孔显示呈圆形、椭圆形或长圆条形，红色色点（或黄绿色荧光亮点），并均匀地向边缘减淡
未熔合	坡口未熔合延伸至表面时，显示为直线状或椭圆形的条状

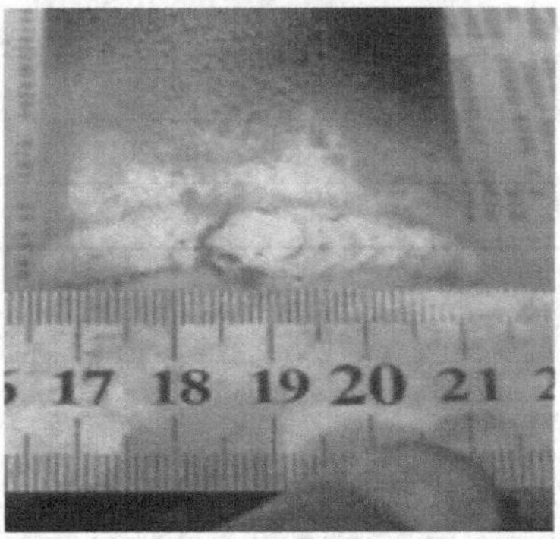

图 6-19　焊接接头横向裂纹痕迹显示

图 6-20　应力腐蚀裂纹痕迹显示

表 6-13　焊接接头和坡口的质量分级

等级	线性缺陷磁痕	圆形缺陷磁痕（评定框尺寸为 35mm×100mm）
Ⅰ	不允许	$d\leqslant1.5$mm，且在评定框内少于或等于 1 个
Ⅱ	不允许	$d\leqslant4.5$mm，且在评定框内少于或等于 4 个
Ⅲ	$L\leqslant4$mm	$d\leqslant8$mm，且在评定框内少于或等于 6 个
Ⅳ	大于Ⅲ	

注：L 为线状缺陷长度（mm）；d 为圆形缺陷在任何方向上的最大尺寸（mm）。

根据缺陷显示的尺寸及验收标准按表 6-11 进行评定与验收，Ⅰ级合格。

➢【任务评价】

溶剂去除型渗透检测任务评价考核标准见表 6-14。

表 6-14　溶剂去除型渗透检测任务评价考核标准

序号	考核内容	评分要素	配分	评分标准	扣分	得分
1	准备工作	1）检查材料、设备及工具 2）对工件表面进行预清洗	10	1）未检查扣 5 分 2）未清理工件表面扣 5 分		
2	确定检测工艺	1）结合被检工件的检测要求，确定渗透检测方法 2）确定渗透检测系统（渗透剂、清洗剂、显像剂） 3）根据被检工件的规格、检测要求，确定检测剂施加方法 4）确定渗透检测规范（渗透时间、乳化时间、清洗时间、显像时间）	20	1）渗透检测方法选择错误扣 5 分 2）渗透检测材料选择错误 1 项扣 2 分 3）检测剂施加方法选用错误扣 5 分 4）渗透检测规范选择错误 1 项扣 2 分		

（续）

序号	考核内容	评分要素	配分	评分标准	扣分	得分
3	溶剂去除型渗透检测操作	1）施加渗透剂，使之覆盖整个被检表面，在整个渗透时间内始终保持润湿 2）去除：用溶剂去除多余渗透剂，不得用清洗剂直接在被检面上冲洗 3）干燥：自然干燥 4）显像：使用前应充分将显像剂摇匀，不可在同一地点反复多次施加，显像时间应不少于7min	30	1）渗透剂施加方法不对，渗透时间少于10min，扣5分 2）乳化时间超过2min扣2分 3）最终水洗时没用黑光灯观察扣3分 4）干燥时间过长扣5分 5）显像剂施加不均匀扣5分 6）显像时间不足7min扣5分		
		缺陷显示的观察： 1）缺陷显示的观察应在试件或零件表面上的光照度不小于1000lx的条件下进行 2）能正确地测量缺陷显示的尺寸 3）采用适当的方法做好原始记录	15	1）没测定光照度，或光照度不达到要求，扣5分 2）缺陷显示尺寸测量每错1处扣2分 3）缺陷显示记录每错1处扣2分		
		缺陷评定与结论： 根据记录的缺陷性质、尺寸大小，对照执行标准的规定进行正确评定	10	质量等级评定错误扣10分		
		后处理工序： 应试完毕后应将试件或零件表面清理干净	5	未清洗扣5分		
4	团队合作能力	能与同学进行合作交流，并解决操作时遇到的问题	10	不能与同学进行合作交流解决操作时遇到的问题扣10分		
		合计	100			

综合训练

一、判断题

1. 渗透检测缺陷显示方式为渗透剂的回渗。（ ）

2. 溶剂去除型着色法应用广泛，操作方便，虽然成本较高，但特别适用于大批量工件的检测。（ ）

3. 含有杂质的液体比纯净的液体表面张力系数要大。（ ）

4. 润湿液体在毛细管中呈凹面并且下降，不润湿液体在毛细管中呈凸面并且上升的现象称为毛细现象。（ ）

5. 实际检测过程中，表面张力系数增大，润湿效果变差，接触角变小。（ ）

6. 显像过程中，渗透剂从缺陷中回渗到显像剂中形成缺陷显示痕迹，实质上是液体的毛细现象。(　　)

7. 由于表面活性剂的作用，使本来不能混合到一起的两种液体能够混合在一起的现象，称为乳化现象。(　　)

8. 渗透检测中，所用的渗透剂都是溶液，显像剂都是悬浮液。(　　)

9. 显像剂显的缺陷图像尺寸比缺陷真实尺寸要小。(　　)

10. 渗透剂按多余渗透剂的去除方法可分为自乳化型、后乳化型与溶剂去除型。( )

11. 后乳化荧光法灵敏度一般比着色法灵敏度高。(　　)

12. 渗透剂中含有卤化物在高温下会对镍基合金的工件产生热腐蚀。( )

13. 渗透剂的各项物理化学性能中，粘度、表面张力、接触角与挥发性能等影响渗透剂的灵敏度。( )

14. 干粉显像剂适用于螺纹及粗糙表面工件的检验。(　　)

15. 溶剂悬浮湿式显像剂一般与着色渗透剂配合使用。(　　)

16. 渗透检测剂喷罐不得放在靠近火源、热源处。(　　)

17. 试块的主要作用是灵敏度试验、工艺性试验和渗透检测系统的比较试验。(　　)

18. 渗透检测用的试块是反复使用的，每次使用后都要进行彻底清洗，以保证去掉缺陷中残余的渗透剂。(　　)

19. 预清洗的目的是为了保证渗透剂能最大限度渗入工件表面开口缺陷中去。(　　)

20. 渗透检测剂的施加方法可采用喷涂、浸涂、浇涂，但不可采用刷涂法。(　　)

21. 渗透时间是指施加渗透剂的时间和滴落时间的总和。(　　)

22. 后乳化渗透检测时，乳化的目的是使工件表面的渗透剂变得可以用水清洗。(　　)

23. 为了显示细微裂纹，施加显像剂时，越厚越好。(　　)

24. 荧光检测时暗室可见光照度不应超过20lx。(　　)

25. 渗透检测一般不能确定缺陷的深度，但有时可根据渗透剂回渗多少粗略估计缺陷的深浅。(　　)

26. 一般情况下，表面比较粗糙的工件宜选用水洗型渗透剂，缺陷大而深度浅的工件宜选用后乳化型渗透剂。(　　)

27. 由于工件的结构等原因所引起的显示为虚假显示。(　　)

28. 长宽比大于等于3的缺陷显示为线性缺陷痕迹，长宽比不大于3的缺陷显示为圆形缺陷痕迹。(　　)

29. 缺陷显示痕迹长轴方向与工件轴线或素线的夹角大于等于30°，按横向缺陷处理。其他按纵向缺陷处理。(　　)

30. 对于缺陷记录可采用照相、录像和可剥性塑料薄膜等方法记录，同时用草图标示。(　)

二、选择题

1. 下列关于渗透检测的优点说法不正确的是（　　）。

A. 可检测非铁金属　　B. 不受材料组织结构限制

C. 不受材料化学成分限制　　D. 检测灵敏度低

2. 渗透检测不能发现（　　）缺陷。
A. 表面气孔　B. 表面裂纹　C. 疲劳裂纹　D. 近表面裂纹
3. 在下列裂纹中，哪种毛细作用最强（　　）。
A. 宽而长的裂纹　B. 长而填满污物的裂纹
C. 细而清洁的裂纹　D. 宽而浅的裂纹
4. 显像过程中（　　）的作用大。
A. 毛细　B. 乳化　C. 润湿　D. 吸附
5. 固体被润湿的条件是（　　）。
A. 润湿角小于90°　B. 润湿角等于90℃　C. 润湿角大于90°　D. 以上都不是
6. 液体润湿性好，表明（　　）。
A. 接触角大　B. 接触角小　C. 密度大　D. 密度小
7. 毛细作用，使渗透剂渗透到细小、清洁的裂纹中的速度比它渗透到宽裂纹中的速度（　　）。
A. 慢　B. 快　C. 相同　D. 不可比
8. 乳化剂的H. L. B值越低，（　　）。
A. 亲水性越强　B. 亲油性越强
C. 亲水性、亲油性均越强　D. 亲水性、亲油性均越弱。
9. 照度是指被照射物单位面积上所接受的光通量，单位是（　　）。
A. 坎德拉　B. 流明　C. 瓦特　D. 勒克司
10. 荧光渗透检测时所用黑光灯的中心波长为（　　）。
A. 356mm　B. 365mm　C. 356nm　D. 365nm
11. 后乳化型渗透剂中一般也含有表面活性剂，其作用是（　　）。
A. 乳化作用　B. 润湿作用　C. 渗透作用　D. 化学作用
12. 与荧光渗透剂相比，着色渗透剂的优点是（　　）。
A. 不需要黑光灯　B. 灵敏度高　C. 渗透性好　D. 无毒
13. 渗透剂中（　　）元素的存在，高温下会使镍基合金产生热腐蚀。
A. 铁　B. 硫、钠　C. 氟、氯　D. 氧
14. 选择渗透检测系统时，首要的要求是满足检测任务中所需的（　　）和可靠性。
A. 时间　B. 灵敏度　C. 渗透剂　D. 乳化剂
15. 中、高和超高灵敏度渗透检测系统，使用（　　）试块鉴定。
A. A 型　B. B 型　C. C 型　D. D 型
16. （　　）会缩短黑光灯的使用寿命。
A. 滤光片破损　B. 使用电压超过额定电压
C. 使用滤光片　D. 不使用滤光片
17. 在（　　）的温度条件下，渗透剂持续时间一般不应少于10min。
A. 15 ~50℃　B. 10 ~50℃　C. 15 ~52℃　D. 10 ~30℃
18. 采用溶剂去除工件表面上多余渗透剂时，应使用的方法是（　　）。
A. 浸洗　B. 擦洗　C. 冲洗　D. 刷洗
19. 水洗型和后乳化型渗透剂均可用水清洗，冲洗时，水温为（　　）为宜。

A. 20～40℃　　B. 10～40℃　　C. 10～30℃　　D. 30～40℃

20. 最容易使后乳化型渗透检测失败的原因是（　）。

A. 渗透时间过长　　B. 显像时间过长　　C. 乳化时间过长　　D. 乳化前过分水洗

21. 显像时间取决于（　）

A. 工件的大小　　B. 使用的显像剂种类和缺陷的大小

C. 乳化剂种类　　D. 清洗剂的种类

22. 下面哪种渗透检测方法灵敏度最低（　）。

A. 水洗型着色法　　B. 溶剂去除型着色法

C. 后乳化型着色法　　D. 水洗型荧光法

23. 高空野外作业时，宜选用（　）。

A. 后乳化型荧光法　　B. 溶剂去除着色法

C. 水洗型着色法　　D. 水洗型荧光法

24. 焊接接头表面裂纹在渗透检测时显示的痕迹形状不能是（　）。

A. 星状　　B. 波浪线状　　C. 锯齿状　　D. 密集点状

25. 锻造折叠的渗透检测显示通常是（　）。

A. 圆形或近似圆形的显示　　B. 聚集的显示

C. 连续或断续的线条　　D. 波浪线状显示

26. 铸件上的冷隔会出现哪种显示（　）。

A. 一条由点构成的线　　B. 成群的点

C. 一条连续的线　　D. 一条间断的线

三、问答题

1. 简答渗透检测基本原理。
2. 什么是毛细现象？
3. 简答使用压力喷罐应注意事项。
4. 铝合金试块的主要作用是什么？
5. 试用框图画出溶剂去除型渗透检测操作程序。
6. 施加渗透剂基本要求是什么？工件温度和渗透时间对渗透检测有何影响？
7. 渗透检测显示痕迹有几种？举例说明。
8. 承压设备的渗透检测中，缺陷痕迹通常是如何划分的？
9. 简答伪缺陷痕迹的来源。
10. 常用的渗透检测方法有哪几种？各有什么优缺点？

项目七 致密试验与压力试验

焊缝的致密性试验和压力试验属于非破坏性检验。生产中常用致密性试验来检查焊缝的贯穿性裂纹、气孔、夹渣、未焊透等缺陷。压力试验常用于检查焊接接头的强度和致密性，是保证压力容器安全动作的重要依据。

任务一 压力试验

▶【学习目标】

1）了解常用的压力试验的种类及应用范围。

2）掌握压力试验的注意事项。

3）熟悉压力试验的试验过程。

压力试验又称强度试验，主要用来检验焊接接头的强度和致密性。压力试验包括水压试验和气压试验两种方法。

一、水压试验

由于水的压缩性很小，容器如果因缺陷扩展而发生泄露，水压会立即下降，不会引起爆炸，试验的安全性好。

1. 水压试验前的准备工作

1）焊接结构在进行水压试验前，焊接工作必须全部结束，且焊缝的返修、焊后热处理、力学性能检验和无损检测都必须合格。

2）受压元件充水之前，药皮、焊渣等杂物必须清理干净。

3）根据试验压力选择压力表的量程，并要求表盘直径不小于100mm。压力表的量程应为试验压力的2倍左右。但不应低于1.5倍和高于4倍的试验压力。压力表的准确度等级见表7-1 。

表7-1 压力表准确度等级和选择

工作压力/MPa	精确度
<2.45	不低于2.5级
≥2.45	不低于1.5级

2. 水压试验规范

水压试验的规范主要包括试验压力、试验水温、保压时间、环境温度等。

（1）试验压力 根据试验容器的设计压力或最高工作压力，确定试验压力，按规定一

般取 $p_{试}=1.25p_{设}$ 或 $p_{试}=1.25p_{最高工作}$，见表 7-2。

表 7-2　压力试验的试验压力

压力容器形式	压力容器的材料	压力等级	耐压试验压力系数	
			水压	气压
固定式	钢和非铁金属	低压	1.25p	1.15p
		中压	1.25p	1.15p
		高压	1.25p	—
	铸铁	—	2.00p	—
	搪玻璃	—	1.25p	1.15p
移动式	—	中、低压	1.50p	1.15p

（2）试验水温　水的温度应高于钢材脆性转变温度，但不能太高，以防止引起汽化和过大的温差应力。一般情况下，使用水的温度为 20～70℃。表 7-3 为推荐的不同钢种制造的压力容器试验用水温度。

表 7-3　水压试验推荐用水温度

受压元件钢种	用水温度/℃
C-Mn 钢（碳素钢、16MnR）	≥5
Cr-Mo 钢、Cr-Mo-V 钢	≥15
Mn-Mo-V 钢、Mn-Mo-Nb 钢	≥30
BHW-35	≥25

当盛水容积较小，试验水温度较高，保压时间较长时，由于自然冷却，水的温度下降较快，引起体积减小，在保压期间压力表指示逐渐下降。因此，试验用水的温度在允许的情况下，应接近环境温度，使保压期间压力表指示稳定，不产生下降现象。

3. 试验和检查

试验时，升压或降压应缓慢进行。当压力升到工作压力时暂停，进行初步检查，若无漏水或异常现象可继续升到试验压力。在试验压力下保压 10～30min，然后再降压到工作压力或设计压力，至少保持 30min，进行仔细检查。试验过程中应进行检查。

4. 水压试验注意事项

1）水压试验时，应力不得超过元件材料在试验温度下屈服强度的 90%。

2）水压试验结束后，应把水全部放净，用压缩空气或其他惰性气体将容器内表面吹干，以防腐蚀或冻裂。

3）试验不合格，允许返修，但不得在有压力或与水接触的情况下进行。

4）奥氏体不锈钢制的容器，用水进行液压试验后应将水渍去除干净。当无法达到这一要求时，应控制水的氯离子含量不超过 25 mg/L，防止氯离子对不锈钢材料的严重晶间腐蚀。

5）冬季试压后，一定要把水全部排净，以防冻裂。

6）夹套容器，应先进行内筒水压试验，合格后再焊夹套，然后进行夹套内的液压试验。

5. 水压试验质量要求

水压试验如符合下列条件，则认为合格：

1）在受压元件处理外壁和焊缝上没有水珠和水雾。

2）附件密封处在降到工作压力后不漏水。

3）水压试验后，没有发现残余变形。

4）试验过程中，无异常响声。

二、气压试验

由于结构或支承原因，不能向压力容器内安全充灌液体，以及运行条件不允许残留试验液体的容器，可按设计图样规定采用气压试验。

1. 试验前的准备工作

1）试验前要对焊缝进行100%的无损检测，全面检查有关技术条件，要有可靠的安全措施，并经本单位技术总负责人批准和安全部门检查监督。

2）容器壳体平均一次总体薄膜应力值不得超过试验温度下材料屈服强度的80%。

3）容器各连接部位的紧固螺栓，必须装配齐全，紧固妥当。

4）如容器内有易燃物质，应用蒸汽或氮气置换的办法，彻底清洗置换干净，并经分析合格，否则，严禁用空气作为试验介质。

5）应选用两块表盘直径不小于100mm、量程为试验压力的1.5~3倍的试验用压力表，表的精度不低于2.5级。

6）容器上安全附件应齐全（安全阀、爆破片除外）。

2. 气压试验规范

1）试验压力按图样规定或按表7-4选取。

表7-4 气压试验的试验压力

压力容器的名称	压力等级	气压试验压力/MPa
钢制和有色金属制压力容器	低压	1.15p
	中压	1.15p
搪玻璃	—	1.00p

2）气压试验所用气体为干燥、洁净的空气、氮气或其他惰性气体。耐压试验的气体温度不低于15℃。气压试验气体的温度不低于5℃。

3. 试验及检查

充气升压前，一般向容器或管路吹、放气2~3次，最后一次用手触摸放气孔，无杂物击手或用药棉擦拭不污染为止。然后缓慢升压至规定试验压力的10%，保持5~10min，并对所有焊缝和连接部位用肥皂水进行初次检查。如无泄漏可继续升压到试验压力，应根据容器大小保压10~30min。然后降压到设计压力，保压进行检查，其保压时间不少于30min。检查期间压力应保持不变。不得在压力下紧固螺栓。

4. 气压试验质量要求

1）无渗漏。

2）无可见的异常变形。

3）试验过程中无异常响声。

4）按设计要求，耐压试验作残余变形测定的容器，径向残余变形率不超过0.03%或容积残余变形率不超过10%为合格。

气压试验检查完毕后，开启放空阀，缓慢泄压到常压。

任务二 致密性试验

➢【学习目标】

1）了解致密性试验的试验方法的类型及应用。

2）掌握致密性试验的试验过程。

压力容器在制造过程中会不可避免地产生各种各样的缺陷。对于一些小缺陷，如果在无损检测或耐压试验中没有发现，一旦发生泄漏，会对整个系统生产造成影响，有时会引起有毒、有害物质泄漏到空气中，造成伤亡事故，对于易燃易爆物质还会引起燃烧和爆炸。因此，压力容器进行致密性试验是十分必要的。

一、常见的致密性试验的方法

常见的致密性试验方法分类见表7-5。

表7-5 致密性试验方法分类

名称	试验方法	应用范围
气密性试验	将焊接容器组装密封后，按设计图样规定的气密性试验要求通入压缩空气，在焊缝外涂以肥皂水进行检查，不产生肥皂泡为合格	密封容器
吹气试验	用压缩空气对着焊缝的一面猛吹，焊缝的另一面涂以肥皂水，不产生气泡为合格	敞口容器
载水试验	将容器充满水，观察焊缝外表面，无渗水为合格	敞口容器
水冲试验	对着焊缝的一面用高压水流喷射，在焊缝的另一面观察，无渗水为合格	大型敞口容器，如船甲板等密封焊缝
沉水试验	先将容器浸到水中，再向容器内充入压缩空气，使检验焊缝处于水面下50mm左右深处，无气泡浮出为合格	小型容器
煤油试验	将焊缝表面清理干净，涂以白粉水溶液，待干燥后，在焊缝的另一面涂上煤油浸润，由于煤油粘度小、表面张力小、渗透性强，经30min后观察白粉有无油浸，无油浸为合格	敞口容器，如储存石油、汽油的固定式储器和同类型的其他产品
氨检漏试验	在检验焊缝上贴上比焊缝宽的石蕊试纸或涂料显色剂，然后向容器内通以规定压力的含氨的压缩空气，保压5~30min，检查试纸或涂料，未发现变色为合格	致密性要求较高的密封容器，如尿素设备的焊缝检验
氦检漏试验	氦检漏试验是向被检容器充氦气或用氦气包围容器后，检查容器是否漏氦和漏氦的程度	对致密性要求很高的压力容器

二、气密性试验

1. 气密性试验的目的

气密性试验的目的是检查压力容器的致密性，包括对焊缝的检查（对接焊缝的针孔缺陷、角焊缝的焊接质量等），对设备法兰密封性能的检查及对接管法兰密封性能的检查（管道、安全附件的连接法兰等）。

2. 气密性试验的要求

1）气密性试验应在液压试验合格后进行，而设计图样上要求做气压试验的压力容器是否需要再做致密性试验，应当在设计图样上规定。

2）气密性试验所用气体应为干燥、清洁的空气、氮气或其他惰性气体。

3）进行气密性试验时，一般应将安全附件（安全阀、减压阀等）装配齐全。

4）进行气密性试验时，压力应缓慢上升，达到规定气压试验压力后，保压时间不得少于30min，然后降至设计压力后保压进行试验。若有泄漏，应在修补后重新进行液压和气密性试验。经检查无泄漏，则设备致密性检测合格。

5）碳素钢和低合金钢制压力容器，其试验用气体的温度根据标准规定应不低于5℃，其他材料制成的压力容器按设计图样规定的温度进行试验。

3. 气密性试验的程序

（1）试验前的准备工作

1）进行气密性试验前，应清理干净容器的被检部位，不得有油污或其他杂质。用于气密性试验的气源（压缩空气或氮气）、压力表、瓶装肥皂水及其他器具，如抹布、手电筒、软棉布或毛笔等均应准备妥当。

2）试验现场安全检查应由试验单位现场指挥和所在单位安全部门的代表负责组织实施。

3）试验场地应划定安全防护区，要有明显的安全标志和可靠的防护设施。

4）试验用的压力源装置，应安放在安全可靠、便于操作控制的地点。试验用压力表的量程精度与刻度，必须与试验要求匹配，并便于观察和记录。

5）可拆部件一般应拆卸，各紧固螺栓必须装配齐全，紧固可靠。

6）采用妥当的方法将内部剩余的介质全部清理干净。

7）不参与气密性试验的部分或设备，必须用盲板隔断。

（2）试验规范

1）试验压力源的额定出口压力及流量，应与所试验的压力容器或槽、罐车的相关参数（压力、容积等）相适应。

若压力源的出口压力大于压力容器或槽、罐车设计压力的两倍，在试验装置中应增设缓冲罐。在缓冲罐上应装设安全阀和压力表，并在出口管路上装设调节阀。对特殊或大型装置，应装设自动记录仪表和压力联锁装置。压力源输送管道应采用无缝钢管。

2）试验环境温度不低于5℃（或专门规定）。

3）试验前的组装（含安全附件）工作已经完成并经检查合格。

4）试验压力为容器的设计压力。

（3）试验过程

1）容器耐压试验后，不拆去联接螺栓，直接将氮气瓶通过压力表、气管连接到容器上。

2）缓慢松开气瓶阀门，同时观察压力表，当压力达到0.6MPa时，用肥皂水检查容器所有连接部位、密封面、焊缝，在没有泄漏的情况下继续升压到试验压力，保压时间不少于30min。同时用干净毛巾或软棉布蘸上肥皂水，均匀地涂抹在被检处（四周都涂），全面检查容器上的所有连接部位、密封面、焊缝。过几分钟后，借助手电筒仔细观察所有连接部位、密封面、焊缝上是否有气泡产生。

3）气密性试验结束后，稍开启瓶阀放气，缓慢放气完成后，将容器表面擦干。

（4）气密性试验的质量要求　若容器上所有连接部位、密封面、焊缝无肥皂泡产生，即表明无泄漏，则说明容器气密性试验检测合格。若有肥皂泡出现，即表明该处有泄漏，则该容器气密性试验检测不合格，须在容器泄漏处做好明显标记，以待处理。

三、氨检漏试验

氨检漏试验属于比色检漏，以氨为示踪剂、试纸或涂料为显色剂进行渗漏检查和贯穿性缺陷的定位。试验时，在焊缝上贴上比焊缝宽的石蕊试纸或涂料显示剂，然后向容器内通入规定压力的含氨气的压缩空气并保压，其检查速率为可发现3.1cm^3/年的渗漏量。

（1）氨检漏试验的目的　当对压力容器焊缝有高致密性要求，不允许存在微小渗漏通道，而气密性试验或煤油试验又无法进行时，可采用氨检漏试验。

（2）试验规范　按照设计图样的要求，可采用氨-空气法、氨-氮气法、100%氨气法等氨检漏法，所用压力可分为0.05MPa，0.15MPa和0.18MPa，保压时间为5～30min。

（3）试验程序　氨检漏试验分为抽真空法和置换法。置换法是指采用其他气体（一般为氮气）与氨气互换，以达到检测的目的。图7-1所示为压力容器氨检漏试验（置换法）示意图。

1）按工艺及规范完成该试压产品的水压试验，水压试验合格后，使产品保持充满试压水状态，事先应在水池中放入自来水。

2）打开放气排水阀门排水，同时打开氮气（惰性气体）压力钢瓶的阀门，充入氮气。当放气排水管在水池中的管口的氮气溢出（即有大量气泡）时，关闭放气排水阀和氮气压力钢瓶的阀门。

3）打开氨气压力钢瓶阀门，充入氨气，使压力达到0.09MPa（表压）。

4）关闭氨气压力钢瓶阀门，停止充氨气。

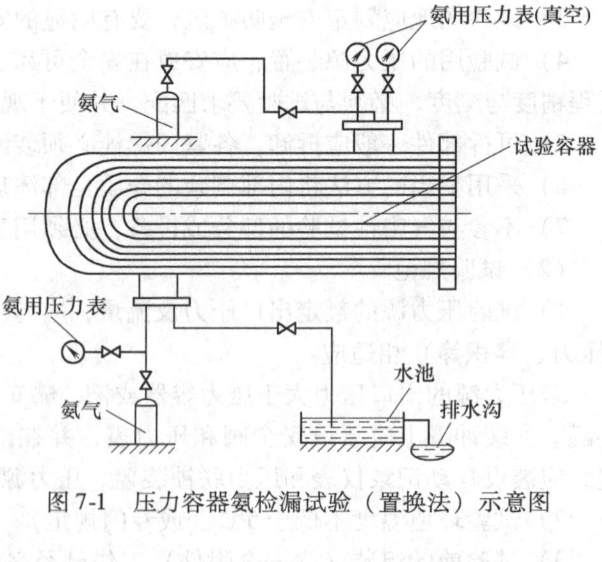

图7-1　压力容器氨检漏试验（置换法）示意图

5）打开氮气（惰性气体）压力钢瓶阀门，充入氮气，使压力达到0.60MPa（表压）。

6）将检漏显示剂（或试纸）紧密涂覆在管板上，并始终让其保持润湿状态。

7）关闭氮气（惰性气体）压力钢瓶阀门，停止充氮气。

8）进行保压检漏，在检漏压力下，保压时间为6h。检查泄漏情况的时间和次数为：保压开始后0.5h、1h各检查一次，以后每2h检查一次，观察试纸上有无红色斑点出现。

9）检漏试验完毕后，应小心缓慢地开启放气排水阀门进行排气，避免因压力过大吹跑水池中的水。

10）当压力降为0MPa时，打开氮气（惰性气体）压力钢瓶阀门和三通管道进气阀门，充入氮气，用容积为3~5倍的充气空间的氮气（惰性气体）进行置换，清除氨气后，关闭阀门。

11）拆除检漏用的设备和仪表并进行清理。

综合训练

一、判断题

1. 焊缝的致密性试验常用来检查焊缝的贯穿性裂纹、气孔、夹渣、未焊透等缺陷。（　　）

2. 气压试验的安全性比水压试验的安全性高。（　　）

3. 水压试验的试验压力按规定一般取 $p_{试}=1.5p_{设}$ 或 $p_{试}=1.5p_{最高工作}$。（　　）

4. 水压试验使用水的温度一般情况下为20~50℃。（　　）

5. 夹套容器应先进行内筒水压试验，合格后再焊夹套，再进行夹套内的液压试验。（　　）

6. 气压试验所用气体为干燥洁净的空气、氮气或其他惰性气体。（　　）

7. 耐压试验的气体温度不低于15℃。气压试验气体的温度不低于10℃。（　　）

8. 按设计要求，耐压试验作残余变形测定的容器，径向残余变形率不超过0.3%或容积残余变形率不超过10%为合格。

9. 氨检漏试验是向被检容器充氨气或用氨气包围容器后，检查容器是否漏氨和漏氨的程度。（　　）

10. 进行气密性试验时，压力应缓慢上升，达到规定气压试验压力后，保压时间不得少于30min。

二、选择题

1. 敞口容器可选用的致密性试验的试验方法有（　　）。

A. 气密性试验　　B. 吹气试验　　C. 沉水试验　　D. 氨检漏试验

2. 气密性试验的试验环境温度应满足的条件是（　　）。

A. 不低于5℃　　B. 不低于10℃　　C. 不低于15℃　　D. 不低于20℃

3. 氨检漏法常用的方法主要有（　　）。

A. 氨-空气法　　B. 氨-氮气法　　C. 100%氨气法　　D. 以上都是

4. 水压试验压力表的量程应为试验压力的（　　）倍左右。但不应低于1.5倍和高于4倍的试验压力。

A. 2倍　　B. 2.5倍　　C. 3倍　　D. 3.5倍

5. 水压试验的规范主要包括（　　）。

A. 试验压力　　B. 试验水温　　C. 保压时间　　D. 以上都是

6. 水压试验时，应力不得超过元件材料在试验温度下屈服强度的（　　）。

A. 60%　　B. 70%　　C. 80%　　D. 90%

7. 奥氏体不锈钢制的容器，用水进行液压试验后应将水渍去除干净。当无法达到这一要求时，应控制水的氯离子含量不超过（　　），防止氯离子对不锈钢材料的严重晶间腐蚀。

A. 15mg/L　　B. 20 mg/L　　C. 25 mg/L　　D. 30 mg/L

8. 由于结构或支承原因，不能向压力容器内安全充灌液体，以及运行条件不允许残留试验液体的容器，可选用（　　）方法进行压力试验。

A. 煤油试验　　B. 沉水试验　　C. 气压试验　　D. 吹气试验

9. 气密性试验时，不参与气密性试验的部分或设备，要做（　　）处理。

A. 不用进行处理　　B. 必须用盲板隔断

C. 也要进行气密性检验　　D. 气密性的压力可小些

10. 当对压力容器焊缝有高致密性要求，不允许存在微小渗漏通道，要对容器进行（　　）试验。

A. 煤油试验　　B. 氨检漏试验　　C. 载水试验　　D. 水冲试验

三、问答题

1. 水压试验质量要求有哪些？
2. 水压试验的注意事项有哪些？
3. 简述水压试验的试验程序。
4. 简述气密性试验的试验程序。
5. 气压试验前的准备工作有哪些？
6. 简述氨检漏试验的试验过程。

参考文献

[1] 曾金传．焊接质量管理与检验［M］．北京：机械工业出版社，2009.
[2] 赵晓顺，郝建军．焊接检测技术［M］．北京：北京理工大学出版社，2010.
[3] 唐迎春．焊接质量检测技术［M］．北京：中国人民大学出版社，2012.
[4] 郑晖，林树青．超声检测［M］．北京：中国劳动社会保障出版社，2008.
[5] 郭伟，超声检测［M］．北京：机械工业出版社，2011.
[6] 王乐生．射线检测［M］．北京：机械工业出版社，2009.
[7] 辽宁省特种设备无损检测人员资格考核委员会．超声检测［M］．沈阳：辽宁大学出版社，2008.
[8] 辽宁省特种设备无损检测人员资格考核委员会．磁粉检测［M］．沈阳：辽宁大学出版社，2008.
[9] 辽宁省特种设备无损检测人员资格考核委员会．渗透检测［M］．沈阳：辽宁大学出版社，2008.
[10] 林猷文，任学冬．渗透检测［M］．北京：机械工业出版社，2006.
[11] 王跃辉．目视检测［M］．北京：机械工业出版社，2006.
[12] 全国锅炉压力容器无损检测人员资格鉴定考核委员会．渗透探伤［M］．北京：中国劳动社会保障出版社，1997.
[13] 国家发展和改革委员会．JB/T 4730—2005　承压设备无损检测［S］．北京：新华出版社，2005.